初歩からの

バイオ実験

ゲノムからプロテオームへ

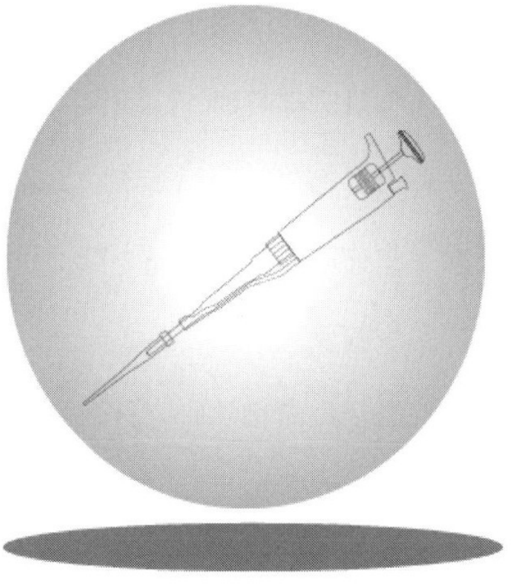

編著／大山　徹・渡部　俊弘

三共出版

執筆者一覧

編著

大山　徹	東京農業大学名誉教授・北海道文教大学人間科学部健康栄養学科教授
渡部俊弘	東京農業大学生物産業学部食品香粧学科教授

共著

石井正治	東京大学大学院農学生命科学研究科教授
鎌口有秀	北海道医療大学歯学部准教授
川崎信治	東京農業大学応用生物科学部バイオサイエンス学科教授
川本尋義	元岐阜県生物産業技術研究所部長研究員
相根義昌	東京農業大学生物産業学部食品香粧学科教授
高野克己	東京農業大学応用生物科学部生物応用化学科教授
中川智行	岐阜大学応用生物科学部教授
新村洋一	東京農業大学応用生物科学部バイオサイエンス学科教授
西澤　信	元東京農業大学生物産業学部食品香粧学科教授
桃木芳枝	東京農業大学名誉教授
山川　隆	東京大学大学院農学生命科学研究科教授
横田　博	酪農学園大学獣医学群教授
横濱道成	東京農業大学名誉教授

まえがき

バイオテクノロジーは，分子生物学研究分野で確立された技術で，近年，生命科学の進展に大きく寄与し，研究方法の様式を大きく変えた。そのような流れの中，アメリカ，オーストラリア，ヨーロッパ，日本などの国々で，ゲノムプロジェクトが進展し大量のゲノムDNAの塩基配列データが蓄積されている。1999年12月には，ヒト22番染色体の全塩基配列の解読が終了し，すでに，ドラフト配列（おおまかな配列）は決定宣言がなされている。しかし，遺伝子翻訳産物のうち，既存のデータベースを利用した配列の相同性検索などにより，機能が推定できるタンパク質が極めて少ないことがわかってきた。ゲノム情報の有効な利用を図るためには，実際に分離精製されたタンパク質の生化学的・物理化学的性質を解析し，すべてのゲノムDNAと，それらをコードするタンパク質を対応させ，遺伝子とその翻訳産物の機能解明を目指す必要がある。このことはプロテオーム研究とよばれポストゲノム研究の一番手となる。

1995年以降，欧米諸国やオーストラリアでは，プロテオーム解析を専門に行う研究所や会社が設立され，プロテオーム研究が組織的に行われるようになった。たとえばオーストラリアでは，オーストラリア政府とマッカーリー大学が約5億円を投じて同大学内にプロテオーム解析施設を作り，プロテオーム解析に必要な技術の開発と，大腸菌，コムギ，ヒトなどのいくつかの生物のプロテオーム解析に関する研究を開始している。また，アメリカでは，プロテオーム解析を専門とするベンチャー企業が設立され，酵母のプロテオームが詳細に調べられており，この種の研究所や企業は海外で増え続けている。ところが，わが国では，いくつかの研究グループがプロテオーム研究に関する予備的，基盤的研究を進めてきたが，まだゲノムプロジェクトのように組織的に研究を行う段階には至っていない。わが国でも，ゲノムプロジェクトの成果を生かすためには，ポストゲノムプロジェクトとしての大規模なプロテオーム研究プロジェクトを開始する必要がある。これらの研究を行うにはバイオテクノロジーを学び，遺伝子およびタンパク質の構造・機能を解析する人たちを育成する必要がある。

まず，バイオ実験をはじめようとする大学生・大学院生には遺伝子解析，さらに研究が進むにつれタンパク質の構造解析が必要になってくる。大学の売店・書店には，遺伝子およびタンパク質の構造解析それぞれ個々の成書が数多く並んでいる。しかし，遺伝子からタンパク質へと複合的に紹介した実験書は数少ない。そこで本書は，“ゲノムからプロテオームへ”の研究に役立つよう，初心者でもイメージしやすくするため図を多く用いたわかりやすい解説書とした。本書では，ゲノム解析およびプロテオーム解析の基礎となるDNAやRNAの解析，タンパク質の分離精製およびその構造解析について記述する。また、この本では特にこれから遺伝子およびタンパク質の構造解析に関する研究を始めようとする大学院生，卒論実験においてこれらの実験を行う学生が活用しやすいように心掛けて記述した。私どもの研究室では，卒業研究のために3年次から各研究室に配属され研究生活を開始するのであるが，ここ数年，研究室に入るのに戸惑う学生も多くなってきた。この現象は，私どもの研究室に限られたものではないようである。そこで研究室での研究生活が楽しく有意義なものになるようにChapter 1では，研究室で研究活動を行う上での注意点を示した。さらに研究実験後の処理方法である研究データのまとめ方，レポート・卒業論文の書き方そしてコンピュータ・インターネットの使い方をまとめた。また，Chapter 2 以降では，詳細な実験方法を遺伝子構造解析編（Chapter 2），タンパク構造解析編（Chapter 3）に分けて記述し，最後に遺伝子・タンパクの実験を総合的に理解するために，Chapter 4 に実例編としていくつかの研究例を紹介する。

本書を作成するにあたり，我々の研究室と共同研究あるいは研究を進めるために関わって頂いた諸先生方に執筆に加わっていただいた。この場を借りて深謝したい。また，本書の執筆にあたり資料の収集，図の作成を手伝っていただいた東京農業大学生物産業学部食品科学科生物化学研究室　鈴木智典君，長谷川仁子さんに心より感謝いたします。また，本書の出版にあたりご尽力いただいた三共出版 石山慎二氏，細矢久子氏に深く感謝いたします。

2002 年 5 月

東京農業大学生物産業学部
大山　　徹
渡部　俊弘

目　次

Chapter *1* 実験を始めるにあたって

Chapter *2* 遺伝子構造解析編

Chapter 3 タンパク質構造解析編

Chapter 4 遺伝子タンパク実験実例編

コラム目次

Chapter 1
実験を始めるにあたって

1. 研究生活でのルール

大学の3年あるいは4年生となり，卒業研究を行うに当たって，それぞれ研究室に入室することになる。研究室は教員，大学院生と卒業研究を行う学部生が，ともに同じ研究課題に向かって研究活動を行う小さな共同の独立した社会である。研究室での生活は研究をするのはもちろんのこと，次に来たるべき社会生活への準備段階として，社会性を養い，礼儀正しく，自己責任と集団の責任の認識をもつための学習の場でもある。研究生活を楽しく，充実したものにするためには，個々の構成員が共通の認識を持つ必要がある。そこでこれから研究生活をはじめるにあたり最低限のルールを述べる。

研究室でのルール

～共同体の一員としての意識を持つ～

Ⅰ. 研究室での心構え

◆ 研究室には決められた時間までに来ること。

◆ 一身上の都合で休む際あるいは遅れる際には直属の指導責任者への連絡を忘れずに行

うこと。

◆ 朝，研究室に来たらまず名札などにより居場所を明示しておく。帰宅時には忘れずに帰宅と明示する。

◆ 教員やスタッフにあいさつをし，実験の予定などを確認する。

◆ 決められた当番日には掃除などを行う。

◆ 長時間の外出の際は，直属の指導責任者に所在を明示して外出する。

◆ 研究室内では各自安全性の高い履物を着用する。

Ⅱ.研究室内でのルールとマナー

◆ 一定の時間内に実験が終了するように実験計画を立て，この時間外の実験は可能な限り避ける。

◆ 研究室外から電話がかかってきた場合は研究室名を告げ，ていねいに対応すること。伝言を受けた場合は，指定の用紙に時間，伝言など指定の項目を書き，必ず電話を受けた者の名前を記入しておくこと。

◆ 緊急時および緊急連絡などの公用以外での私用電話の利用は認めない。やむをえず私用で直通電話，FAX機を使用したい場合は，その旨をスタッフに断り使用してもよい。その際の電話代は研究室に支払うこと。

◆ コピー機は原則として研究や公用のみに用いる。

◆ 実験室での飲食は組換えDNA実験の規則などにより，また試薬との混同による事故を避けるため禁止する。

Ⅲ.退出時の確認

◆ 退出時には各自の使用した機器・実験器具の後始末，安全点検，必要があればごみ処理を行う。

◆ 最後に研究室を退出する人は，研究室全体の安全点検を行い鍵を閉めて退出する。

◆ 早朝あるいは深夜，自分以外に誰もおらず，主実験室を離れる際には，盗難を防ぐために鍵を閉める。

Ⅳ.その他

◆ 研究室の鍵の一部は各人に貸与するが，鍵のコピーなどを行うことは厳禁する。また，研究室の籍を離れる際には鍵を返還する。そのほかの部屋の鍵は研究室内の所定の位置にて保管する。使用した際はすみやかに返還すること。

◆ 危険防止のため研究室での宿泊は原則として禁止する。やむをえない場合は研究室のほかの人（望ましくは直属の指導者）と複数で残ることが望ましい。

◆ 初心者が夜間・休日に単独で研究室に残ることは避ける。

◆ 大学院生のアルバイトなどは，原則として決められた回数以上しないこと。

図書利用のルールとマナー

図書はなるべく研究室の中で使用し，持ち出す際は貸し出し簿に書名と日付，自分の氏名を明記する。最新着の雑誌は，研究室から持ち出し禁止である。雑誌を見たら机の上に置きっぱなし，見っぱなしにしないでもとの棚に戻す。古いバックナンバーの雑誌は所定の棚に保管する。

研究室内での役割分担

研究室を円滑に運営するために雑用を分担する。雑用には，研究室の物品の管理からごみ処理までさまざまなものがある。たとえば，コンピュータ係，図書係，セミナー係，行事係，廃液処理係などがある。これらを着実にこなさないと研究室が円滑に運営されない。

当番の仕事

実験室内でいくつかの仕事は当番を定めて処理されている。研究室全体の当番には積極的，かつ自主的に参加し，怠慢のため研究室全体が動かなくなることは避けなくてはならない。自らが研究室に奉仕することによってほかの人の実験の助けにもなり，ひいては自分の実験もやりやすくなるということを知って欲しい。

Ⅰ.ピペット洗浄当番

● *洗い方*

1) 当番はピペットを集め，洗浄槽に入れる（図1-1-1）。洗剤液の中に完全に沈め，汚れのひどいときは15分以上超音波処理をする。

2) 洗浄槽に水を循環させて2～3時間以上洗う。この際サイホンが作動していることを確認する。

3) 洗浄用脱イオン水中で5回上下してピペットを濯ぎ，さらに洗浄用脱イオン水を交換し水中で5回上下してピペットを濯ぐ。

4) カゴにピペットを移し，ほこりがかぶらないようにアルミホイルをかぶせて乾燥機で乾燥する。

5) 乾燥したら，ピペット用の引き出しに分類する。

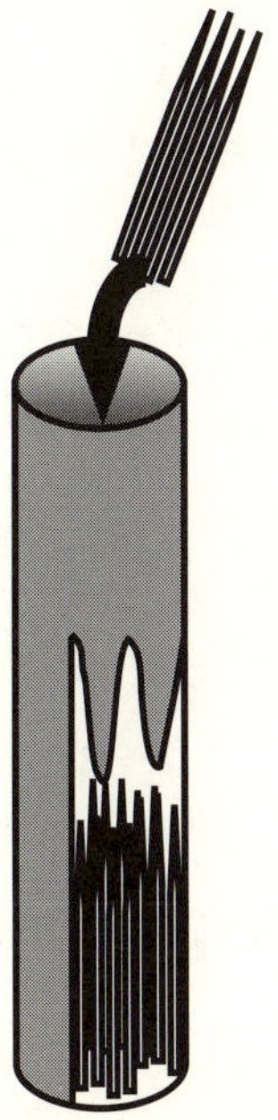

図1-1-1　ピペット類は先端を上にして入れる

Ⅱ.掃除当番

以下の当番があり，指導者の指示に従うこと。

◆ 研究室内の掃除

◆ 共同利用室の掃除

◆ 乾燥した器具の片付け

◆ ごみ捨て

ごみ処理と洗い物について

Ⅰ. 廃棄物の処理

通常は，医療廃棄物と一般廃棄物に区別してごみの処理を行っている。

● *一般廃棄物*

一般廃棄物は現在，可燃物，ビニール類，缶類，ビン類を区別している。ごみ箱に捨てる際に区別して捨てること。ごみ箱が一杯になったら自主的に捨てる。

● *ガラスごみ，　金属ごみ，　医療廃棄物*

ガラスごみ，金属ごみ，医療廃棄物，注射針用のごみ箱を研究室内に一箇所設置しておく。これらは危険を伴うものなので，必ずそのごみ箱に捨てる。またエチジウムブロマイド（エチブロ）で汚染されたもの，注射筒（使用目的にかかわらず）は，医療廃棄物である。医療廃棄物はたまったら，所定の箱に入れて指定の日時・場所に廃棄する。

● *オートクレーブ処理する廃棄物*

使用済みの使い捨てプレートなどは，所定の缶にオートクレーブバッグを二重にして廃棄する。フタをきっちり閉めること。一杯になったらオートクレーブし，メディペール医療廃棄物として処分する。

Ⅱ. 廃液の処理

エチブロやそのほかの毒物，フェノール，クロロホルムなどの有機溶媒などは流しに流さず，定められた分類に従ってドラフトチャンバー内の廃液ボトルに蓄積しておく。フェノール水層は含水有機廃液ボトルに貯める。ボトルが一杯になったら廃棄物責任者は，所定の日に廃棄する。エチブロを含む廃液は漂白剤で不活化（色が消える）してから捨てる。

● *アクリルアミド，　アガロース*

ゲルを作った残りのポリアクリルアミド，アガロースは通常の不燃物ごみ箱に捨てる。流しには決して流さず，完全に固まらせてから捨てること。排水管が詰まる原因となる。アクリルアミドは重合させてから捨てる。モノマーは神経毒である。

● *大腸菌を含む培地*

大腸菌を含む液体培地はオートクレーブしてから廃棄する。カビの生えた培地類はコンタミネーションの原因になるので，フタをあけずにそのままオートクレーブしてから廃棄する。

Ⅲ．洗い物の原則

◆ 実験器具の洗浄はおのおのがその日のうちに行う。

◆ 洗浄した器具はドライシェフルで乾燥させておく。

◆ 乾燥したらすみやかにもとの位置に戻す。

◆ やむをえず翌日洗う場合はその旨と名前を明記し全体を水に浸し，汚れがこびりつかないようにする（図1-1-2）。

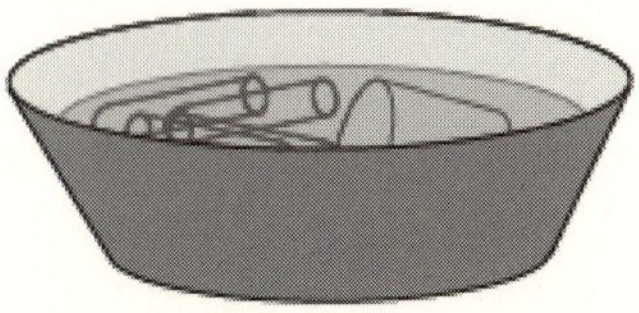

図1-1-2

ビーカー，メスシリンダー，フラスコ類（ガラス器具）など一般の洗い物

● *洗い方*

1）洗剤をつけてこすり，汚れを落とす。場合によっては洗剤液につけておく。

2）泡が切れるまで濯いでからさらに10回水道水で濯ぐ。

3）脱イオン水で2回濯ぐ。

4）乾燥機中で乾燥する。

5）ほこりが入らぬよう，アルミホイルでフタをして棚に戻す。

● *プラスチック類*

ガラス器具に準ずる。ただし強くこすり傷をつけないようにする。乾燥は60℃以下で行う。

退籍するとき

研究室を出て行くときは，以下のことを忘れずに行う。発つ鳥跡を濁さず，気持ちよく卒業できるよう心掛ける。

◆ 後継者への技術，知識，文献，データ等を伝達する。

◆ 学習机，書棚，実験台等の整理をする。

◆ 借用図書等を返却する。

◆ 使用菌株，試薬等の整理・伝達をする。

◆ 実験器具等の洗浄・整理・譲渡・返却をする。

◆ 冷蔵庫，冷凍庫，超低温槽，低温室，培養室等の整理をする。

◆ 廃溶媒，廃棄物の整理をする。

◆ ラジオアイソトープ（RI）記録，RI カード等の整理，RI 使用中止手続き等をする。

◆ 公費で作ったスライド等の受け渡しをする。

◆ スライド原稿，印刷されていない論文の原稿およびフロッピー等の受け渡しをする。

◆ 私用コピー代，その他の金銭関係の整理をする。

◆ 卒論生は卒論最終版の提出をする（コンピュータで作成したときのファイルも）。

◆ 研究員辞退願いの提出，最終報告書の提出をする（研究員，研究生）。

◆ 学会誌等の郵送先変更手続きをする。

◆ ロッカーの整理，鍵の受け渡しをする。

◆ 研究室の鍵の受け渡しをする。

◆ 御礼のあいさつ回りをする。

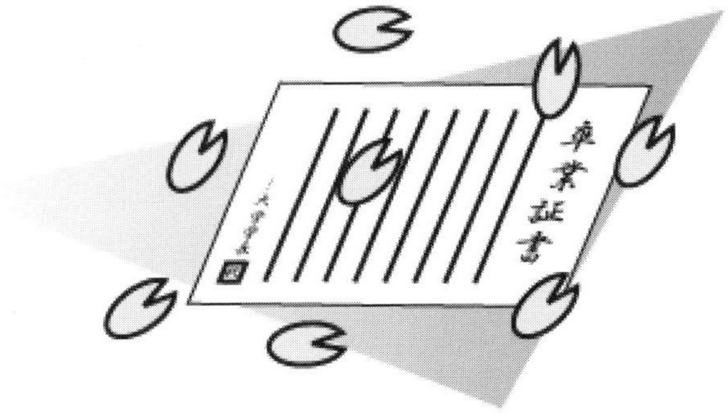

2. 実験の進め方について

自然科学分野における研究の流れは，研究テーマの設定に始まり，研究成果を学術論文に公表することによって終了する。一般的には研究者の仕事はこの繰り返しである。卒業研究に関しても同様であり，卒業論文を仕上げるという点では同じような流れで研究を進めることとなる。また，研究テーマの設定に関しては指導者である教員から与えられたテーマについて研究を進めることになるがそれを理解した上で細かい実験の設定が必要になる。ここでは一般的な実験の進め方を紹介する。

2. 1 実験プロトコールの作成

簡単な実験といえども，きちんとしたプロトコールをつくることが大切である。いわゆる実験ノートである。必要性は以下の3点である。

◆ 正しく誤りのない実験を行うため。

◆ 正しく実験が行われたことを記録・証明するため。

◆ 実験が失敗した際，どこが悪かったかを考えて次の実験の参考にするため。

プロトコールの記載は，実験前，実験中，実験後の３段階に分けられる。

まず，実験前に詳しい計画をたてる…

◆ 実験に通し番号をうつ（整理のため）。あとで目次を作って実験ノートをまとめるのにも必要。

◆ どんな小さい実験にも必ず目的を書く。

◆ イントロダクションを書く。

◆ なぜそれをやるのか，何を明らかにしたいのかを明記する。

◆ 背景やこれまでの経過，関係する引用論文なども書いておく。

◆ 実験の概要や，予想される実験結果を書く。

◆ なぜそう予想できるか，それで何が言えるかを書く。

◆ 詳しい実験手順を書く。用意すべき器具，試薬，機械なども書く。実験手順ははじめのステップから手順を追って何をするのかを具体的に書く。

◆ 研究室は決して裕福ではない。やむをえない失敗はありうることだが，対照ひとつを取り忘れたために全実験をやり直すといった無駄はぜひとも避けたい。

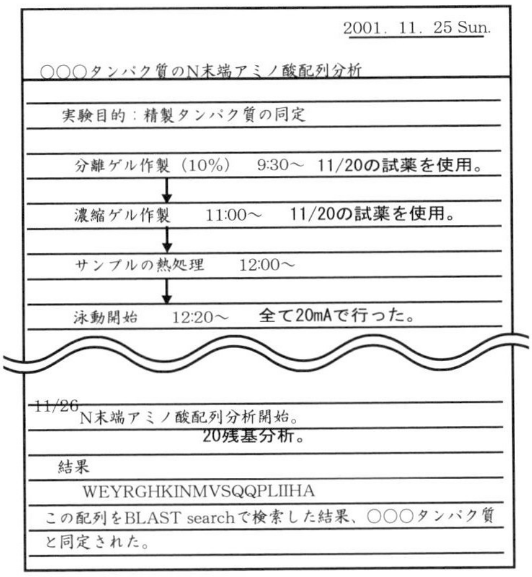

実験ノートの記入例

実験中には…

◆ 必要な実験器具，試薬などの量を考えて用意する（納入まで長くかかる可能性のあるものは，早めに注文する必要がある）。

◆ 実験中は赤ボールペンだけで必要事項（日時，試薬のロットナンバー，実験結果の数値，変更した点などを含めて）や，気づいたことなどを記入していく。その実験に関することはすべて，かつその場で書き留めておくというのが原則である。

◆ 実験を行ったとき，要所要所で時刻を記入することは無駄ではない。

実験が終了したら・・・

◆ 実験の結果，要約と考察を書く。

◆ 明らかな失敗（細胞にカビが生えた，サンプルを捨ててしまったなど）でも，しめくくっておく（途中までのデータや観察でも，次の実験の参考になることはしばしばある）。

◆ 結果は出たが期待どおりでなかったときは，まず明らかな実験の誤りがなかったか，正確にプロトコールをたどる（改善点，工夫点がないか考える。どうしてもわからない，改善点も見つからない，こういう結果が得られるのは変だ，というときは，ていねいに再実験を計画し実施するほかない）。

◆ 実験の種類によって画一的には言いがたいが，できるだけちゃんとしたものをつくる習慣をつけたほうがよい（あまり無駄な労力を費やすことはないが，きちんとしたプロトコールを作っておくことは，論文を書くにも，うまくいかない実験を立て直すためにも，後で自分が助かることが多い。プロトコールがきちんとできてなく，ばらばらに散在して，自分でも何がどこにあるのかわからなくなるようでは困る）。

◆ 実験は論文になってはじめて終了する。自分で欧文で論文を書けるようになるにはかなりの努力がいる。英語の論文を読むとき，自分が書く場合のことを念頭において日ごろから準備しておくほかない（プロトコールを書きながら，自分の実験を論文にするとしたらどうまとめたらよいか，と常に考えることによって展開の仕方や穴にも気づくものである）。

Column 1「実験の上手な人はどこが違うのか？」

実験の上手下手は手先の器用さとはあまり関係ない。言われたことはこなすが，一人で考えてやらせると頻繁に失敗し，なかなか結論を出せない人をよく見かける。実験の上手な人の条件として，

① 基本に忠実
② ポイントを押さえる
③ 材料に余裕を持つ
④ 対照実験をして先を読む
⑤ 試料やデータの整理がよい

という5点をあげてみたい。

3. 実験前の基礎知識

実験を行うにあたり，今から行おうとしている実験になぜその試薬が必要なのか，容器は何がいいのか，器具の選択は間違っていないかなど，念頭において実験を行わなければ，失敗の元となる。また，機器によっては，使い方を少し間違えただけで大惨事を招きかねないものもある。そういった事故を未然に防ぐ意味でも，実験者一人ひとりが試薬や機器の知識を身につけておく必要がある。ここでは，試薬の調製，汎用機器の取り扱い方を紹介する。

3.1　基本的な試薬の知識

実験の計画が立てられたら，いよいよ実験に取り掛かる。しかし，その前に実験を行うための試薬や器具を準備する必要がある。初心者の実験の失敗の多くは，正しく試薬を調製できていない事が原因である。ここでは，試薬の調製に関しての基礎を紹介しておく。

試薬およびその純度

試薬とは，理化学的試験，検査，分析，研究，実験および特殊工業などに使用するために必要な特定の純度を持った薬品類である。わが国では，試薬の規格はJIS（日本工業規格）で定められている。JIS規格は試薬の等級を純度にしたがって，JIS標準試薬，JIS特級，一級，特殊試薬に分けられる。この実験書では，特に断りがない限り，生化学用の試薬を用いる。

試薬の取り扱いの注意事項

◆ 調製した試薬には調製直後に必ずラベルをはり，正規の記載（試薬名，濃度，調製日，調製者名）をしておく。

◆ 光によって変質する試薬は必ず褐色ビンに入れる。

◆ アルカリ性の液体試薬はポリエチレン製試薬ビンに貯蔵する。

◆ 原則として試薬ビンにピペットなどを直接入れてはいけない。

◆ 一度ビンから出した試薬は，元のビンに戻してはいけない。

◆ 試薬ビンから試薬を取ったら直ちに栓をし，使用後は所定の場所に戻す。

◆ 別のビンの栓と混同したり，ラベルを汚したりしないように注意する。

危険性の高い試薬に関しては，Chapter 2およびChapter 3において，
それぞれ注意点を具体的に示すのでよく留意して扱うこと。

溶液濃度の表示法

溶液の濃度を表すにはいろいろな方法があるが，比較的広く利用されているものを次にあげる。

● *重量百分率*

溶液100g中に含まれる溶質のg数で表した濃度。数字の次にW%と記す。

● *容量百分率*

溶液100ml中に含まれる溶質の容量ml数で表した濃度。数字の次にV%と記す。

● *重量対容量百分率*

溶液100ml中に含まれる溶質のg数で表した濃度。数字の次にW/V%と記す。

● *モル濃度*

溶液1000ml中に含まれる溶質のモル数で表した濃度。数字の次にMまたは，mol/lと記す。

● *規定度*

溶液1000ml中に含まれる溶質のグラム当量数で表した濃度。数字の次にNと記す。

3.2　基本的な実験機器の使い方

実験の準備がそろったらいよいよ実験を始めることができる。実験を行うには，ボルテックスのような単純な機械からプロテインシーケンサやDNAシーケンサのような非常

に高価な機械まで使用することになる。このような機器の使用に関しては以下の注意点を守ること。

● *責任者を知っておく*

通常，大学や研究所にある機器類には維持･管理のため責任者が決まっている。あるいは，責任者が決められていない場合は，その機器を熟知した人がいるであろう。そういった人を知っておくことにより，その使い方やトラブルシューティングなどの情報を得ることができる。

● *初めて使用するときには*

初めて機器を使用する前には，その機器の説明書を熟読すること。あるいは，その機器について精通している人に詳しい使い方を聞き，その人の立会いのもと操作すること。適当に機器を使用していると故障させてしまう原因になりかねない。

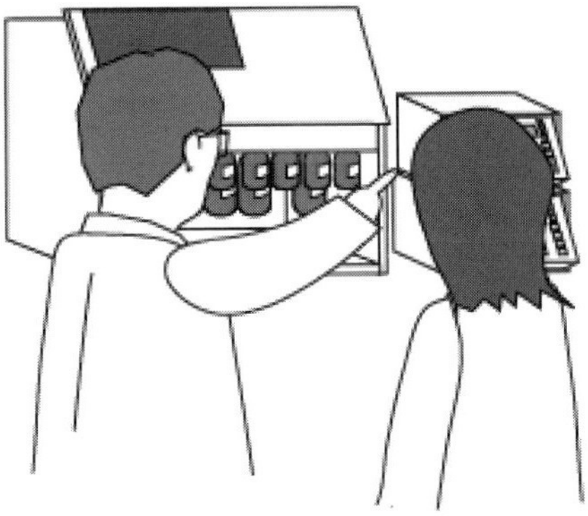

● *万が一故障した場合は*

機器が故障してしまった場合はすぐにその機器の責任者に報告すること。また報告を受けたものは，すぐに修理する，あるいは業者に連絡し，修理の依頼をする。また，研究室の全員にその機器が故障中であることを告げ，使用しないように通知する。

詳しい実験方法などはChapter ２およびChapter ３で述べることにするが，ここでは一般的に用いられるいくつかの器具の使用法について紹介する。

液量を測定するための器具

● *メスシリンダー*

10～2000 mlの液量を扱うのに適している（たとえば，10×のバッファーを1×に希釈する場合など）。メスシリンダーの中に入れた液体の容量は，図1-3-1に示したように液の下端

（メニスカス）目盛りを真横から読む。

● メスピペット

1～50mlの液量を扱うときにはメスピペットを用いる。メスピペットの目盛りの打ち方には2種類あるので注意すること（図1-3-2）。

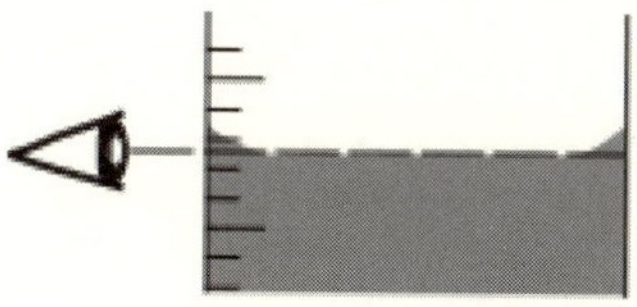

図1-3-1

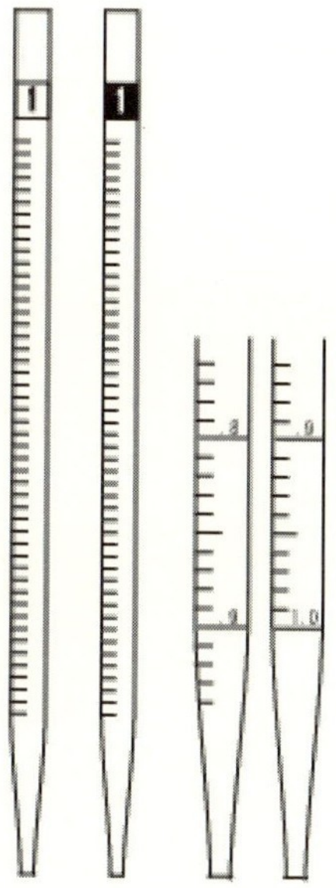

図1-3-2

● オートピペッター

1ml以下の溶液を扱う場合によく用いる。ピペッターは，エッペンドルフ社やギルソン社など各社から出ている。ここでは，ギルソン社のピペットマンの使い方を紹介する（図1-3-3）。

ピペットマンの使い方

1) 目盛り調節ネジをまわして，体積表示の目盛りを目的の量にあわせる。

2) ピペットマンの先にチップを装着する。しっかりチップがはまるように2～3回軽く押す。

3) 抵抗が感じられるまでプッシュロッドを押し（図中の一段階目），チップの先を目的の溶液に浸す。

4) プッシュロッドを少しずつ上げ，溶液を吸引する（あまり速く吸引すると空気を吸ったり，ピペットマンの本体に溶液が入ってしまうので注意する）。

5) 眼で液面を見て，吸引した液量が正しいかどうか確認する。

6) チップの先を溶液の移動先の容器の内壁につけ，少しずつプッシュロッドを押して溶液を出す。さらに，ボタンを最後まで押し（図中の二段階目）溶液を出し切る。

7) イジェクトボタンを押し，チップを捨てる。

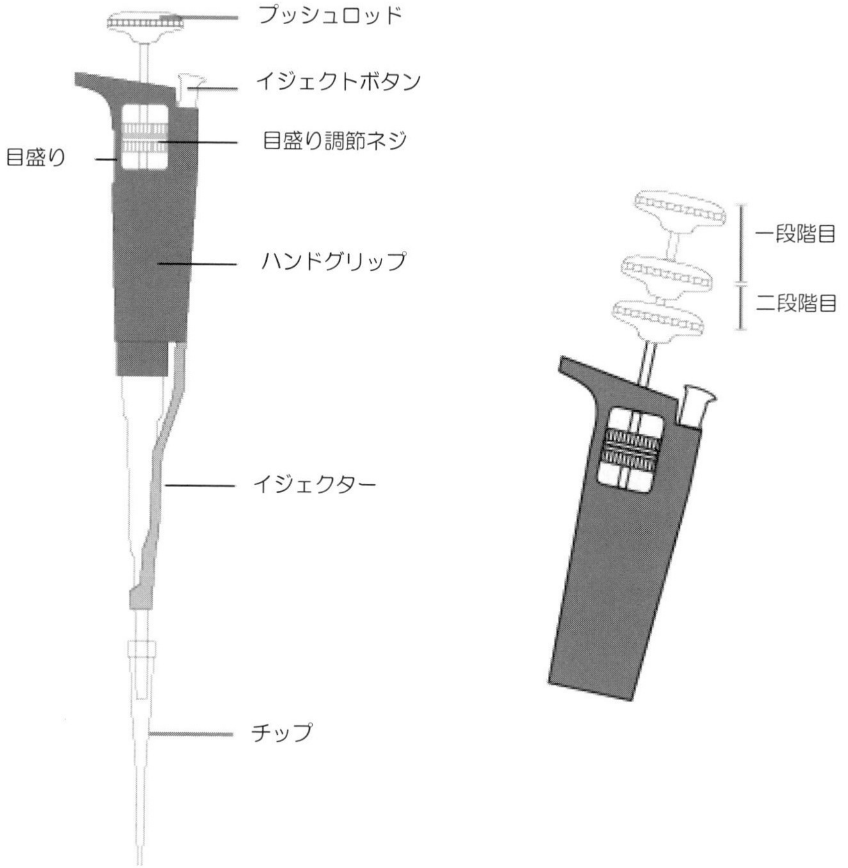

図 1-3- 3

容　器

試薬を入れる容器にも様々な形，材質のものがある。中に入れる試薬の性質，用途，量などによってそれぞれに適した容器を使用する必要がある。薬品耐性，オートクレーブ可能かどうか，遠心分離可能かどうかなどに注意して容器を選ぶ。

1.メディウムビン

● *ガラス製メディウムビン*

ガラスのビン，樹脂製のフタからなる。オートクレーブ可能で，バッファーやストックソリューションの保存に使用されるが，NaOHなど強アルカリの保存には使用しないこと。

● *ポリプロピレン製ビン*

オートクレーブ可能でかさばらず，ガラスビンと比較し安価である。しかし，変形しやすい，有機溶媒による溶出の可能性があるなど欠点もある。オートクレーブにかけるときは，ほかのものに押さえられないような状態で行い，フタを軽く開けておくようにする。

● *ポリエチレンビン*

値段は安いが，オートクレーブできない。ポリプロピレン製のビンと見分けがつきにくいので，間違って使用しないように注意する。

II.ガラス製試験管

様々な長さや太さのものがある。また口の部分が肉厚になっているリム付とまっすぐになっているリムなしがある。

● *耐熱ガラス製試験管*

特に菌の培養などに用いられる。滅菌して洗浄すれば何度でも使える。

● *ディスポーザブルガラス試験管*

クロマトグラフィーによるタンパク質の精製の際のフラクションコレクターやタンパク量の測定に用いることが多い。ディスポーザブルであるが洗浄すれば何度でも使える。ただし，洗浄は注意して行うこと。

● *ネジ口ガラス試験管*

試薬を入れる試薬ビンの代わりとして用いられることもある。

III.プラスチック製チューブ

● *ディスポーザブルポリ試験管*

簡単なフタ付きのものも多く，洗う手間とコンタミの危険性を排除するため，大腸菌の培養にもよく使われる。

● *ディスポーザブルポリスピッツ*

ディスポーザブルポリ試験管と全く同様だが，底の形状が先に行くほど細くなる“スピッツ管”の形状をしている。

● *スクリューキャップ遠心管*

先端が円錐型にとがった形をしている（コニカル）遠心管で，ネジ式のフタが付いている。遠心管としての使用はもちろん，試薬の分注，サンプルの保存など，いろいろな局面で多用される。多くの製品が「DNase free，RNase free」なので手軽に安心して使える。ポリプロピレン製とポリスチレン製とがあり，その材質による違いをよく理解して使い分けること。メーカーによってフタの密閉性に問題がある場合があり，フタを閉めた状態で溶液が漏れないことを確かめておくことは重要である。容量は15 mlと50 mlとが一般的である。

・ポリプロピレン製
不透明だが弾性があり，耐薬品性，耐遠心力にも優れ，5,000×G程度の遠心力に耐える。ポリプロピレンはオートクレーブ可能なため，フタの材質次第ではオートクレーブ可能である。

・ポリスチレン製
透明で固い。しかし，耐薬品性，耐遠心力に注意して用いること。フェノールやクロロホルムに対する耐薬品性はないので要注意。許容遠心力は，1,500×G程度。

Ⅳ. マイクロチューブ

有名なメーカーの名前をとってエッペンチューブとよばれることも多い。各メーカーとも，いろいろな工夫をして実に様々なバリエーションがあるので，いくつかの特徴を概説する。

● *底の形状*

U底と平底がある。どちらを選ぶかは個人の趣味の問題であるが，微量のサンプルを扱うにはU底のほうがよいであろう。

● *容量*

2.0 ml，1.5 mlや0.6 mlなどが一般的であるが，非常に少量のものや特殊な形状のものなど，いろいろある。

● *フタ*

フタの上面が平面だと，文字が書き込めて整理しやすい。フタに関して大事なのは，開閉がスムーズに行え，かつ液漏れしないことである。

● *色*

いろいろあればサンプルの整理などに便利である。同じポリプロピレンでも材質により透明なものもある。

● *シリコナイズ処理*

シリコナイズ処理は，未処理のものを購入して自分で処理し，滅菌することによって調製することもできる。しかし，シリコナイズ処理をしてさらにRNase freeの処理をするとなると，結構な手間となる。そこで，RNA用のチューブだけはシリコナイズ処理済みのものを購入して使うというのが簡便である。

● *その他*

本体の横の面に書き込みができるスペースのあるもの，目盛りが付いているものなどもある。

電子天秤

Ⅰ. 電子天秤の使い方

1) 天秤が水平に置かれているかどうかを調べる。

2) 秤皿の上に，薬包紙，ビーカーなど試薬をとる容器を置き，ゼロ点調整する。

3) 試薬を容器の中に注意深く必要量入れる。

4) とった試薬量を記録する。

5) 試薬を入れた容器を秤皿からおろす。

Ⅱ. 電子天秤を使用する際の注意

◆ 一般的に電子天秤には水平器がついている。電子天秤を使用する際は，天秤が水平に設置されていることを確認する（図 1-3-4）。

◆ 使用後は，天秤の周辺を確認し試薬などがこぼれていたら雑巾がけをするなどしてきれいに保つよう心がける。

◆ 試薬をとるのに使ったスパーテルやビーカー，メスシリンダーなどを置き忘れていないかを確認する。

◆ 試薬ビンは所定の位置に戻す。

◆ 電子天秤の皿が汚れたらきれいに水ぶきする。

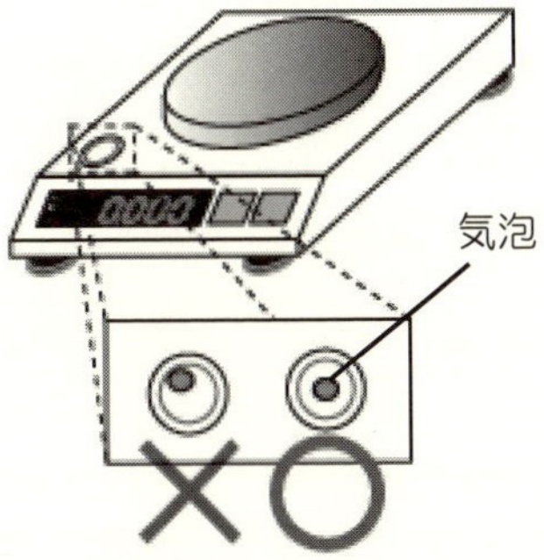

図 1-3-4

pHメーター

Ⅰ.電極の用意

1) pHメーターの電源を入れる。

2) 電極のゴム栓をはずす。

Ⅱ.電極の濯ぎ

1) 電極の下に廃液入れを用意し，蒸留水をかける。

2) キムワイプ1枚を半分に折り，一端を持つ。

3) キムワイプの指で持っていないほうを電極の先に当て，蒸留水のしずくをとる（図1-3-5）。

4) キムワイプの電極の先に当てたほうも指でつまみ，2つ折にして電極をはさみ，上から下へ拭く（図1-3-6）。

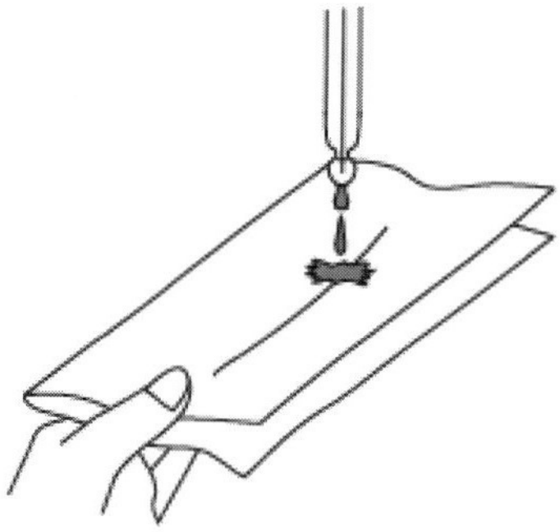

図1-3-5

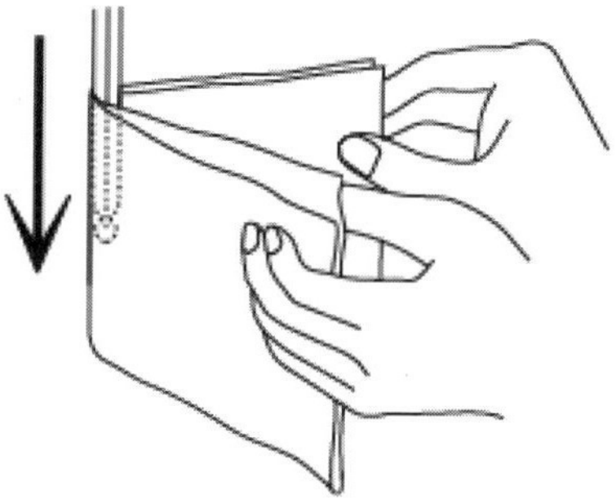

図1-3-6

5) 同じ部分を持ったまま，キムワイプをたてに半分に折る。

6) キムワイプの乾いた部分で残りの部分を拭く。

Ⅲ. pHメーターの校正

一般的には，pH 4.0あるいは9.0付近のどちらか一点と，pH 7.0付近の1点との2点で校正する。試料のpHがアルカリ性の場合は9.0付近の標準液で，酸性の場合は4.0付近の標準液で校正を行う。最近の機種では，自動校正機能のついているものもあり，また3点から5点で校正できるものもある。校正の方法については，それぞれの取り扱い説明書を参照のこと。

Ⅳ．pHの調整

1）pHの調整をしたい溶液をスターラーとスターラーバーを用いてゆっくりと攪拌する。

2）蒸留水でよく濯いだ電極を測定試料の中に浸ける。このとき，必ず液絡部が液体に浸かっていることを確認する。

3）酸またはアルカリ溶液をゆっくりと滴下し，pHを滴定する。

4）pHの調整が終了したら溶液から電極を上げ，電極を濯ぎ蒸留水につけておく。

5）その日の最後にpHメーターを使用した人は電源を切り，ゴム栓をする。

Ⅴ．電極の洗浄法

測定のとき値が不安定である，校正がうまくできないとき，また機種によってはエラーサインが出るときなどは，電極の汚れ，劣化，電極内部液の汚れなどが考えられる。電極は，メーカーごとに異なった構造をしているので一概には言えないが，一般的な複合一本電極の手入れについて紹介する。

● *ガラス電極膜の洗浄*

電極を本体からはずし，歯ブラシを用いて，蒸留水をかけながらこする。洗剤は使わないほうがよいが，汚れがひどい場合は使用する。

● *液絡部の洗浄*

1 N HClを小さなビーカーなどに用意し，そこに数分～数時間浸しておく。その後，水道水と蒸留水でよく濯ぐ。

● *内部液の交換*

電極のゴム栓をはずし，電極の先が指や固いものに触れないように注意しながら全体を振り，内部液を出す。全部出し切ることは難しいので適当なところでやめる。新しい内部液を入れて電極の先まで新しい液が入り込むように指ではじいたり振ったりする。これらの操作を数回繰り返し，内部液を交換する（図1-3-7）。

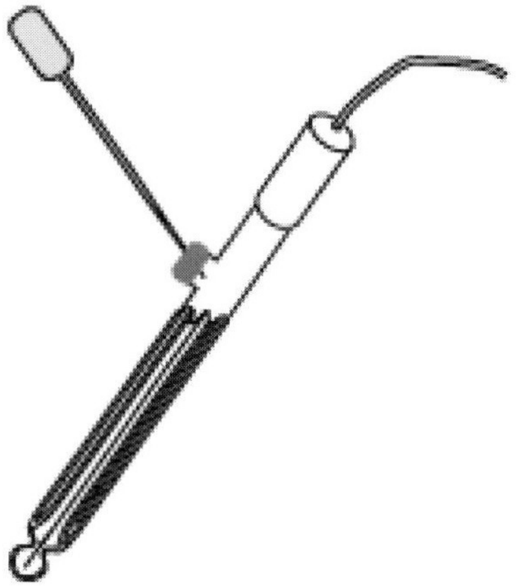

図1-3-7　内部液を専用スポイトで注入する

器具・試薬の滅菌

Ⅰ.乾熱滅菌法

乾熱滅菌器では200℃以上に加熱ができる。このような高温で器具を処理することにより，細菌やカビを殺すことができるだけでなく，DNaseやRNaseなどの酵素を変性させることができる。しかし，乾熱滅菌できるものは，ガラス器具，金属製の器具，磁器製の器具，テフロン製の器具など200℃程度の高温に耐えられるものに限る。

● *乾熱滅菌の手順*

1）ビーカーやフラスコなどの容器はアルミ箔でフタをし，小さい器具はアルミ箔で包みこむ。ピペットはそのままあるいは新聞紙で包んで滅菌缶に入れる（図1-3-8）。

2）オーブンに入れて180℃で2時間滅菌する。滅菌温度と時間は器具の種類や使用目的によって適宜変更する。

3）滅菌が終わったら，オーブンの電源を切り，自然に冷めるのを待つ。

4）滅菌済みの器具と未滅菌のものを見分けられるように保管しておく。

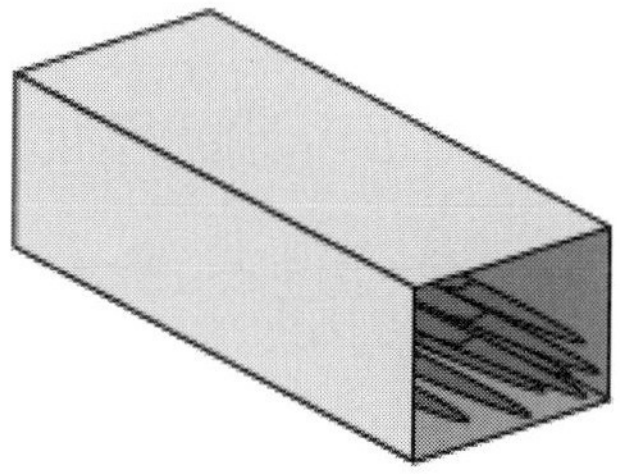

図1-3-8　ピペットは先端の向きをそろえておくと後で使いやすい

Ⅱ. オートクレーブ

オートクレーブでは高圧条件下において，比較的低温で滅菌できる。また，液体の滅菌も可能である。しかし，蒸気が発生するため結露するのでオートクレーブ後には器具を再び乾燥させる必要がある。プラスチックは材質によってはオートクレーブできないものもあるので注意すること。液体を滅菌した際，オートクレーブの温度が下がりきらないのにフタを開けると急激な減圧のため液体が急に沸騰し，ビンからふきこぼれることがある。また，同様に容器に許容量以上の液体を入れた場合もふきこぼれることがあるので注意する。

● *オートクレーブ滅菌の手順*

1) パスツールピペットやガラス棒などはアルミホイルで包む。マイクロチューブなどはビーカーに入れアルミホイルでフタをする。バッファーやストックソリューションはメディウムビンに入れフタを軽く開けた状態でアルミホイルでフタの周辺を覆う。培養液の入った試験管や三角フラスコはシリコセンでフタをし，アルミホイルでシリコセンがぬれないように覆う（図1-3-9）。

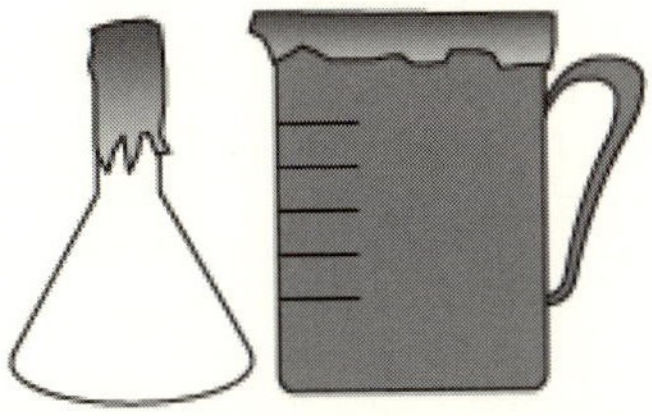

図1-3-9

2) 必要に応じてオートクレーブ用のインジケータテープを張る。

3) オートクレーブに水道水を基準レベルまで入れる（機種によっては蒸留水を勧めているものもあるので説明書等を確認する）。

4) 滅菌するものをオートクレーブのかごに入れる。

5) オートクレーブのフタを閉め121℃，20分にセットし，オートクレーブをスタートさせる。

6) オートクレーブ終了後は，そのまま自然に冷めるのを待つ。

7) 冷めたら取り出して，器具類は乾燥機に入れる。

Ⅲ. ろ過滅菌

熱に対して不安定な溶液，たとえば抗生物質，酵素などのタンパク質，血清，ある種のホルモンなどの溶液を滅菌するには，通常細菌などが通過できない穴（ポアサイズ

0.22 μm）をもったフィルターを用いてろ過する。また，DNAシーケンサに用いるアクリルアミド溶液の滅菌などにも用いられる。

分光光度計

物質には特定の波長の光を吸収する性質があり，それがその物質の構造と深い関連性を持つ。すなわち，吸収される光の波長や強さを調べることによって溶液中に含まれる物質の量を測定することができる。このような方法で物質を解析する方法を吸光分析法という。分光光度計は溶液に特定の波長の光を当て，溶液を透過してきた光の強度を測定する機械である。

Ⅰ.セルの取り扱い

セルは試料となる溶液を入れる容器のことで，向い合う面の一組が透明になっており，計測する光がそこを通るように使用する。近年ディスポーザブルのセルも市販されているが，一般にセルは高価なものである。割らないように，傷つけないように，汚さないように細心の注意で取り扱うこと。セルの取り扱いについては特に以下のことに気をつけること。

◆ 光路となる側面の光学特性は非常に重要で，指で触って油分を付けたり，紙で拭いて傷をつけたりしてはいけない（図1-3-10）。

◆ 計測光が入射する側の面にはどこかにマークが付いている。分光光度計の光の出る側を確認し，その面にマークのついた面をむけてセットすること（最近では，セルの製造時の精度も上がり，セルのどちらの面を入射面としてもよいものもある）。

◆ 両側面は擦りガラスなどになっており，手で持つときは必ずこの面を持つ。

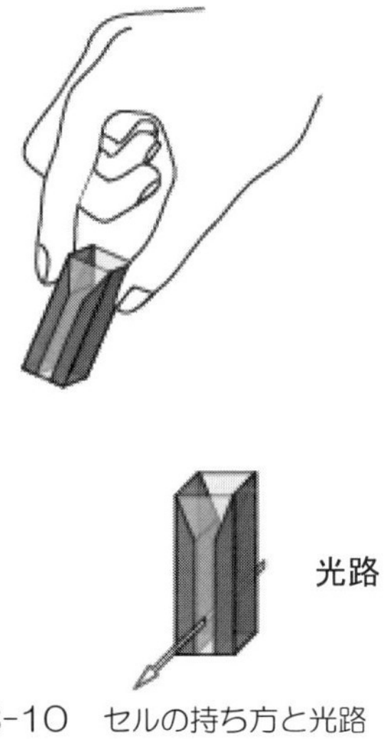

図1-3-10　セルの持ち方と光路

◆ セルは，100％エタノールに浸して保管する。

◆ セルの材質には，石英，ガラス，プラスチックがある。石英は紫外線を通すが，ガラスとプラスチックは紫外線を通さない。したがって，260 nmや280 nmで計測するときは石英のセルを使わなければならない。

◆ セルが汚れたときは中性洗剤に浸しておき，汚れが落ちた後に蒸留水でよく濯いでおく。乾燥はペーパータオルの上に逆さまに立てて風乾する。決して紙で拭いたりしてはいけない。急ぎのときには，よく蒸留水を切ってから残った水滴をキムワイプでごく軽く押さえて吸いとる（ブラシやスポンジでこすってはいけない。また，超音波洗浄機も避けたほうがよい）。

II．分光光度計の使用法

分光光度計には，対照試料と同時に計測できるダブルビームのものや，プログラムによって計測する波長を変化させられるものなど様々である。ここでは，一般的に用いられるシングルビームのデジタル式の分光光度計についてその使い方を紹介する。

● *分光光度計の使い方*

1）電源を入れる。また，目的の波長にあったランプの電源を入れる。紫外部（350nm 程度以下）はUVランプ，可視部（350nm程度以上）は白色ランプを使用する。

2）測定波長（Wavelength）を設定する。また，測定モードを吸光度（Absorbance）に設定する。

3）ランプの点灯後30分程度待ち，光源を安定させる。

4）セルに対照の液体（多くの場合は蒸留水）を入れ，セルホルダーにセットし，測定位置に固定する。

5）分光光度計のフタを閉め，ゼロ設定ボタンを押して，吸光度をゼロにあわせる。

6）セルをセルホルダーから出し，対照の液体を捨てる（図1-3-11）。

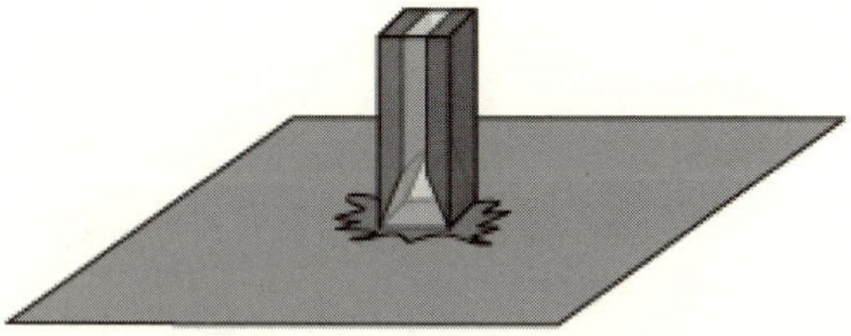

液を捨てたとき，セルを逆さまにしたままキムタオルにセルの口を押し付けると液がセルの壁面に垂れず，汚れることもない。

図1-3-11

7）吸光度を測定したい試料をセルに入れ，セルホルダーにセルを入れる。

8）分光光度計のフタを閉め，吸光度の値が安定するのを待って値を記録する。

9）セルをセルホルダーから出し，試料を取り除く。

10) 7)～9)を試料の数だけ繰り返す。

11) 試料の吸光度をすべて測り終えたら，セルを洗浄し，所定の場所へしまう。

遠心機

遠心機は，いろいろな物質が含まれる溶液あるいは懸濁液を遠心力によって生じる大きな重力場に置き，一定時間内で沈んだものと沈まなかったものに分離する装置で，遠心分離機ともよばれる。遠心機を大まかに分類すると，以下の4つに分けられる。

● *微量遠心機*

1.5 mlのマイクロチューブを回す。回転数は5,000～15,000 rpm。

● *卓上遠心機*

10 ml～50 mlの遠心管を回す。回転数は5,000 rpm程度まで。

● *高速遠心機*

50 mlの遠心管から500 ml程度のボトルを回す。回転数は20,000 rpm程度まで可。

● *超遠心機*

回転数が20,000 rpm以上かつ空気抵抗をなくすため減圧下で遠心が行われる。遠心管はいろいろなものを使うタイプがある。

Ⅰ. ローター

● *ローターの種類*

遠心管を支えて回転する部分のことをローターと言い，遠心機の非常に重要な部品である。回転軸にゆがみが生じるため，ローターを付けずに運転してはいけない。目的に応じていろいろな種類のローターがあるが，一般的なものとしては，遠心管を斜めに保持するアングルローターと，重力と遠心力の合力が常に遠心管の長軸方向にかかるスウィングアウトローターとがある（図1-3-11）。

Ⅱ. ローターの取り扱い

ローターは常に強い遠心力にさらされるため，わずかな傷や腐食，ひずみが重大な事故に結びつくので，丁寧に慎重に取り扱うこと。

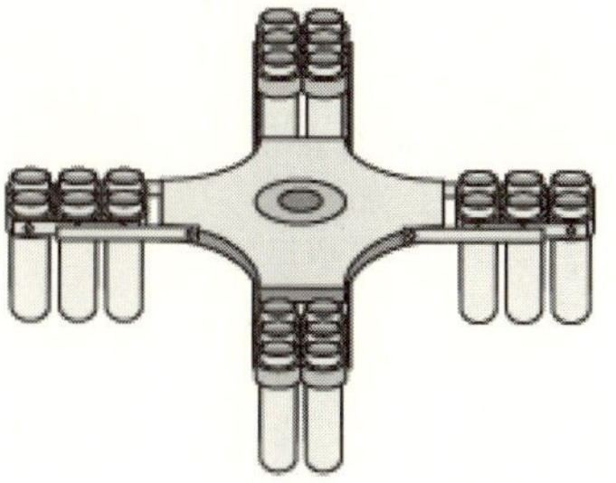

図 1-3-11　アングルローター（左）とスウィングアウトローター（右）

◆ ローターは，使用後は本体から取り外して水洗いし，ペーパータオルの上に逆さまにして干しておく。

◆ 乾燥したらほこりのかぶらないキャビネットへしまう。

◆ ローター（特にアングルローター）は，非常に重いものである。力に自信のない人は，研究室内の別の人に持ってもらうこと。ローターは，落とすと割れることもあり，また，足の上に落ちるなどすると非常に危険である。

◆ 遠心機のローターの付け替えの際，遠心機の軸にローターをぶつけないこと。軸が曲がってしまい非常に危険である。背が届かない人は，無理をせず誰かに代わってもらうこと。

◆ アングルローターのフタはしっかり閉めること。回っている最中にフタが開いたら危険である。また，サイズの大きいローターにはフタを閉める位置が決まっているものがある（たとえば，フタとローターに赤い点が打ってある）。目印をきっちり合わせてフタをすること。

Ⅲ. バランス

遠心操作においていったん事故が起こると遠心機本体に壊滅的なダメージを与えることとなり，研究室内の人々にも危害を与えてしまう可能性がある。遠心機の故障・事故で最も多い原因は，バランス調整の不備である。以下の注意事項を守り，細心の注意を払って操作すること。

◆ 遠心管は偶数本用意し，それぞれ向い合せの位置にセットする。試料が偶数本にならないときはバランサーとして遠心管をもう 1 本用意する（図 1-3-12）。

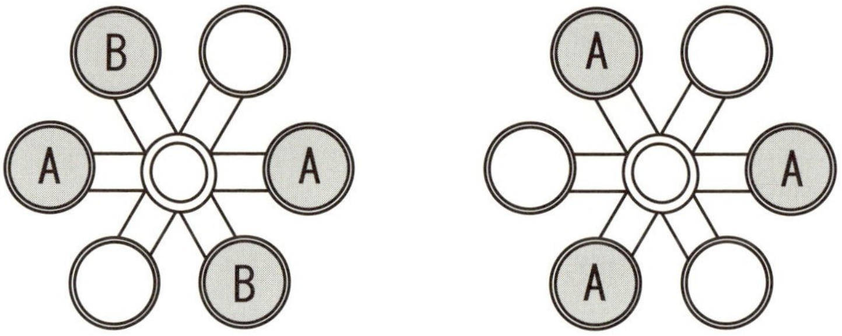

図 1-3-12　ローターのバランス

◆ バランサーに使う遠心管と試料を入れる遠心管は同じ物を使うこと。バランサー用の遠心管が試料のものとまったく別の種類だと，重心まではうまく合わせられない。

◆ バケット式のものでは，バケット内でもバケットの中心に対して対称に遠心管を入れる(図 1-3-13)。

◆ 向い合ったバケット全体のバランスを取ることが重要なので，それぞれのバケットにバランサー用の遠心管を入れておくとバランスの調整に便利である。

◆ バケットは必ず掛けられるすべての場所に同じ種類のバケットを掛けること。バケットのない場所を作ったり，異なった種類のバケットを混用してはいけない。

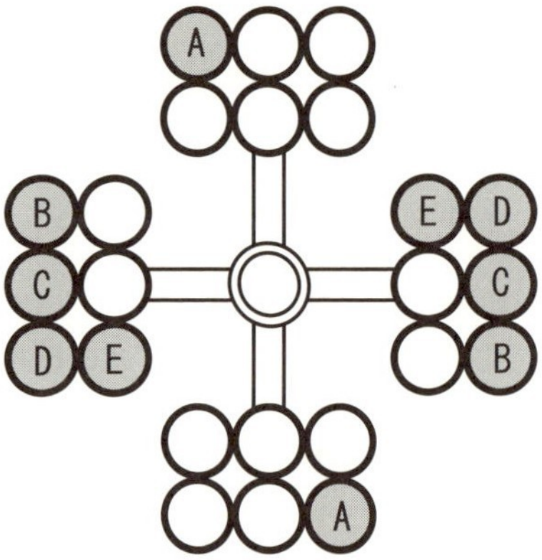

図 1-3-13　バケットのバランスの例

◆ マイクロチューブを回す微量遠心機の場合，試料の重さは非常に軽く，バランスの少しのずれは重大な影響を与えない。マイクロチューブに目分量で試料と同量の水を入れ，ローターの向い合う位置にセットすればそれでよい。この作業を簡便に行うため，あらかじめ 0 から 1500 μl まで 100 μl おきに水を入れたチューブを用意しておき，目分量で試料の液量に最も近いものをバランサーとして使うと便利である。ただし，あくまで少しのずれなら大丈夫というだけで，バランスが大きくずれていれば危険である。

Ⅳ．バランスの合わせ方

● *試料を等分してバランスを取る場合*

1）組になる遠心管を天秤の両側にのせる。

2）両方の試験管にほぼ等量の試料を入れる。

3）駒込ピペットやメスピペットを用いて天秤のバランスが合うように調節する。

4）試料が2本以上になる場合は，1）～3）を繰り返す。

● *バランサーとして水などの溶液を用いる場合*

試料と水とを上記のように天秤を用いて調節してもかまわないが，電子天秤で計ることで手軽にバランスが合わせられる。

1）電子天秤の上に遠心管が立てられるようにビーカーなどを置き，ゼロ合わせを行い，表示をゼロにしておく。

2）試料の入った遠心管を入れて重さを計る。

3）バランサー用の遠心管にほぼ等量の水を入れ，重さを計り，試料の入ったものと同じ重さになるようにピペットで水の量を調節する。

Ⅴ．遠心機の操作

遠心機についても各メーカーから市販されており，機種によって操作法が異なる。ここでは，一般的なダイヤルによって回転速度を調整する遠心機の操作について紹介する。

1）ローターを保管用のキャビネットから取り出し，遠心機の回転軸に差し込む。一度ほんの少し持ち上げて下ろすことで，回転軸とローターの噛み合せがちゃんと入っていることを確かめる。凹凸を噛み合わせる（図1-3-14）。

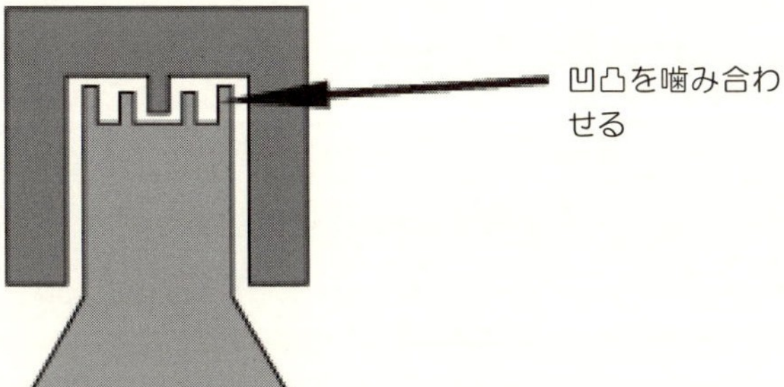

図1-3-14

2）遠心機の電源をONにし，冷却機の設定を希望温度にする。

3）30分ほど待って，遠心機内が希望温度に達したことを確認する。

4) バランスの取れたそれぞれの組の試料やバランサーをローターに入れる。

5) ローターのフタを閉め，遠心機のフタも閉める。

6) 回転数の設定を行う。アクセル（回転数の上昇速度），ブレーキ（終了後の減速速度）などの設定があれば，設定を行う。

7) 時間の設定を行う。

8) 運転開始のスイッチを押して，遠心を開始する。

9) 事故を防ぐために，設定速度に達するまでは遠心機のそばにいる。

インキュベーター

インキュベーターには，温度を伝える媒体の種類により，3種類のものがある。それぞれのインキュベーターにはそれぞれ特徴があり，誤ったものを使用すると実験が失敗することになるので注意すること。以下にそれぞれのインキュベーターの特徴を紹介する。

1.液相のインキュベーター

試料を保温するための媒体として液体を用いたもので，一般的には水を使用するので「ウォーターバス」とよばれる（図1-3-15）。比較的低温で処理時間を厳密にしたいときに使用する。例えば，プロテアーゼによるタンパク質の限定分解や制限酵素によるDNAの切断などに用いる。

● *長所*

・目的の温度になった液体に直に触れることで，試料が目的温度になるまでの変化が早い。

● *短所*

・液体の熱容量が大きいため，インキュベーターが目的の温度になるまでには時間がかかる。

・温度設定に時間がかかるため，微調整が難しい。

・溶媒が液体なので，長時間インキュベーションを行うと液体が蒸発してしまうことがある。

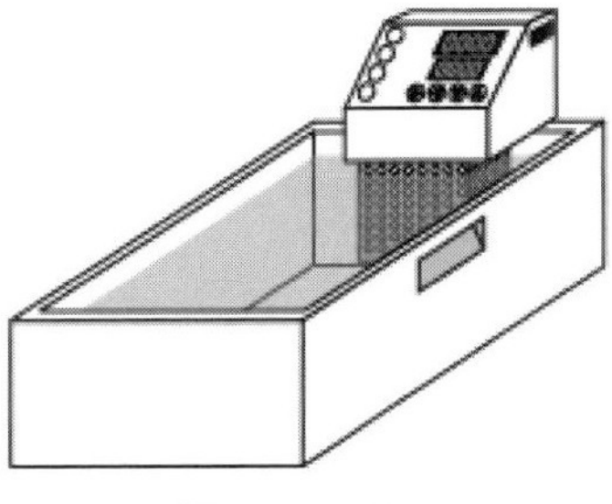

図1-3-15

II.気相のインキュベーター

容器内の空気を一定の温度に保ち，試料の温度を一定に保つ構造を持つ（図1-3-16）。比較的長時間の処理で，処理時間がさほど厳密でない場合に使用される。細菌培養などに用いる。

● *長所*

・ 試料の周囲が空気なので，振盪させやすい。

● *短所*

・ 試料が一定の温度に達するまでに時間がかかる。

III.固相のインキュベーター

穴が開いたアルミなどの金属のブロックにマイクロチューブなどを差し込んで熱を伝え試料の温度を一定に保つ構造を持つ。「ヒートブロック」とよばれる（図1-3-17）。比較的高温での処理も安全に行うことができる。例えば，95℃や65℃での核酸の熱処理などに用いる。

● *長所*

・ 幅広い温度に適用でき，比較的安全である。

● *短所*

・ ブロックの穴に合わない特殊な形の容器は使用できない。

・ 熱伝導率が高いためブロックの温度が±0.5℃程度の幅で変動する。

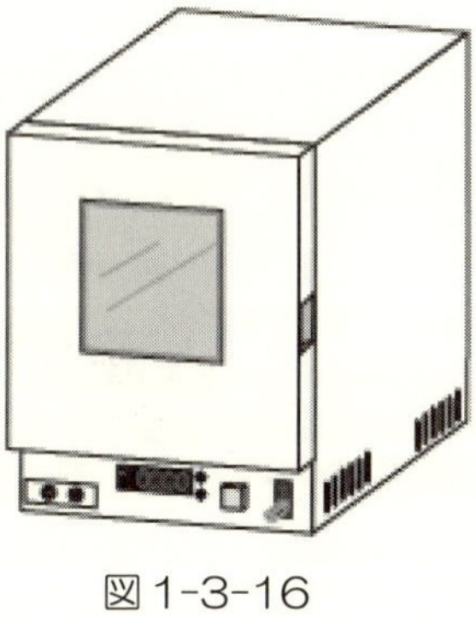

図1-3-16

図1-3-17

4. 実験成果のまとめ

4.1 レポートの作成

実験を実施したら一般にその結果をレポートにしてまとめる。報告書，卒業論文のためにも，どのようなレポートを書けばよいのかその注意点について紹介する。

実験レポートの作成

基本的に，実験目的，実験原理，実験方法（試料および試料溶液の調製，器具，実験操作，計算方法)，実験結果，考察，感想，疑問などの順序に書くのが普通である。以下にこれらの項目について多少の説明を述べる。

Ⅰ.実験目的

◆ その実験は何のために行うのか，それを行うことによって何が明らかになるのかを簡潔に書く。

Ⅱ.実験原理

◆ このとき苦労してまとめた実験原理の内容は，いつまでも記憶に残るものであり，このことが重要なのである。しかしながら，研究室におけるレポートでは実験原理に関する記述は多くの場合必要ない。

Ⅲ.実験方法

◆ 試料および試料溶液の調製については細かく正確に書くこと（使った試料の株名，保存方法，採取場所など)。

◆ 試薬名や濃度の表示は，英語・日本語のいずれかに統一するのが望ましい。

◆ 器具は直接実験に必要なものだけにとどめ，装置などは図解するのもよい。

◆ 操作は実際に実施したとおりを具体的に記載し，わかりやすく書く。

◆ 操作を記述することによって実験の誤りを発見することもある。

Ⅳ.実験結果

◆ 基礎的な実験であれば観察したことや測定値はすべて記載する。

◆ 実験結果は図や表を用いて見やすいように工夫を凝らすとよい。

◆ 最終結果は有効数字を考慮して明示し，定量実験の場合，単位を忘れずにつける。

Ⅴ. 考察

◆ 考察とは実験結果についてその正しさを説明し，既知の事柄ともあわせ次の実験・研究を指し示すことである。

◆ 目的に関しての使用試薬，器具，操作，実験結果との関係を考える。

◆ 実験結果を参考書や学術雑誌などを用いて比較検討する。

◆ 卒業研究においては，考察することにより，次にどんな実験を行えばよいか自ずとわかってくるものである。

Ⅵ. 感想・疑問・反省

◆ 実験中に気づいたことや疑問に思ったことはすべて記載するようにする。

◆ よい実験結果が得られなかったときには，自分の実験態度，考え方などについての反省を次回への参考になるように書く。

4.2 卒業論文をまとめる～学術論文の書き方を参考に～

卒業研究では実験データを集め，最終的には卒業論文をまとめることになる。卒業論文は一年間苦労して実験を行ってきて自分なりの発見をみんなに公表するためのものである。したがって，みんなが読んで納得するようなものでなければならない。卒業論文の細かいフォーマットに関しては研究室ごとに異なるであろう。そこでここでは学術論文の書き方を紹介し，論文の書き方というものを理解していただきたい。

論文の構成

● *Title （タイトル）*
論文の論題であり，その論文の内容を少ない言葉で表現する。

● *Authors and Addresses （著者と所属）*
学術論文の場合，著者は複数である場合が多く，ここにすべての著者を書く。

● *Abstract* *（要旨）*
論文のポイントを書く。通常字数の制限がある。

● *Introduction* *（緒言）*
・問題点を明確にする。
・問題の背景について書く。
・その問題をどのように解決しようとしたかを書く。
・主な結果を書く。
・主な結論を書く。

● *Materials and Methods* *（実験材料および方法）*
研究を追試できるようにすべての情報を書く。

● *Results* *（実験結果）*
実験結果を簡潔に述べる。

● *Discussion* *（考察）*
・結果から得られる原理，相互関係，一般論についてを書く。
・他の研究との関係を書く。
・その研究結果の価値について書く。
・未解決な問題を書く。
・結論とその証拠を書く。

● *References* *（引用文献）*
論文を書く上で参考にした文献をすべて記載する。学術雑誌によって書き方が異なる。

● *Acknowledgment* *（謝辞）*
実験を遂行するにあたり，実験をサポートしてくれた人々，実験材料を提供してくれた人々，論文の批評をしてくれた人々，研究費をサポートしてくれた機関に対して謝辞を書く。

5. コンピュータの活用

分子生物学や生化学の分野においてコンピュータは，論文の執筆のためのワープロとしてだけではなく，作図や作表，発表用のプレゼンテーション，スライドやOHPの作成などその存在は不可欠なものである。また，最近では，インターネットを介して研究論文を検索したり，アミノ酸配列や塩基配列のデータベースを利用したり，その利用範囲はさらに広がっていくと考えられる。ここでは，コンピュータとインターネットの利用法についての基礎を紹介する。

5.1 ソフトウエア

現在，研究用として用いられるパソコンのほとんどは，アップルコンピュータ社のMacintosh（以下Mac）か，マイクロソフト社のWindowsをOS（Operating System；オペレーティングシステム）として使用しているIBM PC/AT互換機のいずれかである。パソコンには,机上にディスプレイやキーボードなどを置いて使用するデスクトップ型と，ディスプレイと本体が一体型で携帯に便利なように折りたたむことができるノート型がある。

どちらのパソコンも文字や画像を表示するディスプレイと文字を入力したりパソコンに指示を与えるためのキーボードがある点で共通した特徴をもっている。しかし，パソコンにはディスプレイやキーボードだけではなく，マウス，プリンタ，スキャナ，マイク，スピーカなどが接続されている。これら，パソコンに接続されている装置のことを総称してハードウエアとよぶ。ハードウエアは，パソコン本体の電気回路や機械部分も含む。これに対し，これらのハードウエアを動かすための命令はすべてプログラムで書かれており，ソフトウエアとよぶ。ソフトウエアにはデータも含まれ，ハードウエアを人間の肉体にたとえると，ソフトウエアは記憶や学習結果にあたる。ここでは，研究活動によく用いられる基本的なソフトウエアを中心に述べていく。

OS（オペレーティングシステム）

OSは，基本ソフトとも呼ばれ，一般的にパソコンを起動させたときに自動的に読み込まれる。OSは，各ハードウエアを制御し，アプリケーションソフトとハードウエアの仲介役として働く。例えば，ワープロソフトで書いた文書を印刷する場合，まず，ワープロソフトがOSに印刷するという命令を伝える。OSはハードウエアであるプリンタを制御して印刷をするという仕組みになっている。そのため，アプリケーションソフトやハードウエアはOSに対応するように作られており，多くの場合，異なるOS上では使用できない。

代表例： Windows（マイクロソフト社）

漢字Talk，MacOS（アップルコンピュータ社）

ワードプロセッサ

パソコンのソフトの中でも広く用いられるソフトのうちの一つである。文書をデジタル化することにより，簡単に文書を編集することができる。文字の大きさを変えたり，修飾したり，さらに全体のレイアウトを編集することができる。論文や報告書，レポートの作成などに用いる。

代表例： Microsoft Word（マイクロソフト社）【Windows, Mac】（図1-5-1）

一太郎（ジャストシステム社）【Windows, Mac】

EG Word（エルゴソフト社）【Macのみ】

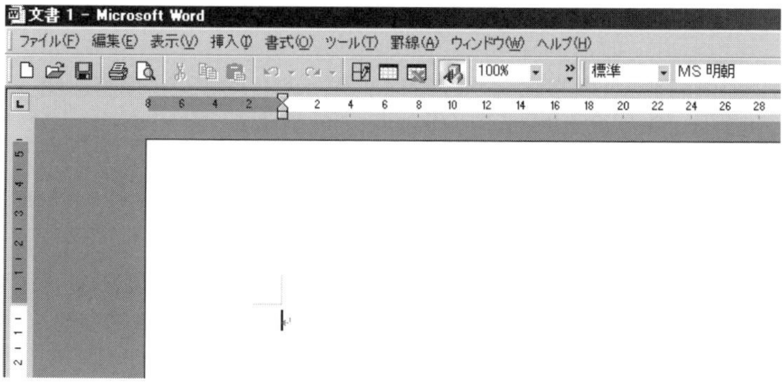

図1-5-1 Word 2000

表計算

簡単な数値計算，グラフ処理および統計解析などをこなすことができ，データの取りまとめには必須のソフトである。

代表例： Microsoft Excel（マイクロソフト社）【Windows, Mac】（図1-5-2）

Lotus 1-2-3（ロータス社）【Windows】

三四郎（ジャストシステム社）【Windows】

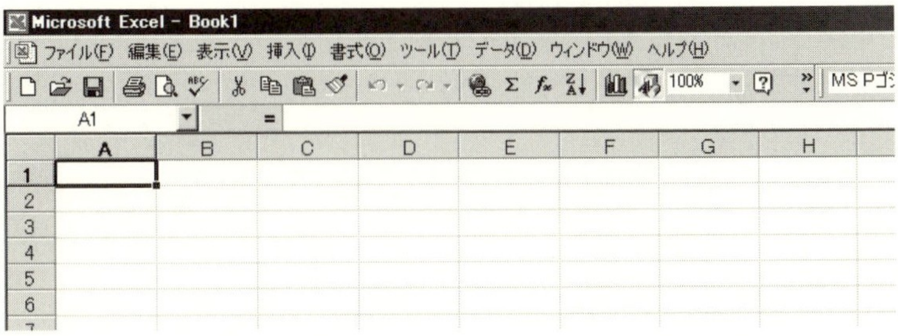

図1-5-2　Excel 2000

プレゼンテーション

簡単なスライドやOHPの作成に用いられるソフトである。また，パソコンをプロジェクタに接続すれば，そのままスクリーンに映写し，アニメーションを駆使したスライドショーを見せることができる。

代表例：　Microsoft PowerPoint（マイクロソフト社）【Windows, Mac】（図1-5-3）

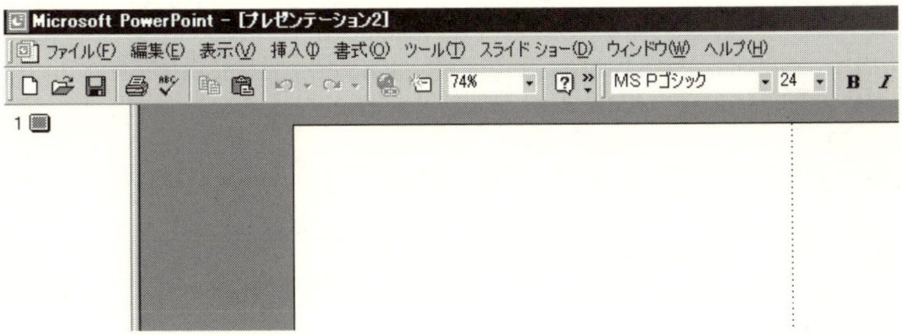

図1-5-3　PowerPoint 2000

イラスト作成

Microsoft PowerPointでも作図はできるが，複雑な図やイラストを作成するには，専用のソフトがあると便利である。

代表例：　Adobe Illustrator（アドビ社）【Windows, Mac】（図1-5-4）

マックドロー（クラリス社）【Mac】

図1-5-4　Adobe Illustrator

画像処理

スキャナやデジタルカメラで取り込んだ写真の画質や色合い，形を編集するためのソフトである。また，画像ファイルの形式を変換するのにも使用する。

代表例：　Microsoft PhotoDraw（マイクロソフト社）【Windows】

Adobe Photoshop（アドビ社）【Windows, Mac】（図1-5-5）

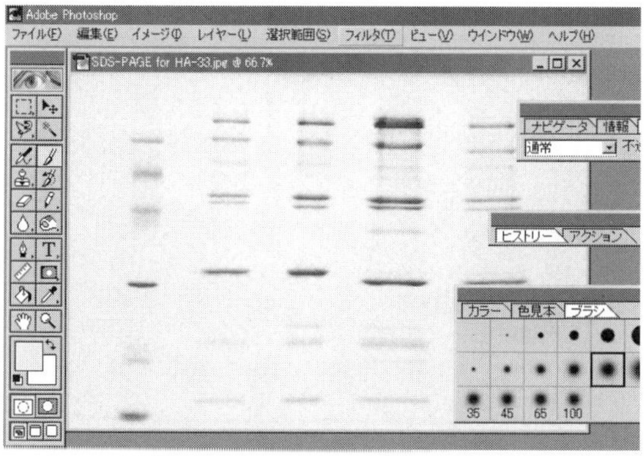

図1-5-5　Adobe Photoshop

メーラー

インターネットを介して電子メールを送信したり受信したりするためのソフトである。

代表例：　Microsoft Outlook Express（マイクロソフト社）【Windows, Mac】（図1-5-6）

Netscape Messenger（ネットスケープ社）【Windows, Mac】

Eudora Pro（クリニサーチ社）【Windows, Mac】

Post Pet（ソニーコミュニケーションネットワーク社）【Windows, Mac】

図1-5-6　Outlook Express

WWW ブラウザ

インターネットを介してホームページを見るためのソフトである。現在ではこれらのソフトは無料でダウンロードすることができる。

代表例：　Microsoft Internet Explorer（マイクロソフト社）【Windows, Mac】

（図1-5-7）

Netscape Navigator（ネットスケープ社）【Windows, Mac】

図1-5-7　Internet Explorer

その他

● *文献管理ソフト*

Endonote（ＩＳＩリサーチソフト社）【Windows, Mac】

論文執筆のための文献管理ソフト。文献検索・文献参照ができる。

● *メンテナンスソフト*

Norton Utilities（シマンテック社）【Windows, Mac】

誤って消去してしまったファイルの検索・復活・断片化の解消。ハードディスクのクラッシュ防止のためのソフトウエア。

● *ウイルス対策ソフト*
Norton Anti Virus（シマンテック社）【Windows, Mac】
コンピュータウイルスの感染からパソコンを守るためのソフトウエア。

以上，いくつかのソフトウエアを紹介したが，卒業研究では，ワードプロセッサ，表計算そしてイラストを書くためのソフトが必要となる。結論として，Microsoft Word，Excel，PowerPointが統合されたMicrosoft Officeがあれば十分ということになる。

5.2 文献検索（PubMed）

現在，研究成果を発表するための学術論文が世界中で約数千誌あり，そのほとんどは定期的に発行されている。そのため，世界中で報告されている論文数は莫大なものとなる。これらの情報はインターネット上で整理されており，さまざまな方法で検索することが可能である。その中でもっとも単純で最新の情報が得られるのがPubMedである。PubMedとは，アメリカ国立医学図書館（NLM）が1997年からインターネット上で無料で公開しているMEDLINEのことである。MEDLINEとは，世界約70か国，4000誌以上の文献の検索をすることができる医学文献データベースであり，日本の雑誌も約170誌が収録されている。MEDLINEには，1966年以降の文献が収録されている（2001年8月現在）。ここでは，PubMedを用いた文献検索法について紹介する。

準備するもの

・インターネット接続が可能なコンピュータ環境（MacでもIBM PC/AT互換機でもどちらでもかまわない）。
・WWWブラウザソフト（Internet Explorer，Netscape Navigatorなど）

Protocol

1）パソコンの電源を入れる。

2）WWWブラウザソフトを起動する。

3）URLの欄に「http://www.ncbi.nlm.nih.gov/entrez/query.fcgi?db= PubMed」を入力し，Enterを押す。

4) Query Box（図1-5-8）にキーワード[*1]を入力し，Goボタンをクリックし，検索を実行する。

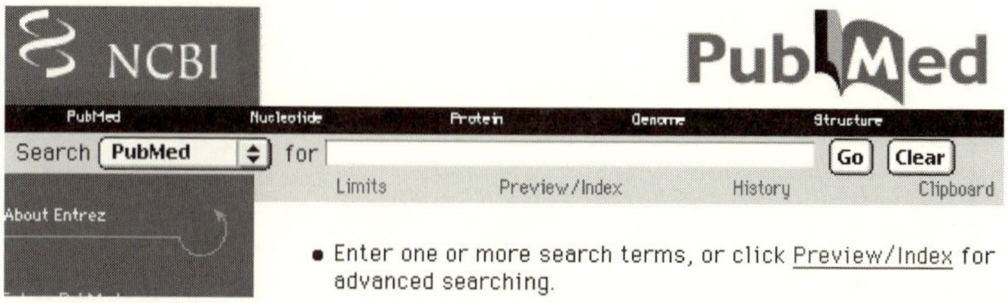

図1-5-8

*1　当然のことだが，英語で入力する。また，大文字・小文字は関係ない。stopwordsとよばれる単語は検索語として使用できない。stopwordsのリストはページ中のhelpを参照する。

◆ 2つ以上のキーワードを掛け合わせる場合は，半角スペースをはさんで並べて入力する。前方一致検索（キーワードの後ろにどんな文字が続いてもすべて検索する)を行う場合は，キーワードの最後にアスタリスク(*)をつける。

◆ 検索フィールドを限定（絞込検索）するには2通りある。キーワードの後ろにフィールド名をつける。例えばタイトルにbotulinumが入っているものを探すときは，“botulinum [ti]”と入力する。

[au]著者
[ti]タイトル
[pt]出版形態
[dp]出版日
[ta]雑誌名
[ab]Abstract

また，Limitsをクリックし Limits機能を使用する方法もある。(図 1-5-9)

- **All Field**（検索フィールド）
- **Publication Types**（論文の種類）
- **Ages**（年齢）
  論文で取り上げられている症例の年齢を指定する。
- **Publication Date/Entrez Date**（出版日 / データ登録日）
  Publication Date: 出版日
  Entrez Date: PubMedへの登録日
- **Languages**（使用言語）
- **Human or Animals**（人間か動物か）
- **Subsets**（サブセット）
  収録誌の種類を限定したり，データの範囲を絞ったり広げたりする。

・Gender （性別）
論文で取り上げられている症例の性別を指定する。

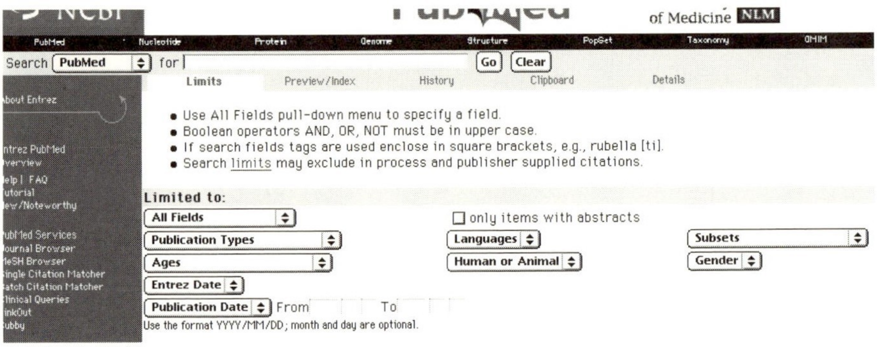

図1-5-9

5）検索結果が表示される。

◆ Query Boxのすぐ下に検索件数が表示される。この数が多すぎる場合は，4)を参考にさらに絞り込んで検索する。
◆ 検索結果のリストは，画面下に新しいものから順に表示される。表示形式（→下記参照）の初期設定はSummaryになっており，著者名，タイトル，収載雑誌名，巻・号・ページ・年が表示される。
◆ リストの表示形式を変更したいときは，Displayボタンの右横のボックスの▼をクリックすると表示形式がリストから選べる。主なものは以下の通りである。選び終わったらDisplayボタンをクリックする。

Brief
著者名・タイトルのはじめの10文字，PubMed番号だけを表示。
Abstract
雑誌名・タイトル・使用言語・著者名・所属・Abstract・出版形態・訂正記事・コメント・PubMed番号を表示
Citation
雑誌名・タイトル・使用言語・著者名・所属・Abstract・出版形態・訂正記事・コメント・MeSH・個人名・化学物質名・助成金番号・PubMedを表示
MEDLINE
フィールド名のタグつきデータ

◆ 各論文データの番号の前についているチェックボックスをチェックし，Displayボタンをクリックすると選択した文献のみが表示される。

6) 著者名をクリックするとそれぞれの文献の詳細なデータが表示される。

◆ 雑誌名の下にボタンがある場合は，電子ジャーナルにリンクしているという印である。電子ジャーナルは有料のものと無料のものがあり，論文の全文が読める（PDF形式のものはAcrobat Readerが必要）。

◆ 雑誌名の右側に小さい文字があり，これらもリンク機能になっている。

Related Articles

タイトルやAbstract中のキーワードをコンピュータが自動的に分析して，関連性の高い文献をあらかじめ記憶してあるリストへリンクする。

Books

MEDLINEを作成しているアメリカ国立医学図書館の中のNCBIというところで所蔵している電子教科書へのリンク。これをクリックすると，タイトルやAbstract中の単語でリンクのあるものに下線が表示される。それらの意味や概念を知ることができる。

LinkOut

NCBIが作成している，Entrezという総合分子生物学データベース（実際は，PubMedもこの一部である）でのリンクが表示される。

Protein

アミノ酸配列データベースとリンクしている場合，配列データを見ることができる。

Nucleotide

塩基配列データベースとリンクしている場合，配列データを見ることができる。

6. ゲノムからプロテオームへ

1990年代から本格的に始まったゲノム研究プロジェクトは，大腸菌からヒトに至るまで多くの生物で精力的に進められている。その中で，1995年にはインフルエンザ菌，マイコプラズマなど比較的ゲノムサイズの小さな生物において，また，1996年には比較的ゲノムサイズの大きな酵母においてもゲノムの全塩基配列が決定された。さらにごく近い将来，ヒトを含む多くの生物でゲノムDNAの全塩基配列が決定されると推測される。しかし，全塩基配列が決定されても，遺伝子翻訳産物のうち，データベースを利用した相同タンパク質の検索などにより機能が特定できるタンパク質の割合は，全体の20〜50%程度と推測されている。したがって，ゲノム情報の有効な利用を図るためには，機能面を解析する目的で精製されてきたタンパク質の生化学的ならびに物理化学的特性に関する情報を可能な限り収集し，すべてのゲノムDNAと，それらがコードするタンパク質を対応させ，遺伝子とその翻訳産物の機能を解明していく必要がある。

6.1 プロテオームとは

1995年にはプロテオーム（proteome）という用語が生まれたが，これはタンパク質（protein）とゲノム（genome）の合成語で，ゲノムの各遺伝子に対応するすべてのタンパク質を指す。プロテオームとは，「1つのゲノムまたは特定の細胞・組織・器官の中で産生されるタンパク質全体」と定義される。ゲノムは1個体の生物に1分子または1セットしか存在しない。これに対してプロテオームは，生物の受精から発生，成熟，死に至るまでめまぐるしく変動し，またその生理状態や周囲の微細な環境要因によって，時間的にも空間的にも極めて多様な様相を呈すると考えられる。すなわちプロテオームはゲノム支配下にありながら，ゲノムで規定される遺伝子の数より遥かに多く，端的に言えば生物が生きる瞬間ごとに多様な変化を示し異なった様相で存在する。生命活動のある瞬間に存在するタンパク質セットをプロテオームと規定してその全体像を把握し，次の瞬間における全体像と比較することでその変動を解析する。この場合，プロテオームの全体像とは，その中に存在するすべてのタンパク質の種類と存在量，ならびに翻訳後修飾を含む構造情報を含んでいる。細胞内では，すべてのタンパク質はほかのタンパク質あるいは生体分子と機能的な関連を保って存在している。従って，観察されたプロテオームの変動は，この瞬間の生命活動の変化を演出する機能タンパク質群の変動を反映したものと考えることが出来る。こうした立場で，プロテオームの動態を指標としてゲノムの発現情報を把握し，生命現象を解析する方法論がプロテオーム研究の基本戦略である。生命活動のある瞬間に機能しているゲノム情報がプロテオームという形で具現化されていると考え，その動態を包括的に解析することで生命現象を理解する試みが，機能ゲノム研究の中で「プロテオミクス（proteomics）」とよばれる生命科学の新しい領域である。

全遺伝子構造がわかったとしてもおのおののタンパク質の機能や調節機序は不明であ

り，ますますタンパク質を用いた機能解析の研究へと進むことが予想される。遺伝子が人体の設計図だとすれば，実際に個々の細胞を構築し，生命活動を営んでいるのはタンパク質であり，遺伝子という平面設計図にのっとり実際に細胞，組織そして身体を構築しているのはタンパク質である。さらに，その空間的な配置を決め，細胞内の機能をコントロールする情報伝達を行っているのもタンパク質である。特に，生体内の複雑な生理作用は単独のタンパク質でなされているよりも，複数のタンパク質が複合体を形成して機能していることが多い。21世紀はタンパク質がいかに機能し，また制御されているのかの研究が主流をしめるようになるに違いない。その際，最終的にはタンパク質を細胞から精製する方法を取るより，より簡単に遺伝子から発現させたタンパク質を使うようになると考えられる。しかしながら，現状では発現効率の悪いタンパク質や発現しないタンパク質，分解されやすいタンパク質なども多く，様々な問題が存在し，タンパク質によっては細胞から精製せざるを得ないものもある。

一方，現時点のゲノム研究の進展具合では，タンパク質を臓器や細胞から精製してそのアミノ酸配列の情報をもとにcDNAをとる，という研究もしばらくは必要とされるであろう。しかしゲノムシーケンスの結果，多くの遺伝子の断片がとられ，データベースESTとして登録されているものが増えている。このことは自分が目的とするタンパク質の遺伝子の断片がデータベース上に登録されていることが多いことを意味する。そこで頻繁に検索して情報を集め，より簡便な方から自分の目的の遺伝子をとっていくことが大切となる。

今日においても，タンパク質研究の三種の神器はcDNA，タンパク質，抗体であることは変わりない。抗体はタンパク質の機能を調べる強力な武器となる。抗体は精製したタンパク質から，または大腸菌やバキュロウイルスで発現したタンパク質からつくる。抗体を使えばタンパク質の細胞内局在，組織分布，アソシエートしてつくるタンパク質の同定，リン酸化実験などの細胞生化学的，生化学的実験が行える。現在の生命科学研究にはまずこの3つをそろえることが必須となってきている。研究の流れとは，cDNA→タンパク質→抗体→機能解析となる。

6.2　プロテオーム解析の進め方

タンパク質をコードする遺伝子を同定するためには，まずタンパク質を分離精製し，その特徴を解析しなければならない。特にプロテオーム研究の場合には，多数のタンパク質を迅速に精製し，ゲノムプロジェクトで解析された遺伝子との対応を明らかにする必要がある。プロテオーム研究の大まかな流れを章末の「プロテオーム解析への戦略マップ」として図に示す。

プロテオーム解析では，まず多種のタンパク質を分離精製し，各特性の分析を行う。そして，構造に関連する情報をもとに，タンパク質と遺伝子の対応を解析する。さらに，タンパク質の発生状況，翻訳後の修飾などに関する情報や，遺伝子発現系で調製したタンパク質を用いて解析した立体構造情報をもとに，タンパク質機能の解明を目指す。

ある新しい活性をもつタンパク質を見つけた場合，タンパク質を精製し，そのタンパク質の部分アミノ酸配列を決定して，cDNAクローニングへ進むのが一番オーソドックスな方法である。タンパク質の精製は各種クロマトグラフィーを行い，SDS-PAGEで単一のバンドを示すまで行う。どのようなカラムを使用するかはタンパク質の性質によって異なるが，一般的にはイオン交換クロマトグラフィーとしてDEAE，MonoQ，MonoSなどがよく使われる。分子量によって分離するゲルろ過の使用はイオン交換クロマトグラフィーと組み合せると有効である。この他，ヘパリンカラム，ハイドロキシアパタイトなどが次の選択肢として使われる。さらにアフィニティークロマトグラフィーはうまくいく場合は非常に有効で，このカラムだけで比活性を一挙に100～1,000倍上げることも可能である。ただ，cDNAクローニングの情報を得るためのタンパク質精製は単一のバンドになるまで精製する必要はない。各種カラムをかけ，活性を追っていき，SDS-PAGE上のバンドと活性が一致するものが確認できれば十分である。

精製されたタンパク質をSDS-PAGEによって分離し，PVDF膜へ転写した後，そのN末端アミノ酸配列を分析する。さらに，配列情報が必要な場合は，精製タンパク質を各種限定分解酵素で分解した後，そのN末端アミノ酸配列分析を行うことで部分アミノ酸配列を解析することができる。これらの配列情報をもとに，その遺伝子をPCRやサザンハイブリダイゼーションなどの手法を用いて検出する。得られたDNA断片の塩基配列を分析し，目的遺伝子の全塩基配列を決定し，全アミノ酸配列を推定する。以上のように，タンパク質の一次構造を詳細に解明するためには，遺伝子およびタンパク質の構造解析を総合的に行うことが必要である。なぜなら，DNAやmRNAの塩基配列分析あるいはタンパク質のアミノ酸配列分析のデータを別々に手に入れても，タンパク質の翻訳後修飾・発現様式・相互作用を解明することは不可能であるからである。

世界中の研究者によって解析されたタンパク質の一次構造の情報は，タンパク質の機能・相互作用・立体構造・発現様式・局在性などの情報とともに集められ，巨大なデータベースが構築されている。このようなデータベースは，インターネットを介して誰でも利用することができ，未知のタンパク質もその配列情報からその二次構造・立体構造・機能などを予測することが可能になっている。以下のChapterでは，遺伝子およびタンパク質の構造解析のために必要な手法を具体的に述べる。

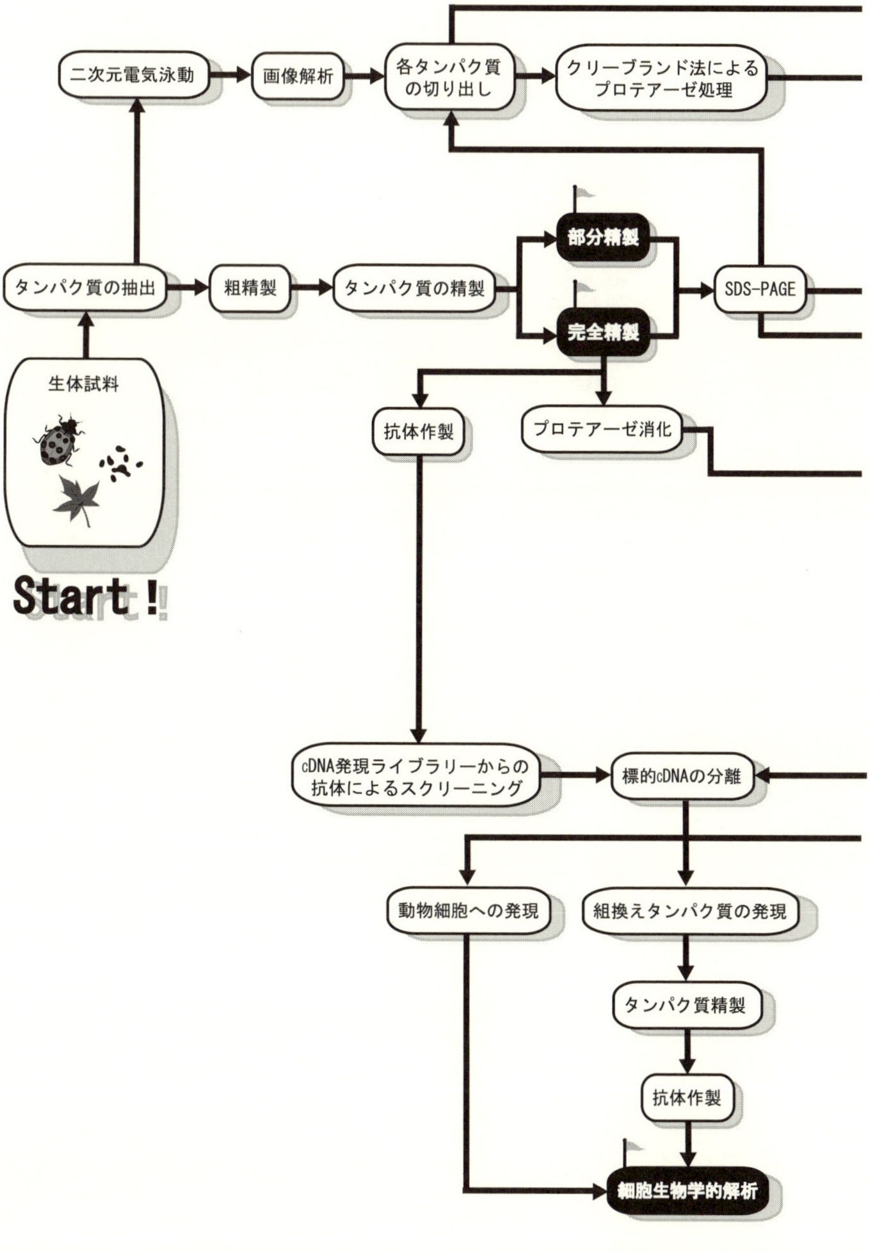

プロテオーム解析への戦略マップ

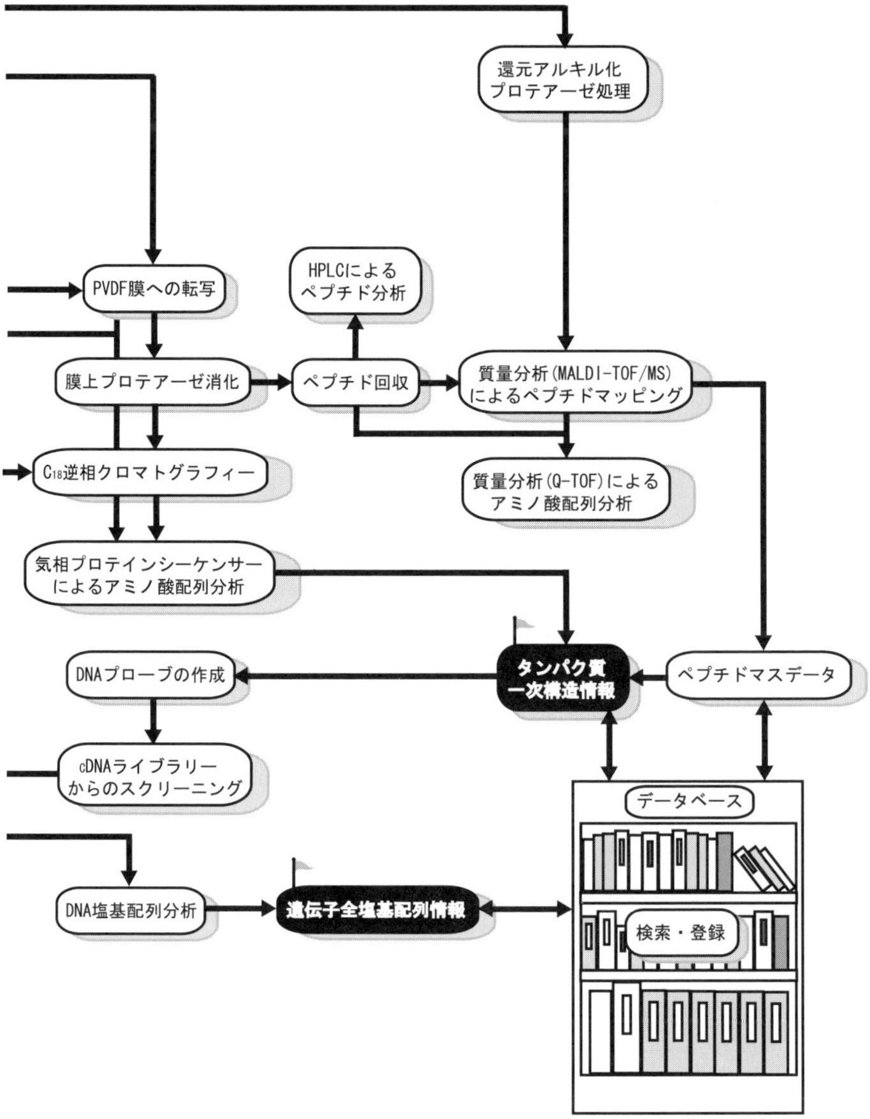

還元アルキル化
プロテアーゼ処理
HPLCによる
ペプチド分析
PVDF膜への転写
膜上プロテアーゼ消化
ペプチド回収
質量分析(MALDI-TOF/MS)
によるペプチドマッピング
C18逆相クロマトグラフィー
質量分析(Q-TOF)による
アミノ酸配列分析
気相プロテインシーケンサー
によるアミノ酸配列分析
DNAプローブの作成
タンパク質
一次構造情報
ペプチドマスデータ
cDNAライブラリー
からのスクリーニング
データベース
DNA塩基配列分析
遺伝子全塩基配列情報
検索・登録

Chapter 2

遺伝子構造解析編

1．核酸の取り扱い

DNA（デオキシリボ核酸：deoxyribonucleic acid）はRNA（リボ核酸：ribonucleic acid）と合わせて核酸と呼ばれる。核酸は糖（デオキシリボース，リボース）と塩基，リン酸からなるヌクレオチドを基本単位として，糖の3’位と次の糖の5’位がリン酸ジエステル結合によって直鎖状に結合している。DNAはこのヌクレオチド鎖が通常2本，塩基を内側にして水素結合しており（図2-1-1），RNAは1本鎖で存在している。塩基の種類も両者は違っており，DNAがアデニン（A）とグアニン（G）のプリン塩基，チミン（T）とシトシン（C）のピリミジン塩基が用いられるのに対し，RNAはチミンの変わりにウラシル（U）が用いられる。DNAはアデニンとチミン，グアニンとシトシンが塩基対となり，RNAではチミンの変わりにウラシルとアデニン，グアニンとシトシンが塩基対となる。また，アデニンとチミンが2つの水素結合を作るのに対し，グアニンとシトシンは3つの水素結合によって結びついているためグアニン，シトシンをより多く含むDNAほど熱に対して安定である。

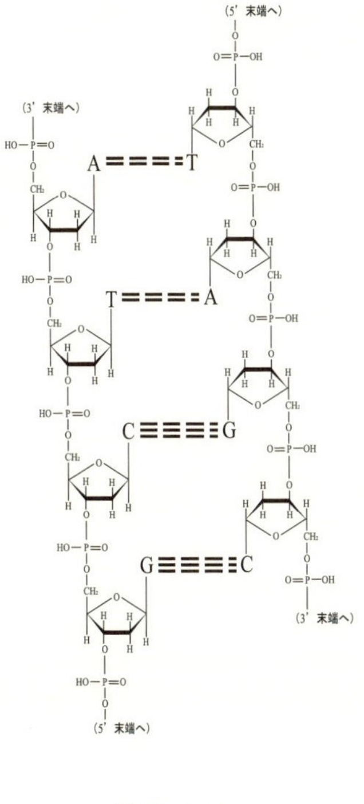

図2-1-1

1.1　DNAの取り扱い

先に述べたように，DNAは通常二本鎖であるが，温度やpH，イオン強度，物理的せん断などによって二重らせん構造が崩れてしまったり，ヌクレオチド鎖自体がちぎれてしまったりする（DNAの変性）。高温や低塩濃度ではらせん構造が崩れてしまう。pHが低すぎると塩基にH^+が付くことによって塩基対の特異的結合が起きなくなってしまい，逆にpHが高すぎるとチミンやグアニンのH^+が解離してしまうことによってDNAが変性してしまう。また，これらの理由によるDNAの変性のほかにもDNA分解酵素の働きによるものや紫外線による変性もある。しかし，一般的にDNA分解酵素は２価の金属イオン（Mgイオン，Caイオン）などを必要とするためキレート剤を加えることでこの問題は解決できる。最低限，以上のことに注意して核酸を取り扱わなくてはいけない。

1.2　RNAの取り扱い

RNAはDNAと異なり，基本的に一本鎖の分子であり，チミンの代わりにウラシルを塩基にもつ。さらに，デオキシリボースの代わりに2’が-OHとなっているリボースを持ち，このことがRNAがDNAと異なる性質をもつ原因となる（図2-1-2）。遺伝子として安定なDNAとは違い，RNAは分解されることを宿命付けられている不安定な分子である。また，細胞内には多種のRNA分解酵素（RNase）があり，このこともRNAの不安定性を裏付けている。さらにRNAは物理化学的にも不安定で，RNaseのない状態でも簡単に分解され，特に高分子では顕著である。アルカリ状態で速やかに加水分解されるという性質をもち，分子内で二次構造をとって球状になりやすいため，DNAが高濃度で高い粘性を示すのに対し，RNAにはそういう性質はない。その反面，高次構造の状態が分子により異なるため，適当な変性剤を用いないと分子量に応じた電気泳動度を示さないという解析上の問題点もある。

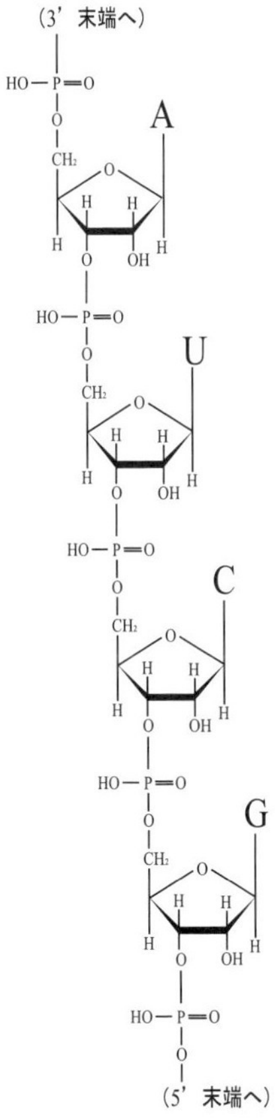

図2-1-2

留意すべき事項

◆ いたるところにRNaseがあり，また付着していることを意識する。

・ 細胞内には大量のRNaseがあるため，細胞を破壊する時に最も注意する。

・ 体液との接触を極力避け，手袋を常に使用しマスクをするなどして唾液が飛び散らないようにする。

・ 浮遊細菌，ほこり，エアロゾルの混入を避ける。

◆ RNaseには安定なものが多い。

・ タンパク質変性剤のSDSやフェノールだけでは完全には失活できない。

・ 金属非依存性のものが多く，EDTAのようなキレート試薬では失活しない。

・ 熱に安定なものが多く，煮沸だけでは完全に失活できない。

◆ 実験環境などを工夫する。

・ 使い捨て器具が使用できる場合はそれを使用する。

・ 使える範囲でRNase阻害剤を組み合わせて使用する。

・ 実験場所や器具，試薬保管場所を清潔に保ち，そのことを全研究室員に周知させる。

◆ 重金属と結合しやすい。

◆ pH 6.0程度の弱酸性で安定であり，アルカリ性では分解される。

◆ RNA試料の保存はpH 6.0，50％エタノールで－20℃（ミセル状）がよいが，エタノール沈殿の状態でもかまわない。水溶液の場合は－80℃かそれ以下の温度で保存する。

実験室と実験台の整備

実験に使用する試薬や器具は，高価なものでない限りほかのものと分ける。また，実験する場所は，RNA実験専用エリアを決め，常にそこを用いる。試薬や器具の保管のために特別な保管庫を用意し，ドアや中のものを素手で触らないようにし，内部に汚れたものを入れないよう，中にほこりなどが入らないように注意する。また，周囲を整理整頓後に掃除し，さらに，アルミホイルを敷くか，RNase除去洗剤で処理して場所を確保する。実験場所は外部の人間が近寄らない出入り口から離れたところを選ぶ。天秤周囲はとかく汚れがちなので，天秤皿の上にアルミホイルを敷く。実験で使用する機器で実験容器と直接接触する可能性のある部分もあらかじめ清潔に洗浄するか，アルミホイルを敷く。なお，フタのない容器（ビーカーやメスシリンダーなど）は使用途中こまめにアルミホイルでフタをして汚染防止に心がける。

器具・試薬を準備する

● *RNase除去洗浄*

RNaseは強アルカリにより失活する。その性質によりRNaseを除去する目的の洗剤が市販されている。ガラス器具，プラスチック製品，洗浄しにくいホースやチューブ類の洗浄に用いる。器具を一晩浸けておき，よく濯いだ後，滅菌超純水で濯ぎ乾燥させる。

● *乾熱滅菌するもの*

ガラス器具，金属，テフロン，磁器など，250℃の温度に耐えるものを用いる。あらかじめRNase除去洗剤で洗浄するとなおよい。アルミホイルに包み180～200℃のオーブン（乾熱滅菌器）で2時間以上処理する。金属の薬さじやピンセットなどはガスバーナーで焼いて使用すると便利である。

● *プラスチック器具とオートクレーブ*

プラスチックは滅菌済み使い捨て器具の使用を原則とする。ピペッターのチップはつめてあるものを購入し，全体をアルミホイルで包みオートクレーブする。オートクレーブできるプラスチックの種類はポリプロピレンなど特定のものに限られるので，事前に調べる。再利用品の場合はRNase除去洗剤で処理する。オートクレーブは通常の2倍の長さ（1時間）行う。少しだけ蒸気が出るようにして乾燥機で乾燥し，アルミホイルをはずして（外は汚れているので）専用保管庫に保管する。

● *水溶液と試薬の調製*

試薬を秤量し，滅菌超純水で溶解しメスアップし調製する。オートクレーブ可能なビンに入れ，密栓した後，全体をアルミホイルで包みオートクレーブする。口を閉じたままで自然冷却させ，アルミホイルをはずして所定の場所に保管する。オートクレーブできない試薬の場合はしなくてかまわないが，量が少ない場合は，ろ過滅菌する。有機溶媒は特級，あるいは特製試薬をそのまま用いる。フェノールの純度には特に注意する。DEPC（ジエチルピロカーボネート，diethylpyrocarbonate）はタンパク質に強く結合し，これによりRNaseが失活する。発癌性があるので手袋をし，原液の取り扱いはドラフト内で行う。強い芳香があるのですぐわかる。試薬を溶かす超純水をDEPC処理することによりRNase free環境をつくることができる。ただDEPCは核酸と結合するといわれ，また微量でも残存すると酵素反応を阻害するため，よく除くこと。DEPC水は70％エタノール，0.5％ SDSなど，オートクレーブしないで使用する試薬の作製に利用できる。

調製した試薬をRNase freeにする

オートクレーブ可能な試薬で，アミノ基を含まない試薬の場合は次のように処理する。

準備するもの

試薬

・DEPC

Protocol

1) 処理したい試薬をオートクレーブ可能なビンに入れる。

2) 0.1%になるようにDEPCを加え，フタをきっちり閉めてよく振り混ぜる。

3) そのまま，室温で一晩放置する。

4) ビンのフタをゆるめてオートクレーブ滅菌する。

5) 液に臭いが残っている場合は，再度オートクレーブ滅菌する。

Column 2 「実験の安全性」

どんな実験を進める上でも，もっとも大切なことは安全性である。実験において，自分の安全を守ることはもちろん，研究室の同僚およびほかの不特定の研究者に危険を及ぼさないように行動することは最低限の義務である。また，事故を起こすことによりその被害は自分もしくは他人に及ばなかったとしても，そのことにより機械・器具類の故障を招き，研究室内で行われるべき実験が進まなくなることにもつながる。実験を行う際には，自分の行動・行為がどういう結果を招くのか十分考えた上で進める。実験を安全に行うために，特に以下の3つのことについて留意する。

① 正当性

その実験に十分な意義が認められるか，不必要な実験によって危険を引き起こしはしないか，実験が危険性に見合うだけの意義を有するかを考えなければならない。

② 最低限の危険

実験に正当性・意義が認められたとしても，実験に伴う危険性は最小限にとどめる必要がある。

③ 許容限界

リスクが所定の許容限界を超えるときには実験を断念しなければならない。

2. DNAの検出

紫外線吸収能による検出

DNAは260nm付近の紫外線を特に吸収する性質を持っている。この性質を利用することによりDNAの濃度を測定することができる。ただし，DNAは紫外線（特に260nm）によって切断されてしまうので，作業は迅速に行う必要がある。一般的に50 μg/m*l*のDNA溶液の$O.D._{260}$は1.00となり，RNAの場合はDNAのおよそ1.25倍となる。しかし，この数値はあくまで平均的な数値であり，この数値を取らない場合もある（オリゴヌクレオチドなどのような塩基組成に偏りがあるものなど）。

準備するもの

機器・器具

・分光光度計
・セル

Protocol

1）分光光度計の電源を入れ，紫外線ランプ（UVランプ）をONにして，安定するまで待つ。波長は260nmに合わせておく。

2）石英セルを用意し，外側の汚れを落とし，純水または0.1× TEバッファーをセルに入れ，吸光度の読みをゼロにする(ゼロ合わせ)。

3）セルの中身を捨て，試料となるDNA溶液を入れる。溶液の量に余裕があるならば共洗いをする。

4）吸光度を測定する。測定した溶液は捨てる。まだ使用する場合は慎重に回収する。

5）濃度を測定する。濃度（μg/m*l*）＝$O.D._{260}$×50である。

エチジウムブロマイドによる検出

エチブロは，二本鎖DNAにインターカレーションすることによって紫外線があたるとオレンジ色の蛍光発色を起こすことから，後に述べるアガロースゲル電気泳動の際などにDNAの検出に用いられる。エチブロは比較的安価で手に入る上に，DNA検出の際の感度も高いという利点がある一方，発癌性があるので取り扱う際には手袋を必ず着用すること。検出の際は1 μg/ml程度の濃度のエチブロで十分である。スタンダードとして，既知濃度のDNA溶液と比較することによって比色定量する。図のように，トランスイルミネーターにラップを敷き，その上に5 μlのエチブロと同量のDNA溶液を滴下して混合する（図2-1-3）。

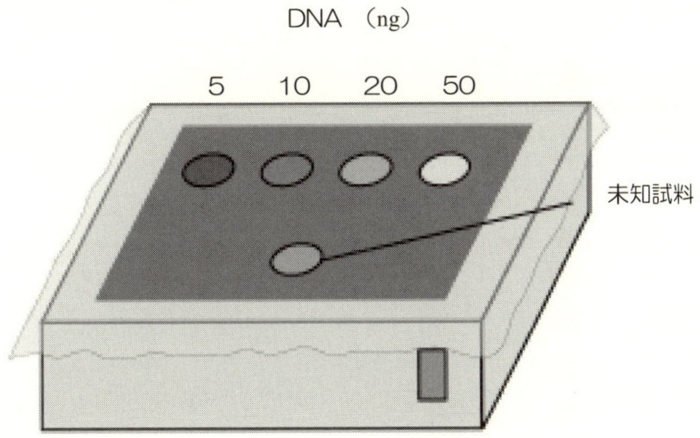

図2-1-3

Column 3 「白衣の着用」

白衣は，危険な試薬や病原微生物から身を守る働きをもつので，前ボタンを閉め，袖を伸ばして着る。しかし，遺伝子実験や培養では白衣の袖をまくったほうがよいこともある。これは，袖がエッペンチューブを引っ掛けたりしないように，また，手袋を着用する際，動きやすいようにするためである。このように，実験の目的に応じて白衣の着方も考える。

3. DNAの濃縮・精製

実験を上手く行うためにはDNAの純度が高くなければいけない。DNA溶液の純度が低くなる主な原因は，夾雑タンパク質の存在である。この夾雑タンパク質を除き，DNA溶液の純度を上げる方法として，一般的に用いられるのはフェノール処理である。また，DNA溶液に含まれる夾雑物質はタンパク質だけではない。夾雑タンパク質以外の夾雑物質を取り除く方法として，DEAE-セルロースカラムやゲルろ過がある。

3.1　エタノール沈殿

DNAがアルコールに不溶性であることを利用した簡単かつ有効な方法がエタノール沈殿法である。本法はエタノールと1価の陽イオンを持つ塩によってDNAを凝集させ沈殿を得る一種の塩析法である。使用するアルコールにはいくつかあるがエタノールが最も一般的である。塩は1価の陽イオンを持つ酢酸ナトリウムや酢酸アンモニウム，塩化ナトリウム，塩化リチウムなどを用いるが，その中でも酢酸ナトリウムを用いるのが一般的である。

準備するもの

試薬

・冷却100％エタノール
・冷却70％エタノール
・3M酢酸ナトリウム

機器・器具

・微量遠心機（冷却機能付き）
・減圧乾燥機

Protocol

1）DNA溶液が1.5m*l*エッペンチューブ以外に入っている場合は移し変えておく[*1]。

2）DNA溶液の1/10量[*2]の3M酢酸ナトリウムを加える。

3）DNA溶液の2.5倍量の冷却100％エタノールを加える。フタをしてチューブをよく振盪する。

*1　少量の滅菌水で洗いこんだ方がよい。

*2　チューブの目盛りで量る程度でよい。

4) さらに沈殿させるために－20℃で約10分間放置する。

5) 遠心（12,000rpm，10分間，4℃）し，DNAを沈殿させる。

6) 沈殿を吸わないように慎重にピペットで上清を吸い取る（図2-3-1）。

7) 冷却70％エタノールを1.5ml加え，振盪し，遠心（12,000rpm，10分間，4℃）する。その後，上清を取り除く[*3]。

8) チューブを減圧乾燥機にかけて乾燥させる（約30分間）。

9) TEバッファーなど適当な溶媒でDNAを溶かす。

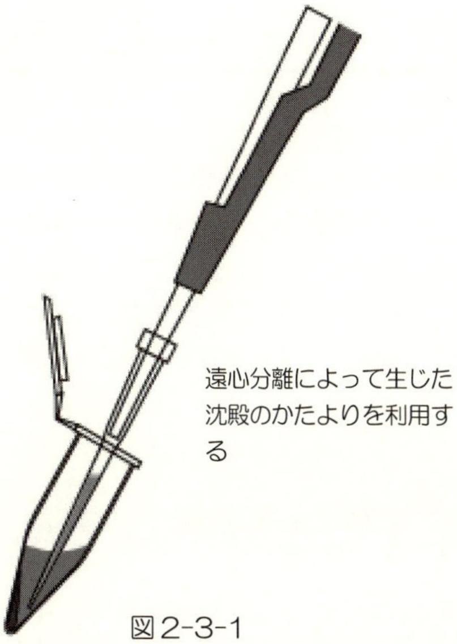

遠心分離によって生じた沈殿のかたよりを利用する

図2-3-1

*3 チップが沈殿に触りそうで怖い場合は，除去はある程度に留めて，減圧乾燥する。

3.2 フェノール処理

タンパク質は分子量やアミノ酸の種類などによってそれぞれのタンパク質固有の立体構造をとっている。アミノ酸には親水性と疎水性の２種類が存在するが，水溶液中ではタンパク質が立体構造をとることによって親水基を分子の外側へ，疎水基を内側へ向けて水溶液中での安定性を保っている。しかし，フェノールなどの強いタンパク質変性剤の影響を受けると，タンパク質はその立体構造を破壊され，分子の内側を向いていた疎水基が外側へ出てくる。そのため，フェノールが混在する水溶液中では，タンパク質の親水性の部分は水層に留まろうとするのに対し，疎水性の部分はフェノール層に留まろうとする。その結果，溶液を遠心分離して水層とフェノール層が分離された際，立体構造を破壊されたタンパク質は両層に留まろうとするため，二層の界面に分離され，DNA，RNAなどを含む水層と変性タンパク質が集まった白い中間層とフェノール層の３つの層が現れる。よって，水層のみを採取すれば除タンパク質が行える。除タンパク質は１度で完全に行うことは無理なことが多いので，回収した水層を何度かフェノール抽出し，白い中間層が見えなくなるまで繰り返し行うとよい。RNAを取り除くことも，RNaseによってRNAを分解させフェノール抽出を行うことで可能である。

準備するもの

試薬

・中性フェノール

機器・器具

・微量遠心分離機

Protocol

1) 1.5mlエッペンチューブにDNA溶液を採り，室温に戻したフェノールを等量加え，約30秒間振盪する*1。

*1 サンプルが高分子になるほど緩やかに長時間行う。

2) 遠心（10,000～12,000rpm，5～15分間）し，中間の層（夾雑していたタンパク質）を取らないように慎重に上層（DNA，RNA）を回収し，新しいチューブに移す。

3) 1)，2) の操作を中間層が出なくなるまで繰り返し行う*2（図2-3-2）。

*2 通常3～5回。

4) RNAの除去はRNaseを加えて，同様の操作を行う。

5) 最後にエタノール沈殿を行って濃縮する。

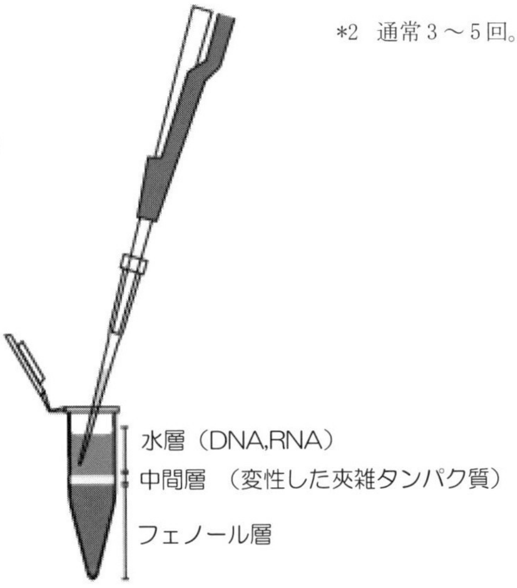

図2-3-2

3.3 フェノール/クロロホルム/イソアミルアルコール処理

フェノール処理の方法は先に述べたフェノール処理のほかに，PCI処理やCIA処理などがある。PCI（Phenol/Chloroform/Isoamylalcohol）処理は有機溶媒としてフェノールのほかにクロロホルムとイソアミルアルコールを用いた処理法で，CIA（Chloroform/Isoamylalcohol）処理はクロロホルムとイソアミルアルコールを用いた処理法である。単にフェノール1種類のみを使うよりも，複数の有機溶媒を用いたほうがタンパク質の変性作用も向上し，除タンパク質の効率もよい。

準備するもの

試薬

・PCI

機器・器具

・微量遠心機

Protocol

フェノール処理とまったく同じ方法で行う。

3.4 DEAE セルロース

準備するもの

試薬

・DEAE セルロース
・TE バッファー
・0.5M NaCl を含む TE バッファー

機器・器具

・1,000 μl 用ブルーチップ
・石英綿

Protocol

1) 1,000 μl 用のブルーチップの先端に 10 ～ 20 μl 分程の石英綿をパスツールピペットなどを使ってしっかりと詰め込み，同様にしてDEAE-セルロースも約 100 μl 分詰め込み，カラムを作製する（図 2-3-3)。

2) 2 ～ 3 回，TE バッファーを 300 μl 流し，カラムを洗浄する。

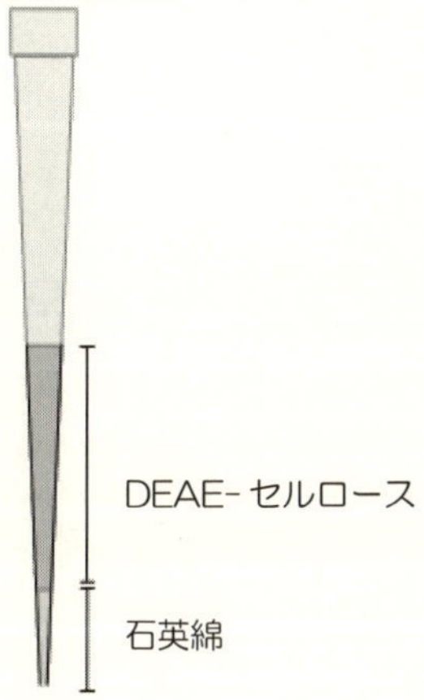

図 2-3-3

3) DNA溶液をカラムに流し込み,ろ液を再度カラムへ流し込む*1。

*1　1分1滴のペースで流すが，遅い場合はピペットマンで押し出す。

4) 2～3回，TE バッファーを300 μl流し，カラムを洗浄する。

5) 0.5M NaClを含むTE バッファー 100 μlでDNAを溶出する。

6) エタノール沈殿を行う。

3.5　ゲルろ過（Spinカラム）

ゲルろ過についてはSpinカラム（アプライドバイオシステムズ社）を例に述べることにする。ゲルろ過は高分子物質ほど早くろ過されてくる。主にゲルろ過はDNAサンプル中に含まれる塩やバッファー成分,有機溶媒等を除去する目的で行われるため,DNAシーケンスにおけるサイクルシーケンスの後処理としても使用される。

準備するもの

機器・器具

・Centri-Sep Spin Columns（アプライドバイオシステムズ社）
・微量遠心機
・減圧乾燥機

Protocol

1) ミニカラムに滅菌水を800 μl入れる。

2) フタをして，ミキサーにかけたり，タッピングによってゲル中の気泡（図2-3-4）を完全に抜く*1。

3) 室温で30分以上放置する。

4) ゲル中に気泡が無いことを確認する。

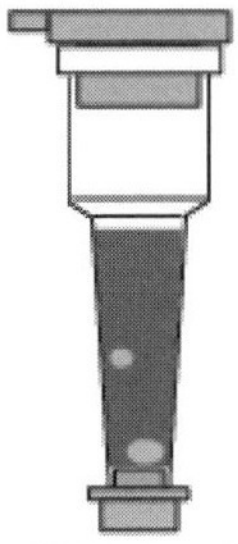

図2-3-4

*1　気泡があるとろ過が完全に行われない。光に照らすとよく見える。

5）上のキャップ，下のキャップの順に取り外す*2（図2-3-5）。

6）カラムをウォッシャーチューブにセットして自然落下によって滅菌水を除去する。

7）それ以上自然落下による除去ができなくなったらウォッシャーチューブ内の滅菌水を捨て，再度カラムをセットし直したら，遠心（3,000 rpm，2分間）する。

8）カラムをサンプルチューブにセットし,DNA溶液をカラムの中央に流し込む*3（図2-3-6）。

9）遠心（3,000 rpm，2分間）する。

10）DNA溶液のたまったサンプルチューブを減圧乾燥機にかけて乾燥させる*4。

*2 キャップを外すとき，気泡が入ることがあるのでので注意する。

*3 図のように中央に流さないと，チューブの壁をつたって落下してしまい，意味が無い。

*4 乾燥時間はチューブの本数にもよるがおよそ30分間である。時々，タッピングして水滴を確認してみるとよい。乾燥が不完全なのもよくないが，やり過ぎもよくない。

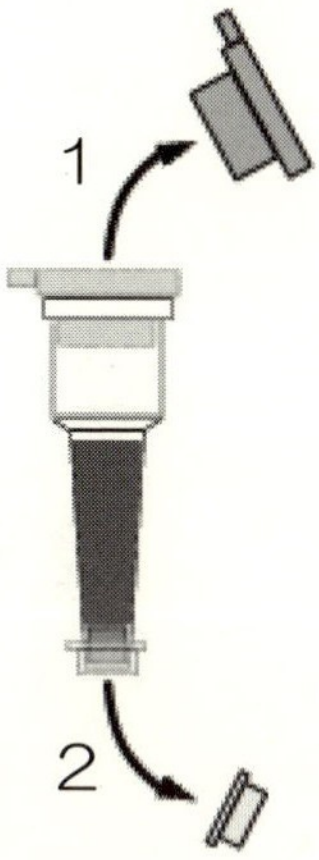

図2-3-5

図2-3-6

4. 核酸の抽出

遺伝子の解析を行うためには，まず細胞・組織から核酸を抽出する必要がある。核酸の一般的な濃縮・精製法は前項で述べた。しかし，実際に生体内から核酸を抽出する方法については対象とする試料によって異なってくる。そこで，本項では実際に細菌細胞および植物細胞からDNAあるいはRNAを抽出する方法についていくつか例を挙げ具体的に紹介する。

4.1 細菌細胞からのDNA抽出

準備するもの

試薬

- 10% SDS
- 20mg/ml Proteinase K
- 5M NaCl
- CIA
- PCI
- イソプロパノール
- 70%エタノール
- CTAB/NaCl溶液

  4.1g NaClを約80mlの水に溶解後，10gのCTAB(Cetyltrimethylammonium bromide)をゆっくり加え，65℃程度に加温して，最終的に水で100mlとする。

Protocol

1) 培養液（5ml程度）を遠心（15,000rpm，5分間）して，上清を捨て，沈殿を2mlのチューブに集める。

2) 沈殿に576 μlの水を加え，よく懸濁する。30 μlの10% SDSおよび3 μlの20mg/mlのProteinase Kを加え，37℃で約1時間インキュベートする。

3) 100 μlの5M NaClを加えてよく混和する。さらに80 μlのCTAB/NaCl溶液を加えよく混和した後，65℃，10分間インキュベートする。

4) 等量のCIAを加え，よく混和して抽出操作を行い，遠心（15,000rpm，5分間）する。白い中間層を取らないように上清を新しいチューブに移す。再度，白い中間層がなくなるまでこの抽出操作を繰り返す。

5) 上清に対して，等量のPCIを加え，よく混和した後，遠心（15,000rpm，5分間）する。必要に応じて繰り返す。

6) 0.6倍量のイソプロパノールを加えてDNAを沈殿させる。少しおいてから，遠心（15,000rpm，5分間）して上清を捨てる（糸状のDNAが見えれば，チップで絡め取り，1.5mlの70% エタノール溶液に移すことができる）（図2-4-1）。

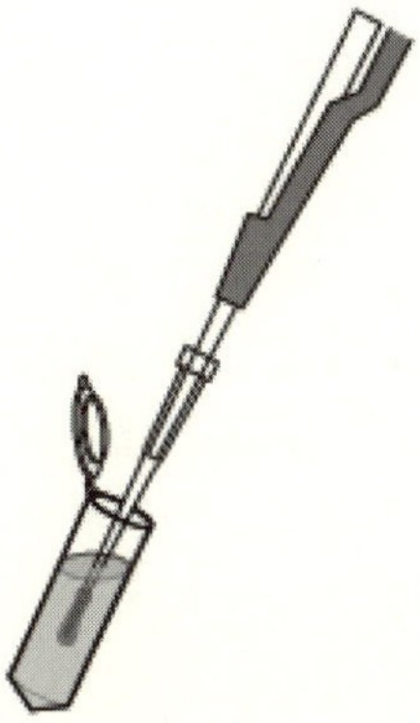

図2-4-1

7) 沈殿に70%エタノールを1.5ml加え，軽く混和した後，同様に遠心する。

8) 減圧乾燥機で約30分間乾燥する。

9) 100 μlの滅菌水を加え，DNAを溶解する。少なくとも1時間はかかるが，溶解しないときは冷蔵庫内で一晩放置する。

10) 必要に応じてDNAをアガロースゲル電気泳動でチェックする。

4.2 ボツリヌス菌からのDNA抽出

準備するもの

試薬

- LYG medium

  超純水500mlにラクトアルブミン水解物5g，yeast extract 10g，グルコース2.5g，cystein hydrochloride 0.5g，polyethylene glycol 4000 40gを溶かし，pH 7.2に調整後，オートクレーブで滅菌処理する（121℃，20分間）。
- 100kunit/ml penicillin G
- 10mg/ml lysozyme
- TE バッファー
- PCI

- クロロホルム
- 10mg/ml RNase
- 10% SDS
- 2-メルカプトエタノール
- 3M 酢酸ナトリウム
- 冷却100%エタノール
- 冷却70%エタノール

Protocol

1) 菌体500mgを遠心管に採り，LYG medium 10ml，100kunit/ml penicillin G 0.1ml，10mg/ml lysozyme 0.1mlを入れる。

2) 30℃で60～90分間インキュベートする。

3) 遠心（3,000rpm，10分間）する。

4) 沈殿を回収し，TE バッファー 1.6ml，10%SDS 0.4ml，メルカプトエタノール 40 μlを加え，混合する。

5) 混合物を2mlのチューブに移し，60℃で1時間インキュベートする。

6) DNA溶液を室温まで戻してから，等量のPCIを加え，15分間ゆっくりと振盪する。

7) 遠心（12,000rpm，15分間）した後，中間の白い層を取らないように慎重に上層のみを回収し，別の新しいチューブに移す。

8) 回収した上層溶液に再度PCIを等量加え，先ほどと同様に振盪する。

9) 再度，遠心（12,000rpm，15分間）をする。

10) 上述のようにPCI添加，振盪，遠心，上層回収を白い中間層が見えなくなるまで繰り返す。

11) 最後に，等量のクロロホルムを加え，振盪，遠心し，上清を新しいチューブに移す。

12) 核酸溶液の1/10量の3M酢酸ナトリウムと核酸溶液の2.5倍量の冷却100%エタノールを加え，よく振盪する。

13)－20℃で10分間冷却静置後，遠心（12,000rpm，15分間，4℃）する。

14)遠心後，上清を捨て，冷却70％エタノールを1.5ml加え，軽く振盪する。

15)遠心（12,000rpm，10分間，4℃）する。

16)遠心後，白いDNA沈殿が剥がれないように慎重に上清を捨て，減圧乾燥機にかけて乾燥する。

17)濃縮乾燥が終了したチューブにTE バッファーを500 μl加える。チューブが複数あるときはTE バッファーで洗いこみながら一本にまとめる。

18)RNaseを2.5 μl加えて，37℃で30分間インキュベートする。

19)核酸溶液と等量のPCIを加え，数分間振盪する(5～6分間)。

20)遠心（12,000rpm，10分間，室温）する。

21)遠心分離後，エタノール沈殿を行う。

22)乾燥したDNAに滅菌水を500 μl加え，溶解する。

23)分光光度計を用いて260nmにおける吸光度を測定し，DNAの濃度を計算する。

4.3　インゲン豆種子からのDNA抽出

準備するもの

試薬

・ISOPLANT（NIPPON GENE）
・CTAB/NaCl溶液（→「4.1　細菌細胞からのDNA抽出」参照）
・5M NaCl
・CIA
・PCI

・イソプロパノール
・冷却70%エタノール
・3M 酢酸ナトリウム
・RNase A

機器・器具

・滅菌したアルミホイル
・ミクロスパーテル（オートクレーブ滅菌）
・木槌（あるいは金槌）
・ボルテックス
・減圧乾燥機

Protocol

1) インゲンマメをアルミホイルで包み，木槌で粉砕し（図2-4-2），100mgずつマイクロチューブに入れる。

アルミホイルが破れ
ないように注意して
豆を叩き潰す

図2-4-2

2) 1mlずつ滅菌水を入れ，20分間振盪する。

3) 遠心（12,000rpm，10分間）し，上澄み液を別のマイクロチューブに移す。

4) ISOPLANTのSolution Ⅰを300 μl加え，1～2秒間ボルテックスする。

5) Solution Ⅱを150 μl加え5～6秒間ボルテックス[*1]し，50℃で15分間インキュベートする。

*1　ボルテックスすることで白濁する。

6) Solution Ⅲを150 μl加え1～2秒間ボルテックスし，直ちに氷中につけ，15分間放置する。

7) 遠心（12,000rpm，15分間）し，上澄みを新しいチューブに移す。

8) 5M NaClを45 μl[*2]加え，さらにCTAB/NaCl溶液を40 μl[*2]加え65℃で10分間インキュベートする。

*2　7)までの操作で450 μlの上澄み液が得られるはずである。これらの量はこの液量に対する量である。

9) 等量のCIAを加え，振盪した後，遠心（15,000rpm，10分間）する。

10) 上澄み液を回収し，等量のCIAを加え，白色の中間層が出なくなるまでCIA抽出を繰り返す。

11) 等量のPCIを加え，振盪した後，遠心（15,000rpm，10分間）する。

12) 上澄み液を回収し，等量のPCIを加え，白色の中間層が出なくなるまでPCI抽出を繰り返す。

13) 0.6倍量のイソプロパノールを加え，遠心（15,000rpm，15分間）し，得られた沈殿を冷却70%エタノールでリンスし，再度遠心（15,000rpm，15分間）する。

14) 得られた白色沈殿を減圧乾燥した後，50 μl のTE バッファーに溶解する。

15) RNase A（1mg/ml）を1.25 μl 加え，37℃で30分間インキュベートする。

16) 等量のPCIを加え，振盪した後，遠心（15,000rpm，10分間）する。

17) 上澄み液を回収し，等量のPCIを加え，白色の中間層が出なくなるまでPCI抽出を繰り返す。

18) 1/10量の3M酢酸ナトリウムおよび0.6倍量のイソプロパノールを加え，遠心（15,000rpm，15分間）する。

19) 沈殿を冷却70%エタノールでリンスし，遠心（15,000rpm，12分間）し，得られた沈殿を減圧乾燥する。沈殿は50 μl の滅菌水に溶解する。

4.4 細菌細胞からのTotal RNAの抽出

遺伝子は発現することによりはじめて機能を発揮する。遺伝子DNAの遺伝情報はmRNAに転写され，最終的にはタンパク質へと翻訳される。細菌細胞内では，常時タンパク質が合成され，分解されている。つまり，つねにmRNAが合成されている。ISOGEN（ニッポンジーン社）は動植物･細菌からのRNA抽出用の試薬である。ISOGENは，フェノールとチオシアン酸グアニジンを含む均一な液体である。試料にISOGENを加えて溶解した後，クロロホルムを加えて遠心分離すると，水層，中間層および有機層の3層に分離する（図2-4-3）。水層にはRNAのみが存在し，DNAおよびタンパク質は中間層以下に存在する。ここでは，ISOGENを用いて細菌細胞からの，そして次項では植物組織からのRNAの抽出法を紹介する。

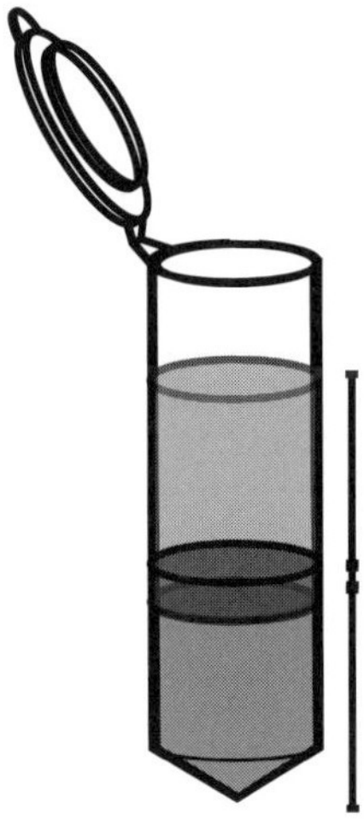

図2-4-3

準備するもの

試薬

・ISOGEN（ニッポンジーン社）
・クロロホルム
・DEPC処理水（→「1. 2 RNAの取り扱い」参照）
・イソプロパノール
・70%エタノール
・TE バッファー
・ジルコニアビーズ

機器・器具

・ボルテックス

Protocol

1）培養して得られた菌体約100mgを2m*l*チューブに入れる。

2）1m*l*のISOGENと適量のジルコニアビーズを入れる。

3）激しく振盪し，菌体を溶解させ，室温で5分間放置する。

4）200 μ*l*のクロロホルムを加え，15秒間，激しく攪拌する。

5）室温で2～3分間放置する。

6）遠心（12,000rpm，10分間，4℃）し，水層を新しい1.5m*l*チューブに移す。

7) 500 μlのイソプロパノールを加え，室温で5～10分間放置する。

8) 遠心（12,000rpm，10分間，4℃）し，上澄みを除去し，1mlの70%エタノールでリンスした後，遠心（7,500rpm，5分間，4℃）する。

9) 上澄みを除去した後，室温で風乾する*1。

10) 100 μlのTEバッファーまたはDEPC処理水で溶解する。

＊1　減圧乾燥しない。乾燥させすぎると溶解度が著しく下がる。

4.5　植物組織からのTotal RNAの抽出

準備するもの

試薬

・ISOGEN（ニッポンジーン社）
・液体窒素
・クロロホルム
・DEPC処理水（→「1. 2 RNAの取り扱い」参照）
・4M LiCl
　LiCl 8.5gを50mlのDEPC処理水で溶解する。
・イソプロパノール
・100%エタノール
・70%エタノール
・TE バッファー

機器・器具

・ボルテックス
・乳棒・乳鉢（オートクレーブ滅菌）
・インキュベーター

Protocol

1) 使用する植物試料（1～3g）の重量を計測し，50ml容ファルコンチューブに10ml/g（植物試料重量）のISOGENを入れ，50℃に加温する。

2) 乳棒・乳鉢をDEPC処理水で共洗いし，液体窒素で冷やす。

3) 植物試料を乳鉢に入れ，液体窒素を加えながら乳棒で粉砕する（図2-4-4）。

液体窒素

図2-4-4

4) 粉砕した植物試料を1）のファルコンチューブに入れ，30秒間ボルテックスする。

5) 50℃で10分間インキュベートする[*1]。

*1 試料が完全に溶解すれば10分以内でもかまわない。

6) 室温で5分間放置する。

7) ISOGEN量の1/5量のクロロホルムを加え，激しく振盪し，室温で2分間放置する。

8) 遠心（10,000rpm，15分間，4℃）する。

9) 水層を新しいチューブに移す。

10) 等量の4M LiClを加え振盪し，－70℃で1時間放置する。

11) 遠心（12,000rpm，15分間，4℃）する。

12) 白い沈殿と，ゼリー状の沈殿ができるので，白い沈殿を取らないように，上澄みおよびゼリー状の沈殿を除去する（図2-4-5）。

13) 400 μl のDEPC処理水で白い沈殿を溶解する。

14) 400 μl のイソプロパノールを加え振盪し，4℃で30分間放置する。

15) 遠心（12,000rpm，15分間，4℃）し，上澄み液を除去し，1ml の70%エタノールでリンスし，遠心（12,000rpm，15分間，4℃）する。

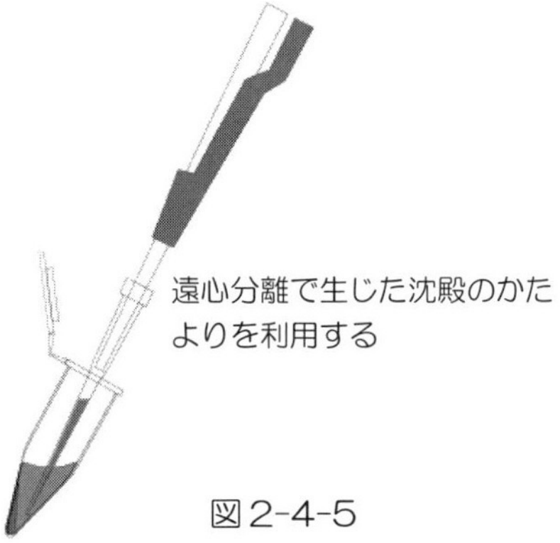
遠心分離で生じた沈殿のかたよりを利用する

図2-4-5

16) 室温で風乾する[*2]。

17) 400 μl の DEPC 処理水で白い沈殿をすべて溶解する。

18) 40 μl の 3M 酢酸ナトリウムおよび 1ml の 100％エタノールを加え振盪し，－70℃で 1 時間放置する[*3]。

19) 遠心（12,000rpm，15 分間，4℃）し，上澄み液を除去し，1ml の 70％エタノールでリンスし，遠心（12,000rpm，15 分間，4℃）する。

20) 室温で風乾する。

21) 400 μl の DEPC 処理水で白い沈殿を溶解する。

＊2　減圧乾燥しない。乾燥させすぎると溶解度が著しく下がる。

*3　すぐに使用しないときはこの段階で止めておくとよい。

Column 4　「忠実な実験」

実験は手を抜かずに忠実に行うことが大切である。実験に失敗しないために，再現性のよい実験をするために，ぜひ必要である。忠実なだけでなく要領のよさや創意工夫も大切であるが，初心者としては，まず忠実であることを優先する。書いてある実験法，教えられた方法の各段階について理解し，忠実に行って欲しい。もとの方法が面倒なようでも，我流で安易に楽なやり方に変更するようなことはしない。方法の改良ができるようになり，それが信頼できるようになるには，かなりの経験が身についてからのことである。

5. アガロースゲル電気泳動

遺伝子工学実験における電気泳動法は，核酸の分析や精製などに頻繁に用いられる基本的な方法である。それだけに非常に重要な技術である。核酸を構成しているヌクレオチドはリン酸基と糖と塩基が結合して成り立っている。そのうち，リン酸基と塩基は電離しているため荷電を帯びやすいが，二本鎖のDNAの場合，塩基の電荷は相補鎖との水素結合によりその荷電を打ち消しあっているため，DNA分子全体の電荷はリン酸基の負電荷となる。リン酸基の数（負電荷）はヌクレオチドの数（DNAの分子量）に依存しているため，DNA分子は質量あたり一定の力で陽極側に引かれることになる。タンパク質の場合は独自の立体構造をとっていることが移動度に影響を与えるが，二本鎖DNAの場合は鎖状の分子構造をとっているため，移動度に影響を与えるものはDNA分子の長さのみである。それに対して，二本鎖構造をとらないRNAや一本鎖DNAは，塩基の荷電が相補鎖によって打ち消されることがない。その上，分子内の水素結合により複雑な立体構造（ヘアピンループ等）を形成してしまうため移動度に影響を与えてしまい，純粋に分子量のみによる分画が行えない。これらの核酸をその分子量に依存させて泳動するためには，ゲルやバッファーに尿素やホルムアルデヒドのような核酸変性剤を加えることで解決することができる。アガロースゲルはアガロース分子が網目構造をとったような構造をしており，そこを核酸が通ると分子ふるい効果により核酸の分子量によって分画される。

5.1 アガロースゲルの作製

アガロースゲルを作製する際，分離したいDNAの分子量によってアガロースの濃度を決定する。分離するDNAのサイズとそれに適したアガロースの濃度については下表を参考にしてほしい。ゲルの厚さは薄過ぎるとウェルの容量が小さくなってしまい，逆に厚すぎても後の回収に影響が出てしまうので適度な厚さにする。

表　DNAのサイズとそれに使用するゲル濃度との関係

アガロースゲルの濃度(W/V%)	分離するDNAのサイズ(kbp)
0.3	5～60
0.6	1～20
0.7	0.8～10
1.0	0.5～7
1.2	0.4～6
1.5	0.2～3
2.0	0.1～2

準備するもの

試薬

- アガロース粉末
- TAE バッファー

機器・器具

- 電子レンジ
- ゲルメーカー（コスモ・バイオ社）

Protocol

1) 必要量のアガロース粉末を500 ml容コニカルビーカーに秤量し，TAE バッファーで150 ml にメスアップする[*1]。

2) コニカルビーカーにアルミホイルでフタをして，電子レンジにかけて沸騰するまで加熱する[*2]。

3) 沸騰し始めてきたら電子レンジから取り出し，泡立てないようにコニカルビーカーを振盪してアガロース粉末を溶かす。

4) 2)，3)の操作を粉末が完全に溶けるまで繰り返す[*3]。

5) 粉末が完全に溶けたら，素手で触れられるくらいまで冷ます[*4]。

6) ゲルメーカー台にトレーをセットし，ゲル溶液を均等に流し込み，コームを差し込む[*5]（図 2-5-1）。

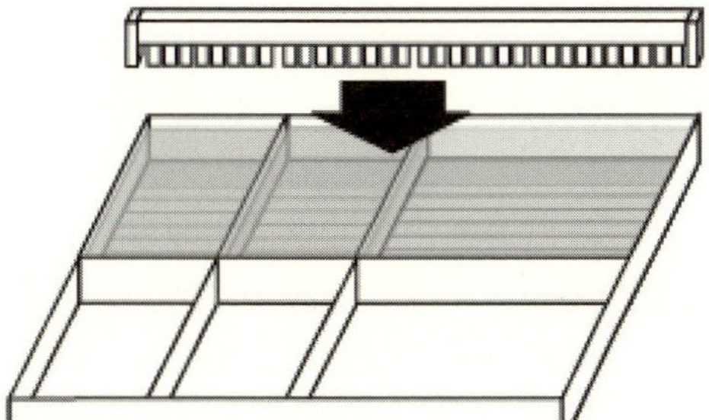

図2-5-1

7) ある程度固まったら，ゲルの乾燥を防ぐために表面にTAEバッファーを流し込み，冷蔵庫内で完全に固まるまで放置する。固まったらTAEバッファーを満たした専用の容器にゲルを移し冷蔵庫で保存する。

*1　後で溶液を沸騰させるときに危険なので大きめのビーカーで操作する。また，液量は正確な量でなくてよいのでビーカーの目盛りでメスアップをする。

*2　湯気により火傷する恐れがあるため，軍手などで作業する。

*3　粉末の溶け残りは液中にゆらゆらして見える。

*4　熱いままメーカーに流し込むとコームが変形してウェルの形が悪くなってしまう。

*5　コームを差し込む際，気泡の混入に注意する。

5.2　電気泳動

準備するもの

試薬

・TAE バッファー
・サイズマーカー
・10 ×ローディングバッファー

機器・器具

・ミニゲル電気泳動槽

Protocol

1）泳動槽にバッファーを満たし，中央にゲルを静置させる。

2）ウェルにゴミが入っている場合があるので全てのウェルをピペットやシリンジで掃除する。

3）サランラップを実験台の上に敷き，その上に10 ×ローディングバッファーをサンプル量の1/10量，サンプル数の分だけ並べておく。

4）サイズマーカーを一番端のウェルに打ち込む。

5）サンプルを採取し，先ほどのローディングバッファーとよく混ぜ合わせ，ウェルに打ち込む[*1]（図 2-5-2）。

*1　エタノール沈殿の後の泳動の場合，エタノールが残っているとサンプルをウェルに打ち込む際に上手く入らずに拡散してしまう。

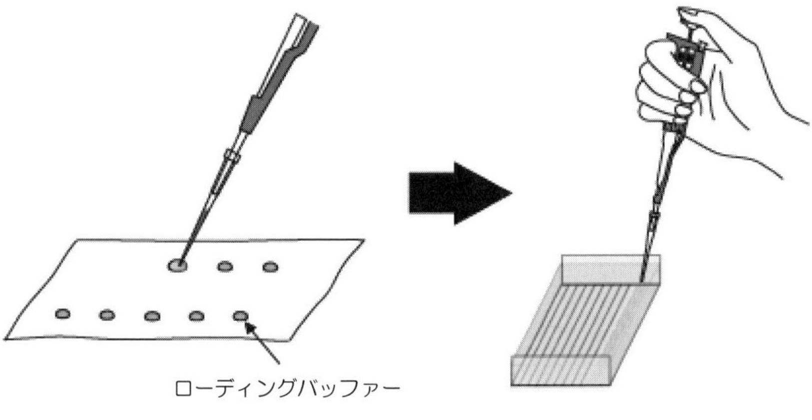

図2-5-2

6) ウェルの反対側が陽極になるようにスイッチを切り替え，50Vにして泳動を開始する。

7) BPB（先行して流れている青い色素）がゲルを7～8割程進んだら電源を切り，泳動を終了する。

5.3 ゲル中のDNAの検出

泳動した後，DNAのバンドを見るためにはエチブロによる染色を施さなければならない。エチブロが二本鎖DNAと結びつくことによって，紫外線を照射するとDNAがバンドとして観察できる。ただし，エチブロは発癌性物質であるため，取り扱いはゴム手袋をするなど注意が必要である。また，紫外線の照射はDNAに傷をつける原因となるので長時間の照射は避けなければならない。DNAの検出には泳動後にエチブロ染色をするほかに，あらかじめエチブロを含ませておいたアガロースゲルを用いて電気泳動をするという方法もある。この方法を用いると泳動中にもDNAのバンドを確認することができる。しかし，DNA量やその種類によっては同じサイズのDNA断片でも，移動度に差が出てきてしまう場合があるという欠点がある。ここでは，泳動後に染色する方法について述べる。

準備するもの

試薬

・10mg/ml エチブロ
・TAE バッファー

機器・器具

・トランスイルミネーター

Protocol

1) タッパーに約300mlのTAEバッファーを入れ，10mg/mlエチブロを100 μl加えてよく混合し，染色液とする*1。

*1 染色用のタッパーも手袋をして扱う。

2) 先ほどの染色液にゲルをサブマリン状態で浸し，20～30分間振盪する。

3) 染色後，ゲルを取り出して純水で軽く濯ぐ。

4) トランスイルミネーターにゲルをセット（図2-5-3）して紫外線を照射してDNAのバンドを確認する*2。

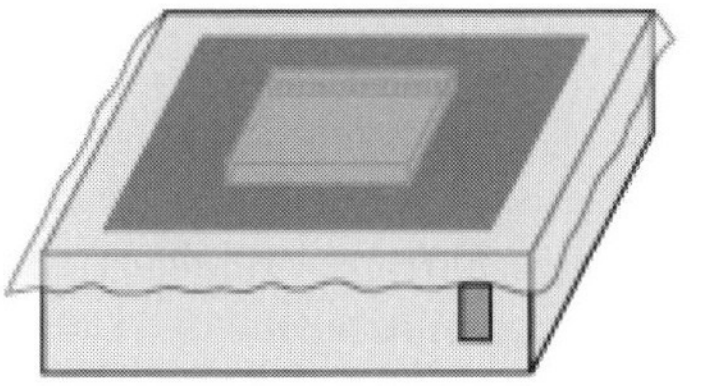

図2-5-3

*2　紫外線は白内障や皮膚癌の原因となるので紫外線保護用のマスクや眼鏡などで防護して作業する。

5.4　ゲル中のDNAの抽出

電気泳動によって分離したDNAの断片をゲルから抽出することによって，DNAを精製することができる。DNAの抽出にはさまざまあるが，ここではゲルを溶解してガラスビーズに吸着させて回収する方法を紹介する。

準備するもの

試薬

・TaKaRa Easy Trap Ver.2　（宝酒造社）

機器・器具

・トランスイルミネーター
・メス
・インキュベーター
・微量遠心機

試薬の調製

・ガラスパウダー
　原液(Easy Trapに添付)1 mlに対し，250 μlの滅菌水を加える。
・洗浄用バッファー
　濃縮液(Easy Trapに添付)を滅菌水で10倍希釈し，等量のエタノールを加える。

Protocol

1) PCR産物（50 μlスケール）全量のアガロースゲル電気泳動を行う。バンドをメスで切り出し，1.5 mlチューブに入れる*1。

*1　通常，100〜150mgのゲル重量となる。

2) 500 μlのNaI溶液を加え，55℃で約10分間インキュベートし，時々振り混ぜながら完全にゲルを溶解する。

3) 室温まで冷まし，ガラスパウダー 10 μl をチューブに入れ，ボルテックスする[*2]。約 10 分間，室温で放置する。

*2 ガラスパウダーは固まっていることが多いので完全に均一にすること。

4) 微量遠心機で遠心（15, 000 rpm，10 秒間）する。上清をデカントあるいはピペットで捨てる。

5) 沈殿を 500 μl の洗浄用バッファーで懸濁する（ブルーチップの先端で，完全に懸濁を行う（図 2-5-4)。

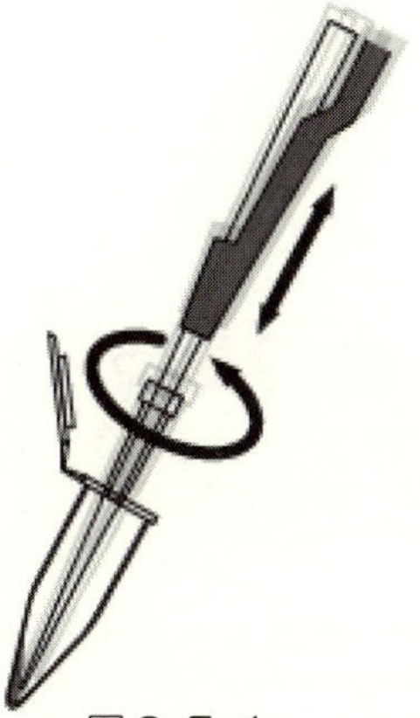

図 2-5-4

6) 最高速度で 10 秒間遠心し，上清を捨て，もう一度洗浄用バッファー 500 μl で同様に懸濁して，遠心し，上清を捨てる。

7) 上清を完全に除くため，もう一度遠心（15, 000 rpm，10 秒間）し，底に集まった上清をピペットで完全に取り除く[*3]。

8) 滅菌水 12. 5 μl を加え，イエローチップで完全に懸濁する。55℃のヒートブロックにチューブを移し，約 10 分間インキュベートする。ここで，DNA が遊離してくる。

*3 少しでも残るとDNA の遊離が不完全となる。

9) 遠心（15, 000 rpm，15 秒間）し，上清（DNA 溶液）を新しいチューブに移す。また，12. 5 μl の滅菌水でガラスパウダーを懸濁し，55℃で約 10 分間インキュベートする。

10) 同様に遠心し，上清を先ほどのチューブに移す。これで，合計 25 μl の DNA 溶液が得られる。

6. PCR

PCR（polymerase chain reaction）とは，ある特定のDNA断片を，少ない量からでも，短時間で大量，かつ容易に増幅することのできる画期的な方法である。PCRは，主に熱変性（denaturation），アニーリング（annealing），伸長反応（extension）の3段階から成り立っている（図2-6-1）。まず，二本鎖のDNAを加熱することで変性させ，一本鎖のDNAにする。次に，温度を下げると，あらかじめ加えておいた，増幅したいあ

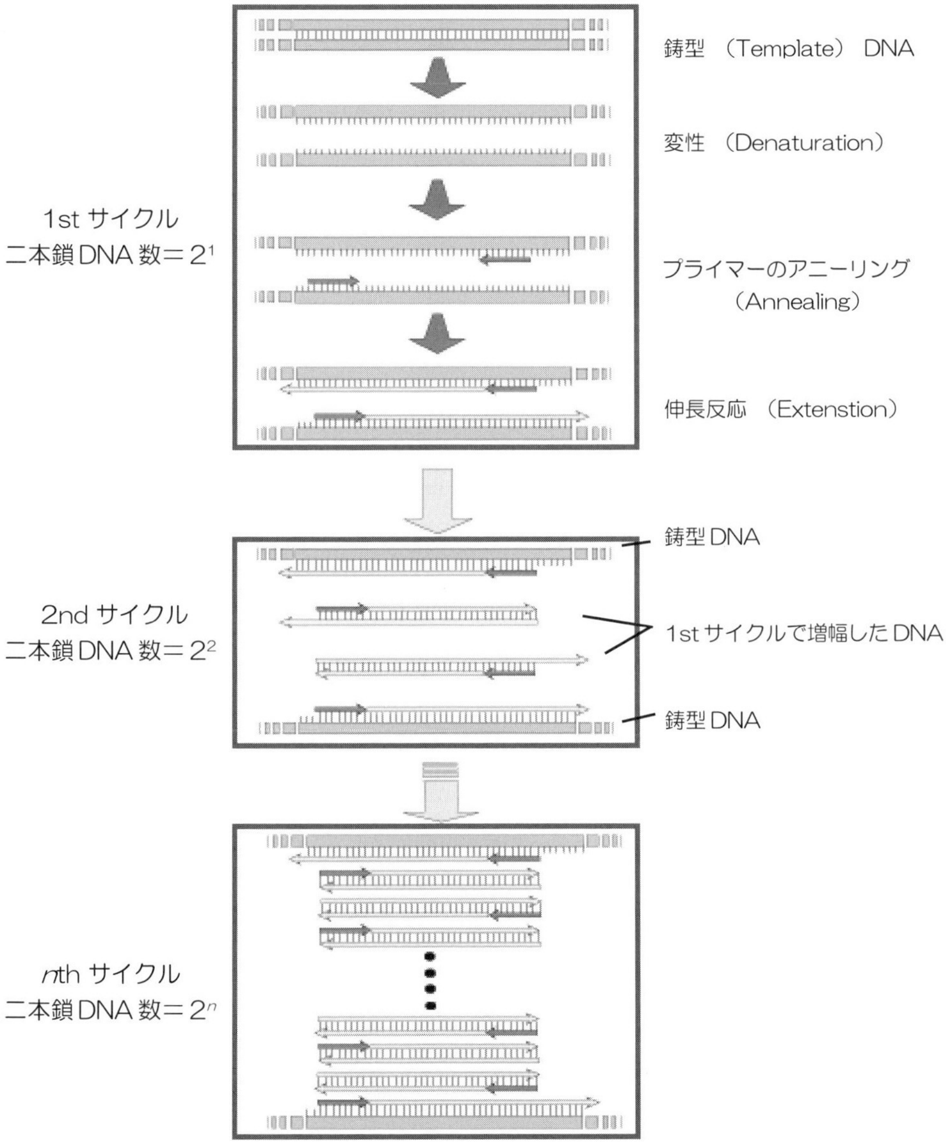

図 2-6-1

る特定のDNA鎖の両端と相補的なプライマーが一本鎖のDNAとアニーリングを起こす。そして，DNA合成のきっかけとなるプライマーが結合したことにより，DNA鎖の伸長反応が始まる。伸長反応の際に必要なポリメラーゼは酵素なので，PCRのような高温下では失活してしまい，これまではPCRは不可能であるとされていたが，温泉に生息する細菌から発見された*Taq*ポリメラーゼによって可能となった。

6.1 PCRによるDNAの増幅

準備するもの

試薬

- Gene *Taq*-polymerase（ニッポンジーン社）
- (10×) バッファー（Gene *Taq*-polymeraseに添付）
- dNTPs mix（Gene *Taq*-polymeraseに添付）
- プライマー（forward）(10pmol/μl)
- プライマー（reverse）(10pmol/μl)

機器・器具

- サーマルサイクラー

Protocol

1) 以下の分量通りに反応液を調製する。

鋳型DNA	X μl*1
(10×) バッファー	5 μl
dNTPs mix	4 μl
Taq-polymerase	0.2 μl
プライマー	各2.5 μl

滅菌水で50 μlにする

*1 DNAの濃度によって量を変える(0.5 μg程度)。

2) サーマルサイクラー*2にチューブをセットして反応を開始させる。

*2 使用する15分前には電源を入れておく。

（反応の設定例）

Pre-heat	94℃	5min.
Denaturation	92℃	1min.
Annealing	55℃	1min.
Extension	74℃	1min.
Final extension	74℃	5min.

サイクル数　35

GeneAmp PCR System 9700（アプライドバイオシステムズ社）の場合，次のようにセットする

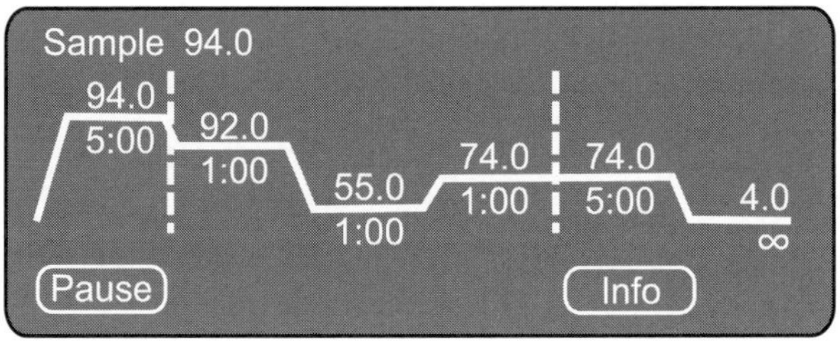

3) アガロースゲル電気泳動でDNAの増幅を確認する。

プライマーの設計

例えば17ヌクレオチド（17mer）の長さの特定の配列は4^{17}，すなわち10^{10}ヌクレオチドの長さのランダムな配列に平均して1回現れると計算される。ヒトの遺伝子は約3×10^{9}ヌクレオチドであるから，17merのプライマーはヒト遺伝子の1箇所を認識する。20merのプライマーでは，偶然ほかの領域を増幅する可能性はない。PCRの実験において，正否を決定するのは，プライマーの塩基配列と組み合わせである。

I.　プライマー選択の条件

◆プライマーの長さは14～40塩基で，通常は20塩基前後を用いる。

◆ G+C含量を50％前後にし，GとCがランダムに分布する配列を選ぶ。

Tm＝4×(G+C)+2×(A+T)の計算式を基にTm値が55～75℃になるように選択する。通常は60℃前後が多い。

◆ GGGGやCCCCのような特殊な二次構造とる配列を避ける。

◆ 2つのプライマーの3’側が，お互いに相補的にならないようにする。プライマーダイマーの形成を避ける。

◆ プライマーの3’側に，GあるいはCが1個あるいは2個配置されるようにする。

◆ 2種のプライマーによってはさまれるPCR産物のサイズは3kb以下が確実である。通常は150～500bpが分析しやすい。

◆ PCR産物の中に適当な制限酵素部位を持つようにする。

6.2 カセットDNAを用いた *in vitro* クローニング

この方法は，宝酒造社より市販されているTaKaRa LA PCR™ *in vitro* Cloning Kitを使用する。カセットDNAおよびカセットプライマーを使用することによって，DNAの未知領域をPCRによって特異的に増幅させるものである(図2-6-2)。LA PCR *in vitro* Cloningは，以下の行程で行われる。1)クローニングのターゲットとなるDNAを適当な制限酵素で完全消化する。2)ライゲーション反応により，対応する制限酵素サイトを持つカセットをつなぐ。3)カセットプライマーとDNA上の既知の配列領域に相補的なプライマーを用いて1回目のPCRを行う。4) 3)の反応液の一部を用いて，内側のプライマーセットでPCRを行い，目的のDNAのみを増幅させる。

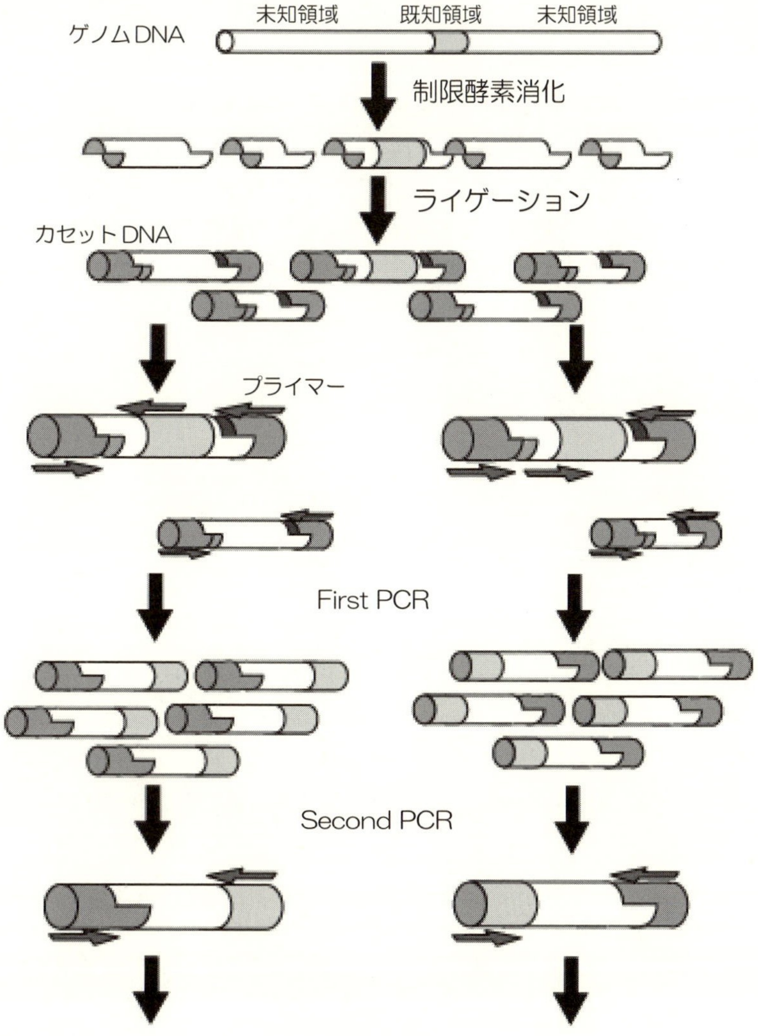

図2-6-2

カセットの5’末端にはリン酸基が付いていないので，ターゲットDNAの3’末端とカセットの5’末端との接続部位にはニックができる。そのため1回目のPCRでは，カセットプライマーからの合成はこの接続部分でストップし，非特異的な増幅は起こらない。具体的には，以下に示すプロトコールに従って行う。

準備するもの

試薬

- TaKaRa LA PCR™ *in vitro* Cloning Kit（宝酒造社）
  Kitは，TaKaRa LA *Taq*™，10×LA バッファー Ⅱ(Mg^{2+} plus)，dNTP mixture，Cassette（6種），Cassette プライマー(C1，C2)，Ligation solution Ⅰ，Ligation solution Ⅱを含む。これらは，単品でも購入できる。
- 制限酵素（*Sau*3AI，*Eco*RI，*Hin*dⅢ，*Pst*I，*Sal*I，*Xba*I）
- 冷却100％エタノール
- 冷却70％エタノール
- 3M酢酸ナトリウム
- S1 プライマー（10pmol/μl）
- S2 プライマー（10pmol/μl）

機器・器具

- インキュベーター
- サーマルサイクラー
- 減圧乾燥機

Protocol

DNAの制限酵素消化

1）以下のように反応液を調製し，37℃で3時間インキュベートする。

DNA	5μg
制限酵素	50U
10×制限酵素バッファー*1	5μl
0.1% BSA*2	5μl

滅菌超純水で全量を50μlにする。

*1 制限酵素によって使用するバッファーが異なるので注意する。

*2 *Xba* Ⅰを使用するときだけ。

2）反応終了後，反応液に5μlの3M酢酸ナトリウムを加え，125μlの冷却100％エタノールを加える。

3）遠心（10,000rpm，10分間）する。

4）上澄み液をデカンテーションで除去する。

5）175 μl の冷却 70% エタノールを加える。

6）遠心（10,000 rpm，5 分間）する。

7）沈殿を取らないようにピペットマンで上澄み液を除去する。

8）減圧乾燥機でドライアップする。

9）10 μl の滅菌超純水で溶解する。

ライゲーション反応

1）以下のように反応液を調製し，16℃で 30 分間反応させる。

酵素消化した DNA 溶液	5 μl
Cassette DNA*3	2.5 μl
Ligation solution I	15 μl
Ligation solution II	17.5 μl

*3　それぞれの制限酵素に対応するカセットを使用すること。

2）反応終了後，新しい 1.5 ml チューブに移す。

3）反応液を移した後のチューブに 30 μl の滅菌水を入れ，共洗いし，その滅菌水を先ほどの 1.5 ml チューブに移す（図 2-6-3）。

4）5 μl の 3 M 酢酸ナトリウムを加え，125 μl の冷却 100% エタノールを加える。

5）遠心（10,000 rpm，10 分間）する。

6）上澄み液をデカンテーションで除去する。

7）175 μl の冷却 70% エタノールを加える。

8）遠心（10,000 rpm，5 分間）する。

9）沈殿を取らないようにピペットマンで上澄み液を除去する。

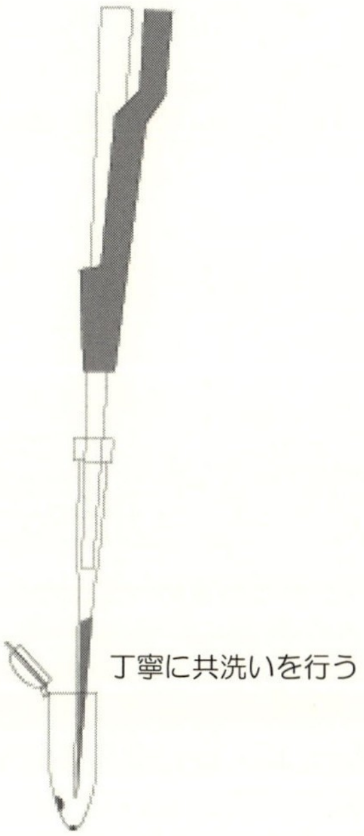

図 2-6-3

10)減圧乾燥機でドライアップする。

11)5 μlの滅菌超純水で溶解する。

PCRによる増幅反応

1) ライゲーションしたDNA溶液1 μlに33.5 μl*4の滅菌超純水を加え，94℃で10分間加熱する。

2) 次の条件でPCRを行う*5（1st PCR)。

1)のDNA溶液	34.5 μl
10×LA バッファー	5 μl
TaKaRa LA *Taq*™	0.5 μl
dNTP mixture	8 μl
C1プライマー	11 μl
S1プライマー	1 μl

Pre-heat	94℃	5 min
Denaturation	94℃	30 sec
Annealing	55℃	2 min
Extension	72℃	1 min
Final extension	72℃	5 min

サイクル数　30

3) 1st PCR反応液のうち一部を滅菌超純水で適宜希釈したもの（原液～1000倍）1 μlを用いて，2回目のPCRを行う。

1st PCR反応液	1 μl
滅菌超純水	33.5 μl
10×LA バッファー	5 μl
TaKaRa LA *Taq*™	0.5 μl
dNTP mixture	8 μl
C2プライマー	1 μl
S2プライマー	1 μl

サイクル数　30

設定条件は1st PCRと同様

4) アガロースゲル電気泳動にて増幅を確認する。

*4　PCRに使うバッファーがMg^{2+} freeの場合は，28.5 μl。

*5　使用する10×バッファーの違いによって混ぜる試薬が少し異なる。また，設定はあくまで目安である。

6.3 インバース PCR

制限酵素処理したゲノム DNA をセルフライゲーションによって環状にし，既知配列中で逆向きにデザインしたプライマーを用いて PCR を行うことにより，未知領域を増幅させる（図 2-6-4）。

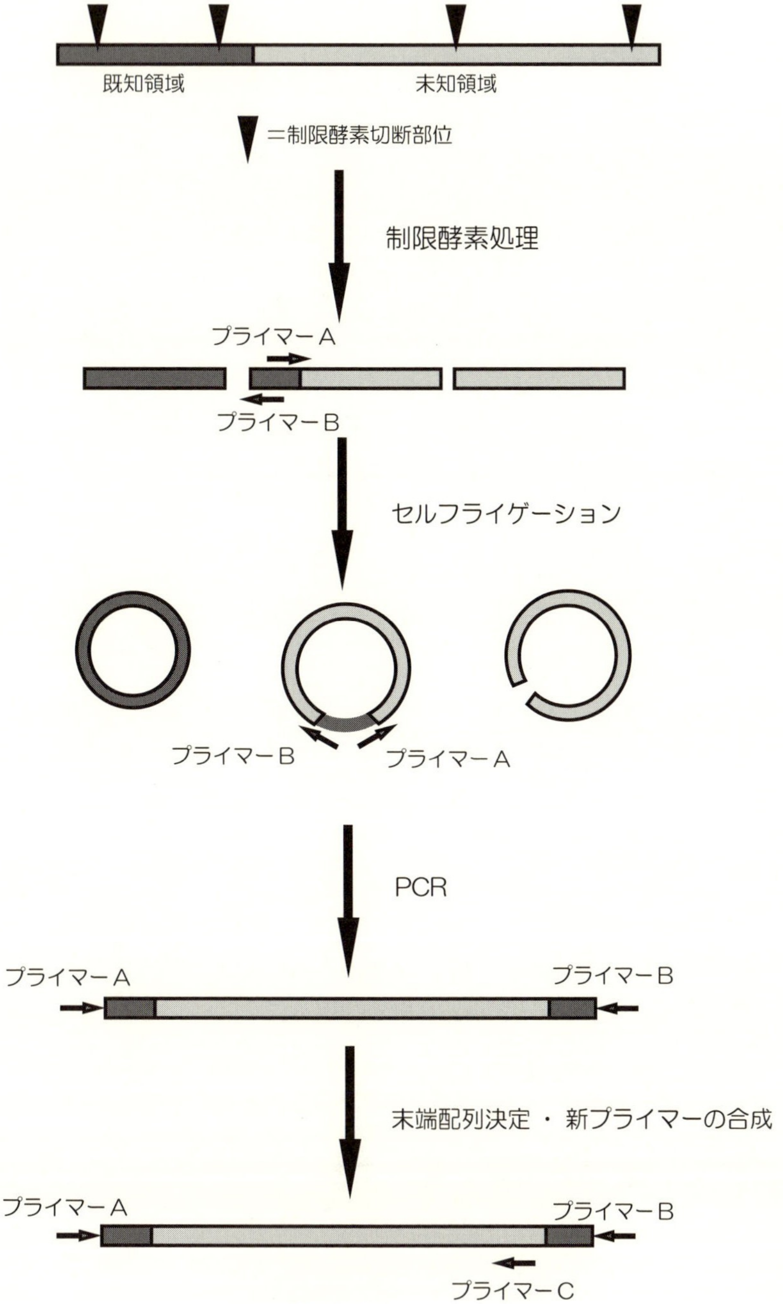

図 2-6-4

準備するもの

試薬

・DNA Ligation Kit Ver.2（宝酒造社）
・制限酵素
・PCRに必要な試薬類
・冷却100%エタノール
・冷却70%エタノール
・3M酢酸ナトリウム

機器・器具

・インキュベーター
・サーマルサイクラー
・減圧乾燥機

Protocol

DNAの制限酵素消化

1）以下のように反応液を調製し，37℃で3時間インキュベートする。

DNA	5 μg
制限酵素	50U
10×制限酵素バッファー*1	5 μl
0.1% BSA*2	5 μl
滅菌超純水で全量を50 μlにする。	

*1　制限酵素によって使用するバッファーが異なるので注意する。

*2　必要に応じて加える。

2）反応終了後，反応液に5 μlの3M酢酸ナトリウムを加え，125 μlの冷却100%エタノールを加える。

3）遠心（10,000rpm，10分間）する。

4）上澄み液をデカンテーションで除去する。

5）175 μlの冷却70%エタノールを加える。

6）遠心（10,000rpm，10分間）する。

7）沈殿を取らないようにピペットマンで上澄み液を除去する。

8）減圧乾燥機でドライアップする。

9）10 μlの滅菌超純水で溶解する。

セルフライゲーション反応

1) 以下のように反応液を調製し，16℃で30分間反応させる。

酵素消化したDNA溶液	5 μl
Ligation solution I	5 μl

PCRによる増幅反応

1) インバースPCR用に設計したプライマーを用いPCRを行う。

Column 5 「反応液の調製」

酵素反応やPCRなどの反応液調製の際，検体数が多くなるとどうしてもどこまで試薬を入れたかわからないといった事態が起こる。そうならないためには，たとえば，チューブラックに反応液を入れるチューブを並べておき，試薬を入れたものから，ラックの別の位置にずらしたり，フタを閉めたり等，自分なりの工夫を考える。また，まわりでそういった操作を行っている人がいたら，むやみに話し掛けたりしないよう注意する。

7. PCR産物のサブクローニング

ファージ，プラスミドなどでクローン化したDNAの一部やPCRで増幅したDNA断片を別のプラスミドに挿入し，さらにクローニングすることをサブクローニングという。PCR産物をサブクローニングする際には注意しなければならないことがある。1)PCR産物の5’末端にはリン酸基が付いていないため（リン酸化したプライマーを用いた場合は別である），そのままでは，脱リン酸化したプラスミドにライゲーションできない。2)pol I型酵素を用いた場合に3’末端に余分な1塩基（多くの場合は「A」である）が付加されている。という2点である（図2-7-1）。このようなPCR産物をプラスミドに導入するためにいくつかの方法がある。

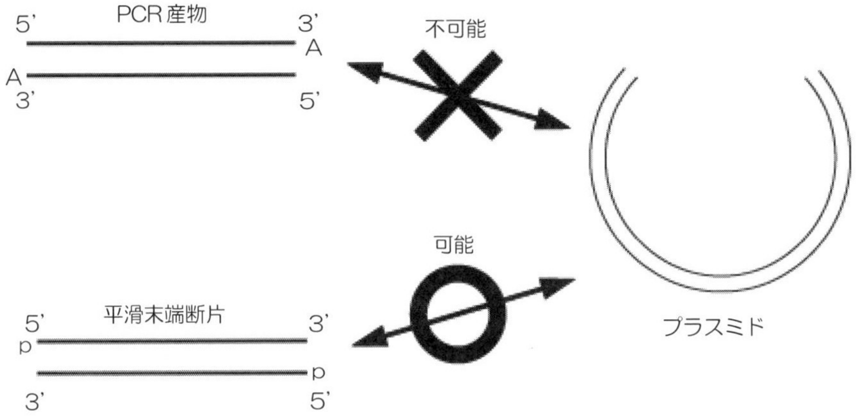

図2-7-1

7.1 平滑末端化

PCR産物のサブクローニングをする際に問題となる2つの点を解決するために，Klenow fragmentなどのDNA polymeraseで3’突出末端を平滑化した後，T4 polynucleotide kinaseで5’末端をリン酸化する方法である（図2-7-2）。ここでは，アマシャムバイオサイエンス社のSureClone Ligation Kitを用いた方法を紹介する。

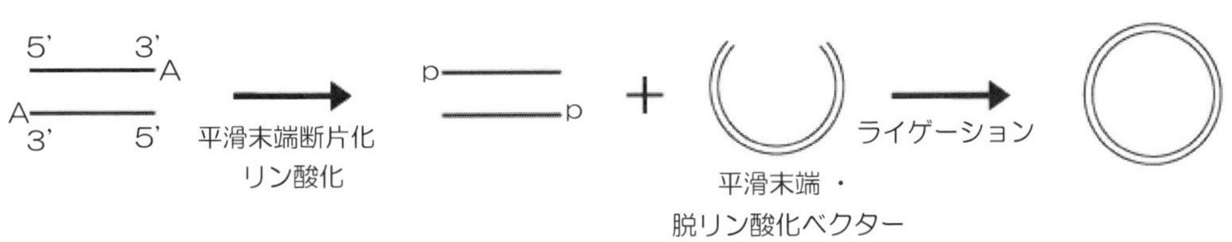

図2-7-2

準備するもの

試薬

・SureClone Ligation Kit（アマシャムバイオサイエンス社）

機器・器具

・インキュベーター

Protocol

平滑末端化とリン酸化

1）PCR産物をアガロースゲル電気泳動で分離しゲルから抽出する。

2）以下のように反応液を調製し，37℃で30分間インキュベートする。

PCR 産物	1～16 μl
Klenow fragment	1 μl
（10×）B/K バッファー	2 μl
T4-Polynucleotide Kinase	1 μl

滅菌超純水を加えて 20 μl とする。

3）20 μl の PCI を加え振盪し，遠心（15,000rpm，1分間）する。

4）水層を新しいチューブに移す。

Sephacryl S-200カラムによる精製

1）マイクロスピンカラム（Kit に添付）の底にあるフタを取り外す（図 2-7-3）。

2）1.5ml マイクロチューブにスピンカラムをのせる。

3）500 μl の Sephacryl S-200 をカラムに入れる。

4）遠心（15,000rpm，30 秒間）し，新しいチューブにのせる。

5）平滑末端化およびリン酸化した DNA 溶液をカラムの担体上にのせ（図 2-7-4），遠心（15,000rpm，30 秒間）する。

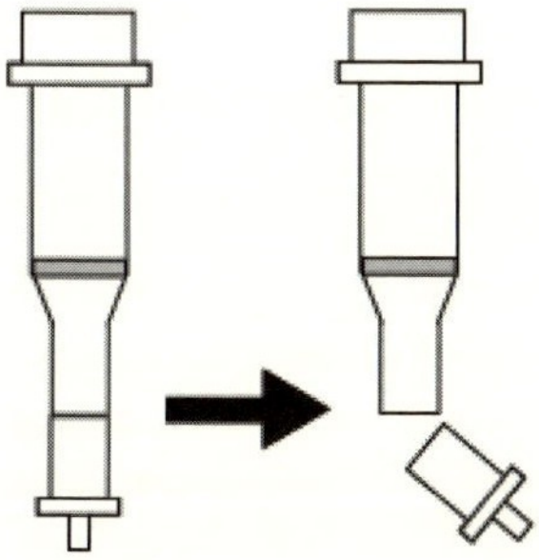

図2-7-3

6）溶出液を回収する。

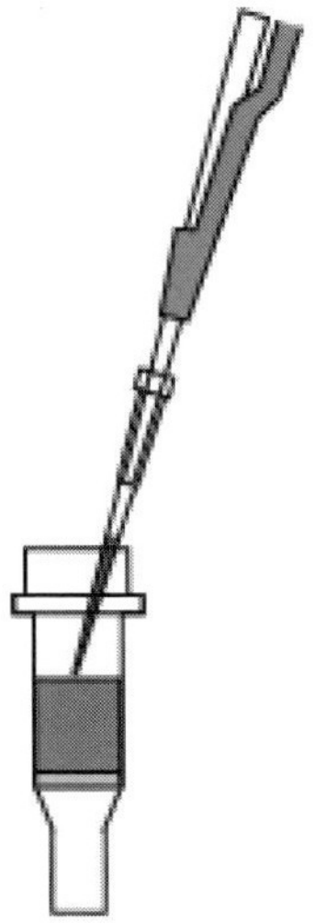

図 2-7-4

プラスミドベクターへのライゲーション

1）以下のように反応液を調製し，16℃で1～2時間インキュベートする。

スピンカラム溶出液	2 μl
pUC18 vector	1 μl
(2×) Ligation バッファー	10 μl
DTT solution	1 μl
T4-DNA ligase	1 μl
滅菌超純水	5 μl

2）反応後は，使用するまで－20℃で保存する。

7.2　TAクローニング

すでに述べたように，PCR産物の3’末端は1塩基「A」が突出した形になっている。これを逆に利用し，3’末端が1塩基「T」が突出したプラスミドにライゲーションする方法がTAクローニングである（図2-7-5）。ここでは，Novagen社のpT7Blue T-Vectorを用いた方法を紹介する。

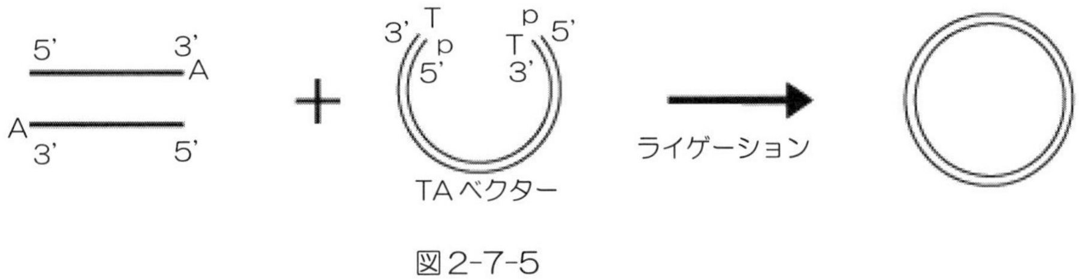

図 2-7-5

準備するもの

試薬

・pT7Blue T-Vector (Novagen)
・TaKaRa Ligation Kit Ver.2 (宝酒造社)

機器・器具

・インキュベーター

Protocol

1) PCR産物をアガロースゲル電気泳動で分離しゲルから抽出する。

2) 以下のように反応液を調製し, 16℃で3時間インキュベートする。

PCR産物	X μl *1
50 μg/μl pT7Blue T-Vector	0.5 μl
Ligation Solution Ⅰ	5 μl

滅菌超純水を加えて10 μlとする。

*1 約0.2pmolになるように加える。

3) 反応後は, 使用するまで－20℃で保存する。

7.3 制限酵素認識配列の付加

PCRを行う際に, あらかじめ両方のプライマーに制限酵素認識配列を付加しておく。これを用いてPCRを行うと, その産物は両端に制限酵素サイトを持つことになる。反応後に制限酵素で処理すれば, 通常のDNAのサブクローニングと同様にプラスミドに導入できる (図2-7-6)。この際に用いるプライマーは, 標的遺伝子とアニールする部分を3’側18塩基程度とし, 5’側に都合のよい6塩基認識の制限酵素サイトを付加する。もちろん, この際用いる制限酵素サイトは, 目的遺伝子の内部にないものを使用する。ただし, 5’末端側に認識サイトよりさらに2～3塩基 (6塩基認識の場合2塩基で十分) を付加しておかなければならない。これは, 制限酵素の多くは認識配列の外側にも数塩基の塩基対が続いていないと認識できないためである。

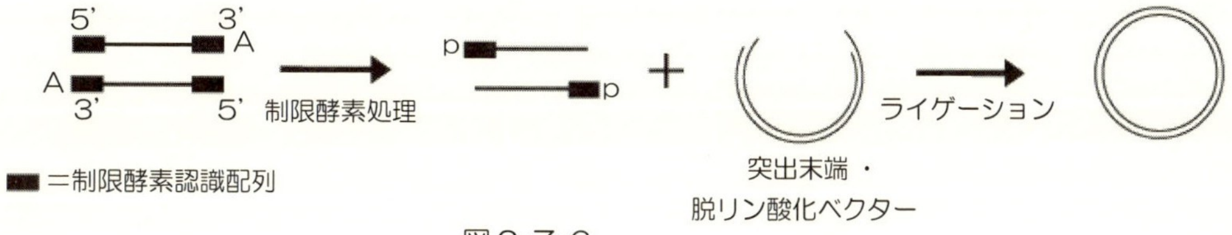

図2-7-6

準備するもの

試薬

- プラスミド
- PCI
- TaKaRa Ligation Kit Ver.2（宝酒造社）
- 制限酵素
- TaKaRa EasyTrap Ver.2（宝酒造社）
- 3M酢酸ナトリウム
- 冷却100%エタノール
- 冷却70%エタノール

機器・器具

- ボルテックス
- インキュベーター

Protocol

1）PCR産物に滅菌超純水を加え，100 μlにし，等量のPCIを加えてボルテックスで激しく撹拌した後，遠心（14,000 rpm，3分間）する。

2）水層を別のチューブに移し，10 μlの3M酢酸ナトリウムと250 μlの冷却100%エタノールを加え，遠心（14,000 rpm，5～10分間，4℃）する。

3）上澄みを除去した後，500 μlの冷却70%エタノールで沈殿をリンスし，遠心（14,000 rpm，3分間）した後，減圧乾燥機で沈殿をドライアップする。

4）回収したPCR産物およびプラスミドを同じ制限酵素で切断する。

5）切断したPCR産物およびプラスミドを電気泳動し目的のバンドのみをEasyTrap等で回収する。

6）回収したPCR産物およびプラスミドをPCI抽出し，エタノール沈殿して，減圧乾燥機でドライアップする。

7）乾燥させたDNAそれぞれに5～10 μlの滅菌超純水を加え溶解させる。1～2 μlを電気泳動し，回収量をチェックする。

8) プラスミドに対し，モル数にして2～3倍の回収DNA断片を混合しライゲーションする。ライゲーションの方法は，前項を参照のこと。

9) 反応後は，使用するまで－20℃で保存する。

7.4 トランスフォーメーション

JM109コンピテントセルとpUC系やpT7Blueプラスミドを用いた形質転換では，カラーセレクションにより形質転換体のスクリーニングができる。カラーセレクションは，大腸菌のラクトースの分解にかかわる遺伝子群を含むオペロン（*lac*オペロン）を利用する。ラクトースを分解し，グルコースとガラクトースの産生に関与する遺伝子の1つにβ－ガラクトシダーゼ遺伝子があり，大腸菌のゲノム上でオペロンに関与する遺伝子*lacI(i)-lacP(p)-lacO(o)*の下流に位置している。野生株にラクトースを加えると，このラクトースがインデューサーとなり*lacI*の発現によって合成された*lac*リプレッサーに結合し，結果的にリプレッサーが*lacO*(オペレーター)からはずれ，*lacP*(プロモーター)から転写が始まってβ-ガラクトシダーゼが発現するようになる。β-ガラクトシダーゼはN末端側のα断片とC末端側のω断片に分けることができる。カラーセレクションに用いる宿主大腸菌では，ω断片のみが発現するようになっており，β－ガラクトシダーゼ活性がマイナス（$lacZ^-$）である。この宿主菌にα断片を発現するプラスミドを導入すると2つの断片は会合しβ－ガラクトシダーゼ活性がプラス（$lacZ^+$）になる。pUC系やpT7Blueプラスミドでは，さらに遺伝子に改変が施してあり，α断片遺伝子の途中にマルチクローニングサイトが配してある。このプラスミドを宿主大腸菌に導入し，培地にラクトースを加えると$lacZ^+$となり，β－ガラクトシダーゼの基質となるX-Galは分解されて青く発色する。一方，α断片遺伝子中のマルチクローニングサイトにインサートDNAが組み込まれたプラスミドは，α断片の全長を発現することができず$lacZ^-$のままとなる。そのため，コロニーは白いままである。このようにコロニーの色によってインサートDNAが組み込まれたか否かを判別することができる。インサートDNAが確認されたコロニーをピックアップし，さらに，培養してクローンDNAを増幅し，プラスミドを回収する。

準備するもの

試薬

・LB medium（1000m*l*あたり）

Bacto trypton(10g)，Bacto yeast extract(5g)およびNaCl(5g)を1000m*l*の純水に溶解し，pHをNaOHで7.0に調整する。

・100mg/ml アンピシリン
アンピシリンナトリウム5gを50mlコーニングチューブにとる。滅菌超純水で溶解し，50mlにメスアップする。0.22μmフィルターでろ過し，1mlずつ1.5mlチューブに分注する。

・LB/Amp Agar Plate（500ml）
オートクレーブ前のLB medium 500mlにBacto agar 7.5gを加え，オートクレーブする。オートクレーブ終了後，手で触れるくらいの温度まで冷めたら，100mg/ml アンピシリン 500μlを加えシャーレに分注する。

・4% X-Gal
40mgのX-Gal（5-Bromo-4-chloro-3-indolyl-β-D-galactoside）をマイクロチューブに入れ，1mlのジメチルホルムアミドで溶解する。

・0.1M IPTG
23.8mgのIPTG（Isopropyl-1-thio-β-D-galactoside）をマイクロチューブに入れ，1mlの滅菌超純水で溶解する。

・Competent Cell（JM109; 宝酒造社）
－80℃で保存する。

機器・器具

・インキュベーター

Protocol

1）－80℃で保存しているコンピテントセルを氷上で溶解する。

2）5μlのプラスミドを100μlのコンピテントセルに加え，20分間氷中で放置する。

3）42℃で2分間（正確に）インキュベートし，氷中に2分間放置する。

4）1mlのLB mediumを加え，37℃で1時間，振盪培養する。

5）セルをスピンダウンし，850μlの上澄み液を除去した後，残りのmediumで沈殿を懸濁する（図2-7-7）。

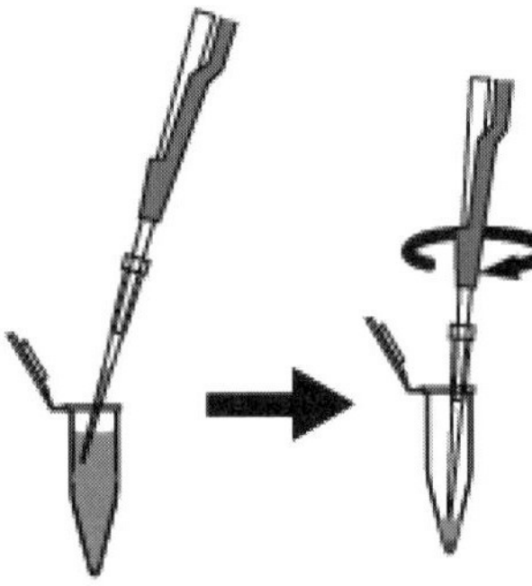
図2-7-7

6）LB/Amp Agar Plateに，50μlの4% X-Galおよび0.1M IPTGをまき，スプレッダーで寒天上に伸ばす（表面が乾くまで）（図2-7-8）。

7）25～125μlのJM109懸濁液をプレートにまき，スプレッダーで寒天上に伸ばす。

8）37℃で一晩インキュベートする（必ずフタを下にする）。

図2-7-8

7.5　プラスミドDNAの調製

準備するもの

試薬

・LB/Amp medium（500m*l*）

Bacto trypton（5g），Bact yeast extract（2.5g），NaCl（2.5g）を500m*l*の純水に溶解し，pHをNaOHで7.0に調整する。オートクレーブ後，冷却し，100mg/m*l*　アンピシリンを500μ*l*加える。

・Plasmid Mini Prep Kit（ニッポンジーン社）

・クロロホルム

・PCI

・3M酢酸ナトリウム

・冷却100％エタノール

・冷却70％エタノール

機器・器具

・爪楊枝（オートクレーブ滅菌）

・アイスボックス

・ボルテックス

・減圧乾燥機

Protocol

1）形質転換した白いコロニーを爪楊枝でかきとり，2m*l*のLB/Amp mediumを入れた試験管に爪楊枝とともに入れる（図2-7-9）。

2）37℃で一晩振盪培養する。

3）1.5m*l*の培養液をマイクロチューブに移し，遠心（15,000rpm，2分間，4℃）する。

4）沈殿に100μ*l*のcold Solution Ⅰを加え，ボルテックスし，150μ*l*のSolution Ⅱ（室温）を加え静かに振盪する（チューブを数回反転して）。

5）5分間（正確に），氷中で放置し，150μ*l*のcold Solution Ⅲを加える。

6）5分間以上氷中で放置し，10μ*l*のクロロホルムを加え，ボルテックスする。

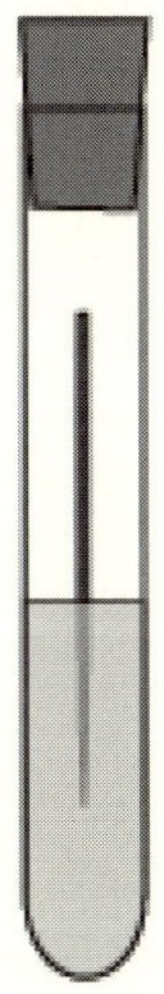

図2-7-9

7) 遠心（15,000rpm，5分間，4℃）する。

8) 上澄み液を新しいチューブに移し，等量のPCIを加え，撹拌する。

9) 遠心（15,000rpm，5分間，4℃）し，上澄み液を新しいチューブに移す。

10) 1.15mlの冷却100%エタノールを加え30分間，－20℃で放置する。

11) 遠心（15,000rpm，5分間，4℃）し，上澄み液を捨て，1.5mlの冷却70%エタノールでリンスし，遠心（15,000rpm，5分間，4℃）する。

12) 上澄み液を捨て，減圧乾燥し，50μlのTEバッファー（RNase solution）で溶解する。

13) 37℃で30分間インキュベートし，50μlの滅菌超純水を加える。

14) 等量のPCIを加え，振盪し，遠心（15,000rpm，5分間，4℃）する。

15) 水層を新しいチューブに移し，10μlの3M酢酸ナトリウムを加え，250μlの冷却100%エタノールを加え，－20℃で30分間放置する。

16) 遠心（15,000rpm，5分間，4℃）し，上澄み液を捨て，300μlの冷却70%エタノールでリンスし，遠心（15,000rpm，5分間，4℃）する。

17) 上澄み液を捨て，減圧乾燥し，20μlの滅菌超純水で溶解する。

18) 2μlの溶解液を*Eco*R Ⅰと*Hin*d Ⅲで消化し1%アガロースゲルを用いて電気泳動し，DNAのインサートチェックをする（DNAのインサートチェックができたらサイクルシーケンスし配列を分析する）（図2-7-10）。

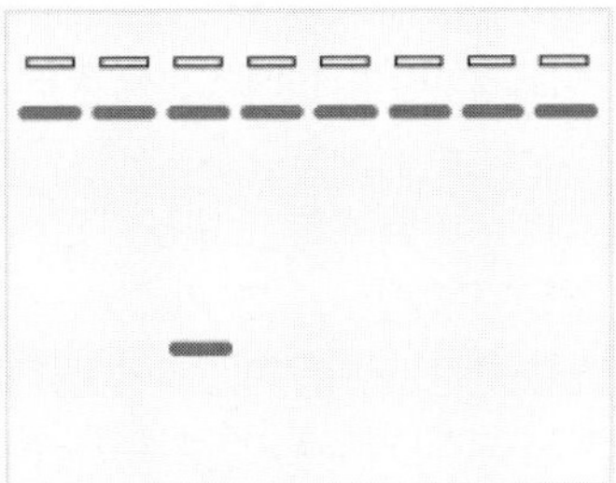

図2-7-10

8. DNAシーケンシング

DNAシーケンシングの方法には，マクサム·ギルバード法とサンガー法の２種類がある。どちらもそれぞれ長所を持っているが，サンガー法のほうが簡単でかつ発展性があるために現在広く用いられている。そこでここでは，サンガー法の発展系であるサイクルシーケンス法によるDNAシーケンス法に絞って紹介する。

この方法では，一本鎖DNAを鋳型として，これに相補的なオリゴヌクレオチドをアニーリングさせ，これをDNA合成のプライマーとし，DNAポリメラーゼに鋳型DNAと相補的なDNAを合成させる反応を行わせるのだが，このときDNAの材料としてA，T，C，Gそれぞれのデオキシヌクレオチド（dNTP）と，その類似物質であるA，T，C，Gいずれかのジデオキシヌクレオチド（ddNTP）を加える。ddNTPは，3’-OHが-Hになっているため，これが合成中のDNAに取り込まれると，5’→3’ホスホジエステル結合がつくれないためにDNAの合成はそこで止まってしまう。もしddATPを加えたとすると，このときddATPは合成されるDNA上の各Aで反応の止まったそれぞれの長さのDNAが合成される。これを４つすべての塩基で行い，変性ポリアクリル

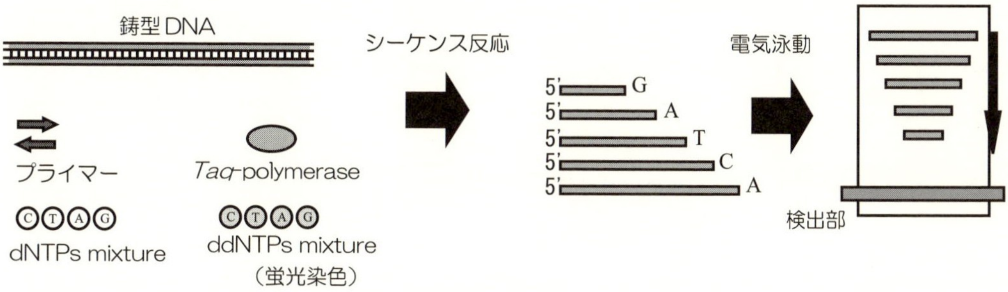

図2-8-1

アミドゲルで電気泳動を行い，大きさ別で分離することによってDNAのどの位置にどの塩基が存在するかを知ることができる（図2-8-1）。これがサンガー法の原理である。この方法にPCRを組み合せた方法がサイクルシーケンス法で「熱変性→プライマーアニーリング→DNA合成伸長」を繰り返す。この方法では，二本鎖DNAをそのまま使用することができる，少量の鋳型DNAで反応が行える，*Taq*DNAポリメラーゼを使用するので，合成反応中にDNAが高次構造をとることを抑えられるといった利点があるため，ダイレクトシーケンシングに向いている。オートシーケンサのための反応では，合成されるDNAは蛍光物質で標識する。この反応物を電気泳動し，泳動中にレーザー光線を当て励起光を自動で検出し，コンピュータで解析する。オートシーケンサの反応には，取り込まれる蛍光物質をddNTPにつける方法（Dye Terminator法），プライマーにつける方法（Dye Primer法）そして基質のdNTPにつける方法（Internal-label法）の3つの方法があり，一般的にはDye Terminator法とDye Primer法が用いられる。Dye Primer法では，長距離のシーケンシングでも比較的均一なシグナルを得やすいが，プライマーの自由度が低

いため不便な点もある。

通常，蛍光物質は１種類なので，１つのDNAの配列を分析するためには反応も泳動も４つのサンプルが必要になる。しかしながら，アプライドバイオシステムズ社のオートシーケンサでは，A，T，C，Gそれぞれ励起する波長が異なる4種類の蛍光色素を使用する。4種類の蛍光色素でDye Terminator法を用いれば，１つのDNA配列を分析するのに１つのサンプルだけでよいので手間が省け，数多くの検体の分析が可能になる。

8.1　サイクルシーケンス

準備するもの

試薬

・BigDye Terminator Cycle Sequencing FS Ready Reaction Kit(アプライドバイオシステムズ社)
・プライマー

機器・器具

・サーマルサイクラー
・微量遠心機

Protocol

1) 200 μlチューブに以下の反応液を調製する。

鋳型DNA	X μl*1
Pre-Mix	5 μl
プライマー（1pmol/μl）	3 μl

滅菌超純水を加えて20 μlとする。

2) 指先で軽く叩き攪拌した後，遠心機で底に集める。

3) サーマルサイクラーにセットし，反応を開始する*2。

（反応の設定例）

Denaturation	95℃	10sec.
Annealing	50℃*3	5sec.
Extension	60℃	4min.

サイクル数　25

4) サイクルシーケンス産物をエタノール沈殿*4あるいはSpinカラム（→「3.5　ゲルろ過（Spinカラム）」参照）により精製する。

*1　鋳型DNAの濃度および長さによって量を調整する。

*2　ブロックの温度が95℃になったらpauseを押して，チューブをセットする。

*3　プライマーのTm値によって温度を上げてもよい。

*4　20 μlの反応液に30 μlの滅菌水を加え，常温保存のエタノールを用いてエタ沈する。70%エタノールによるリンスも常温で。

8.2 DNAシーケンサ（ABI377）

アプライドバイオシステムズ社のオートシーケンサは現在，370/373/377/310/3100/3700のモデルがある。このうち，370/373/377は従来のスラブゲルタイプの電気泳動によって分析する。ここでは，アプライドバイオシステムズ社のオートシーケンサModel 377を用いたDye Terminator法について紹介する。

準備するもの

試薬

・(10×)TBE バッファー（pH 8.3）

Tris(108.0g)，ホウ酸(55.0g)，Na_2EDTA(8.3g)を純水で溶かし，最終的に1lにする。0.45 μm フィルターを用いてろ過滅菌し，室温にて保存する。

・(1×)TBE バッファー　(1.25l)

(10×)TBEバッファー125mlを超純水で1.25lにメスアップする。

・40%(19:1)アクリルアミドストック

Acrylamide（38g），Bis-acrylamide（2g）を純水で100mlにし，0.45μmフィルターを用いてろ過滅菌し，遮光冷蔵保存する。各試薬は超高純度を使用すること。

・Urea

・TEMED

・10%過硫酸アンモニウム

過硫酸アンモニウム100mgを1.5mlチューブに入れ，冷凍庫に保存する。使用直前に1mlの純水で溶解する。溶解後の液は，冷蔵庫に保存する（約1週間使用可能）。

・Dye solution

50mgブルーデキストランを1mlの25mM EDTA（pH 8.5)に溶解し，5mlホルムアミドを加え，1mlごとに小分けして冷蔵保存。

・エタノール

・アセトン

・BIO NOX

ガラス洗浄用。約1gを1lに溶かし，洗ビンに入れる。

機器・器具

・Model377 DNA シーケンサー

・ゲル板（ノッチ：切り込みのある板，プレーン：切り込みのない板）

・スペーサー

・ケイドライ

・0.22 μm Filter Unit

Protocol

ガラス板の洗浄・設置

1) 流しに発泡スチロールの箱を置き，その上にガラス板（ノッチ，プレーンとも）をのせて，スポンジなどを用いてBIO NOXで洗浄する。水で濯いだ後，最後に純水で洗う。そして，ガラス板を立てかけて乾燥させる。

2) ガラス板をエタノールで拭き，更にアセトンで拭く。

3) 先にプレーンガラスをカセットにマークが左側にくるようにセットし，スペーサーを向きに注意してセットする（図2-8-2）。

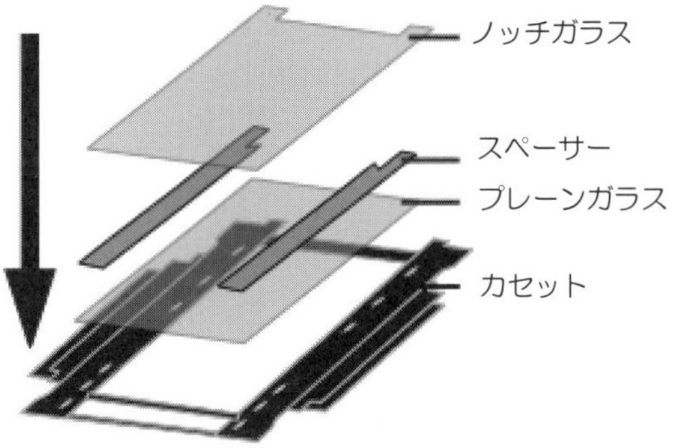

図2-8-2

4) ノッチガラスを同様にマークが左側にくるようにのせる。2枚のガラス板に段差がないように素手で確認する。

5) クランプを締め，バックサポートを取り付け，ゲルインジェクターを取り付ける（図2-8-3）。

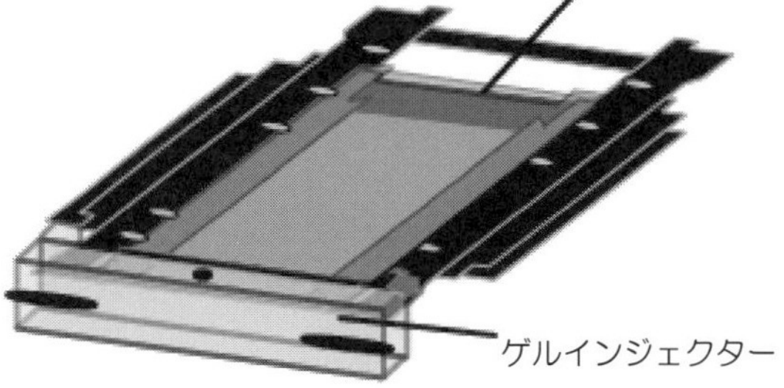

図2-8-3

ゲル溶液（4%）の調製・ゲル板の作製

1）14.4gのUreaを100ml容トールビーカーに入れる。

2）40%(19:1)アクリルアミドストックを4ml入れる。

3）(10×)TBE バッファーを4ml入れる。

4）超純水でトールビーカーの40mlの目盛りまでメスアップし，スターラーバーを入れて攪拌する。10分程度で完全に溶解する。

5）0.22 μm Filter Unitで吸引ろ過し，脱気のためしばらく吸引を続ける。

6）ろ過後，100mlのコニカルビーカーに静かに移す*1。

*1 以下の操作は，速やかに行う。

7）10%過硫酸アンモニウム溶液を200 μl，コニカルビーカーに入れる。

8）さらにTEMEDを20 μl加えて，ゆっくりと攪拌する。このとき，絶対に泡を立てないこと。

9）速やかにゲルインジェクターのシリンジに注入する。ガラス板を軽く叩きながら，ガラス板の間に泡ができないようにする（図2-8-4）。

図2-8-4

10）ガラスプレートからの漏れを受ける500mlビーカーを用意する。

11）ガラス板の先端までゲルが達したら，コームを逆に差し込む。クリアブレースを取り付け，ゲルインジェクターを直ちにはずす。残ったゲル溶液はゲルが固まるのを確認するため，しばらく放置する。シリンジおよびゲルインジェクターは速やかに洗浄し，クランプを確実に締める*2。

*2　ゲルが使用できるまで3時間かかる。この間に，サイクルシーケンスを行うとよい。

電気泳動の設定・開始

1) シーケンサの本体のスイッチを入れてから,Macの電源を入れる。Mac のデスクトップ上の ABI Prism 377 Collection のアイコンをダブルクリックし，起動する。

2) メニューバーの「File」から,「New」を選択する。

3) Sequence Sampleのアイコンをクリックする。Sample Sheet が現れる。

4) Sample Name を 1 番から順に入力し，最後の Sample 名を確実に入力する。このとき，Dye Set/Primer が DT{BDset-AnyPrimer}であることをを確認する（図 2-8-5)。

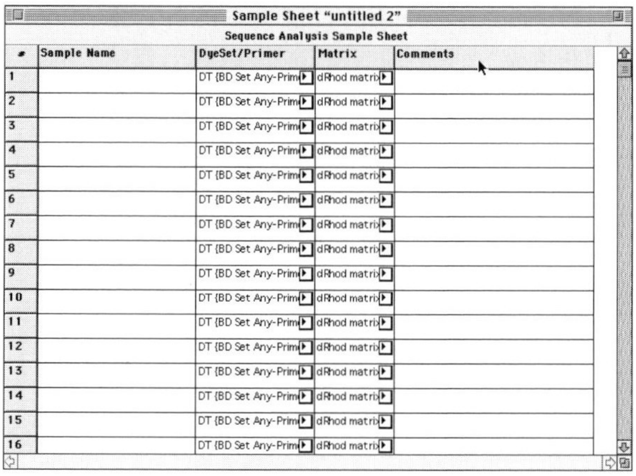
Sample Sheet "untitled 2"
Sequence Analysis Sample Sheet

#	Sample Name	DyeSet/Primer	Matrix	Comments
1		DT {BD Set Any-Prim	dRhod matrix	
2		DT {BD Set Any-Prim	dRhod matrix	
3		DT {BD Set Any-Prim	dRhod matrix	
4		DT {BD Set Any-Prim	dRhod matrix	
5		DT {BD Set Any-Prim	dRhod matrix	
6		DT {BD Set Any-Prim	dRhod matrix	
7		DT {BD Set Any-Prim	dRhod matrix	
8		DT {BD Set Any-Prim	dRhod matrix	
9		DT {BD Set Any-Prim	dRhod matrix	
10		DT {BD Set Any-Prim	dRhod matrix	
11		DT {BD Set Any-Prim	dRhod matrix	
12		DT {BD Set Any-Prim	dRhod matrix	
13		DT {BD Set Any-Prim	dRhod matrix	
14		DT {BD Set Any-Prim	dRhod matrix	
15		DT {BD Set Any-Prim	dRhod matrix	
16		DT {BD Set Any-Prim	dRhod matrix	

図2-8-5

5) 入力が終わったらメニューバーの「File」―「Save」を選択する。このとき，適当な名前をつけるか，あるいはそのままにしてSave を押す。Sample Sheet 画面を閉じる。

6) 再びメニューバーの「File」―「New」を選択して，今度は Sequence Run のアイコンをクリックする。Run File が出たら，パネル中の Sample Sheet の<none>をクリックする。先に作成した自分の Sample Sheet を探し，クリックする。自分の Sample Name が入った Run File が現れる（図 2-8-6)。

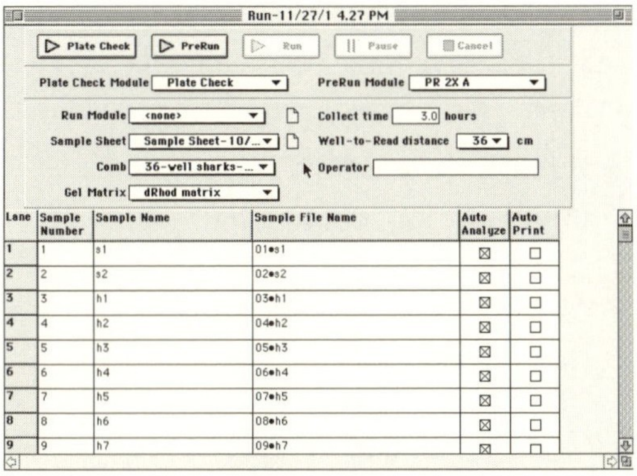

図2-8-6

7) シーケンサ本体にバッファー槽（下）をセットし，ゲルカセットをシーケンサにセットする（図2-8-7）。

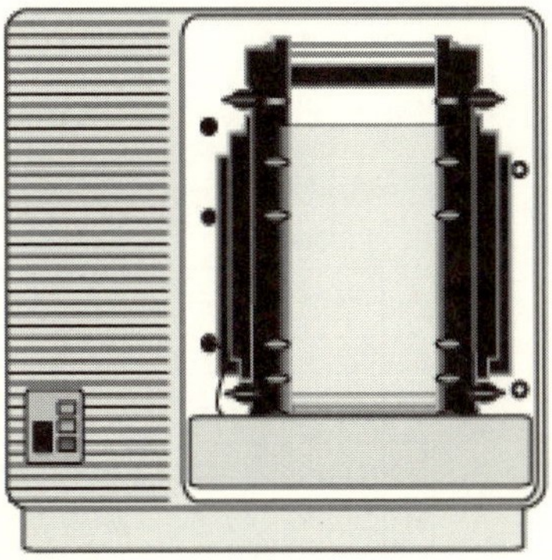

図2-8-7

8) Plate Check Module の〈none〉から，Plate Check を選択する。Plate Check が active になる。

9) Plate Check ボタンを押し，数分後に現れる4本のラインが直線になっていることを確認し，Cancel する。ラインが乱れているときは，Pause を押し，ゲル板カセットをはずしてレーザー光があたる部分のガラス面を磨き，もう一度，Plate Check の操作を行う（図2-8-8）。

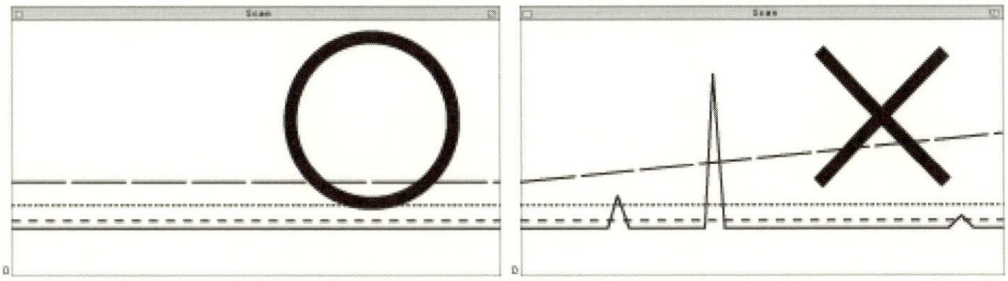

図2-8-8

10) 上のバッファー槽，熱プレート，循環水コネクトをつけ，(1×) TBE バッファー（1.25*l*）を上下のバッファー槽に入れて，リーク等をチェックする。

11) Pre-Run Module および Run Module を設定する。

	3.5時間	7時間
Pre-Run Module	PR4XA	PR2XA
Run ModuleSeq Run	36E-2400Seq	36E-1200Seq

12)Combは24-Well Sharks，Gel-to-Read distanceは36cm，Gel MatrixはdRohod Matrixになっていることを確認する。

13)すべて確認したら，上バッファー槽のウェルをピペットで洗浄し，下バッファー槽の泡を除く（図2-8-9）。

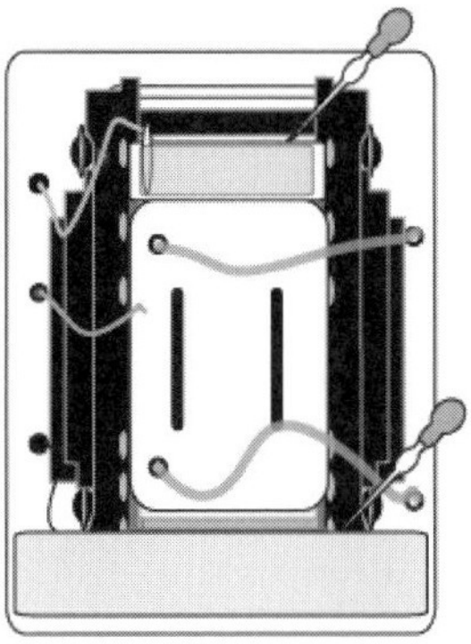

バッファー槽周辺にバッファーが飛び散らないように，丁寧に行う。結果に影響が出る場合がある。

図2-8-9

14)Pre-Runボタンを押し，メニューバーのWindowをクリックし，Statusを選択する。温度のメーターを見ながら，約20分間Pre-Runを行い，51℃になったのを確認する。

15)サイクルシーケンス後の乾燥サンプルにDye solutionを2～5 μl加え，タッピングした後，沸騰浴中で2分間熱処理し，氷冷する。

16)Pauseボタンを押し，ウェルを再度洗浄し，試料液を約1～2 μlウェルに注入する（図2-8-10）。上バッファー槽にカバーをセットして，ドアを確実に閉める。

17)Cancelボタンを押し，さらにRunボタンを押して泳動を開始する。

18)焼付け防止のため，Macのモニターを暗くする。

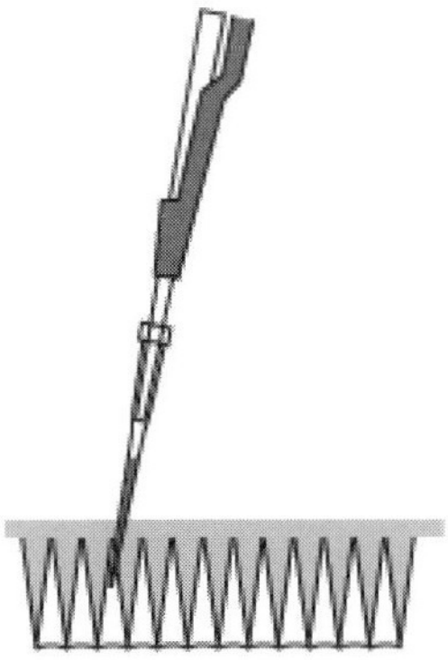

図2-8-10

データの解析・ゲル板の片付け

1) Macのハードディスク内のRunsフォルダ内にできた自分のサンプルフォルダを開き，Gel Fileをダブルクリックする（自動的に解析が始まる）。

2) 解析が終了すると同じフォルダ内にSample Fileが作成される。Sample Fileをダブルクリックで開き，データを確認する。エレクトロフェログラムデータ（図2-8-11）を見ながらデータを修正する（正確に読み取れていない箇所にカーソルを合わせクリックし，正しい塩基名をキーボードで入力する）。

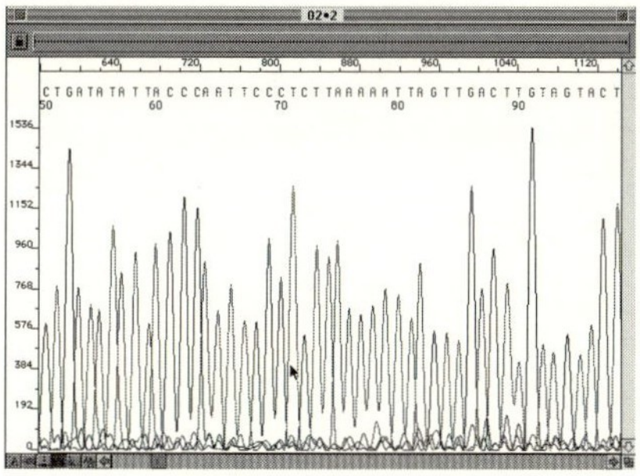

図2-8-11

3) きれいなエレクトロフェログラムデータが得られない場合は，Gel Fileを開き，画面上のトラックラインと泳動したバンドがきれいに重なっているかを確認し，重なっていない部分をマニュアル操作で修正する。修正したレーンは，Generate New Sample File（図2-8-12）で新たなサンプルファイルを作成する。

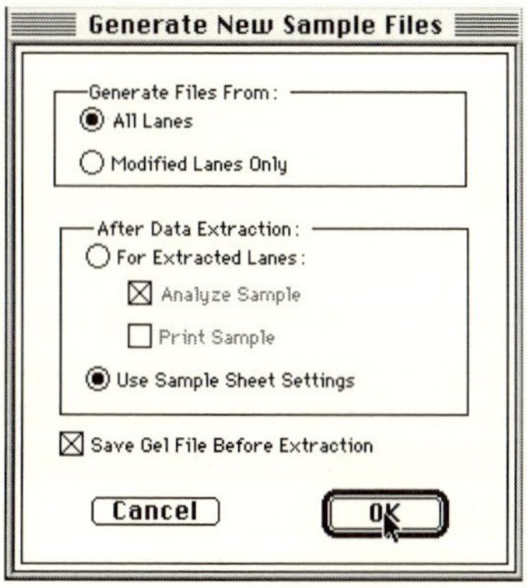

図2-8-12

4) 泳動終了後，シーケンサ本体正面の電源を切り，上バッファー槽をつけたまま，静かにゲル板カセットをはずし洗い場へ運び，下バッファー槽も同様に洗い場に運ぶ。

5) 先に記述した方法に従ってゲル板を洗う。

8.3　DNAシーケンサ（ABI310）

ABI PRISM 310 Genetic Analyzerは4色蛍光標識されたDNAフラグメントを内径50 μmのキャピラリ管の中で電気泳動を行い，蛍光をCCDカメラで検出する。キャピラリへのポリマーの充填は自動的に行われる。また，サンプルのローディングも自動的に行われ，分析ごとにキャピラリの洗浄が行われる。スラブゲルタイプのように，分析ごとにガラス板を洗浄したり，ゲルの作成をしたりという手間がかからないため，気軽にシーケンスをすることができる。キャピラリには，Long Read用とRapid用があり，前者は2時間45分で600塩基，後者は1時間で400塩基の塩基解析ができる。ここでは，ABI PRISM 310 Genetic Analyzerを用いたシーケンスについて紹介する。

準備するもの

試薬

- Performance Optimized Polymer 6 (POP6)
  冷蔵保存。使用前に室温に戻しておく。
- Template Suppression Reagent (TSR)
- Genetic Analyzer Buffer with EDTA
  1.3 mlの10×バッファーを超純水で13 mlにメスアップする。

機器・器具

- ABI PRISM 310 Genetic Analyzer
- キャピラリ (Rapid用)
- Geneticアナライザサンプルチューブ
- チューブセプタ
- サンプルトレー
- ガラスバイアル

Protocol

装置本体のセットアップ

1) ABI PRISM 310本体の電源を入れる。

2) Macの電源を入れ，ABI PRISM 310 Collectionを開く。

3) No.1のバイアルに入っているキャピラリの先端を電極の白金線より0.5mm下に合わせる（図2-8-13）。

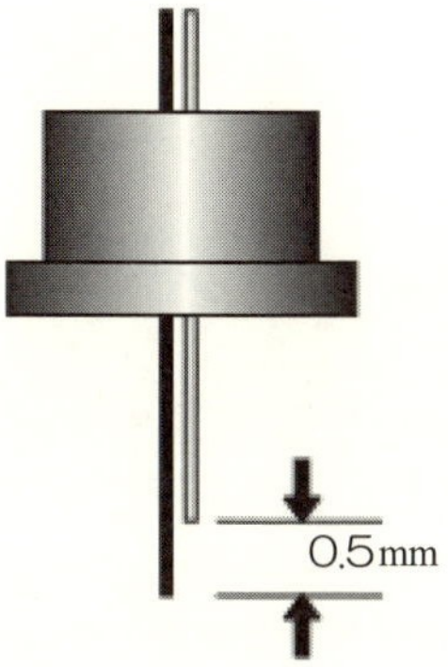

図2-8-13

4) レーザーディテクタドアを開け，キャピラリの検出部をエタノールで拭く（図2-8-14）。

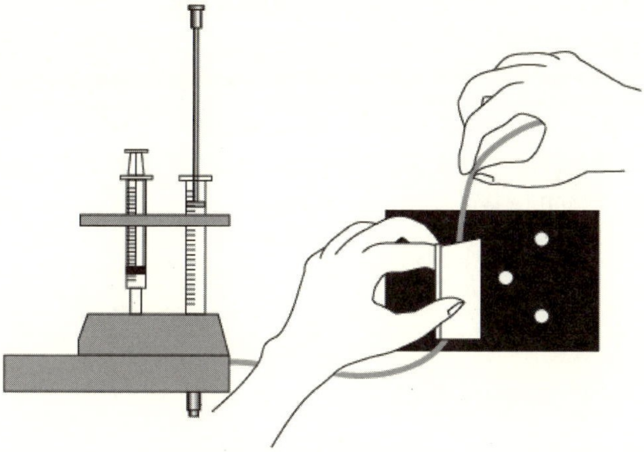

図2-8-14

5) メニューバーのWindowをクリック，Manual Controlを選択する。

6) FunctionからSyringe Homeを選択し，Executeをクリックする（図2-8-15）。シリンジホルダーを左によける。

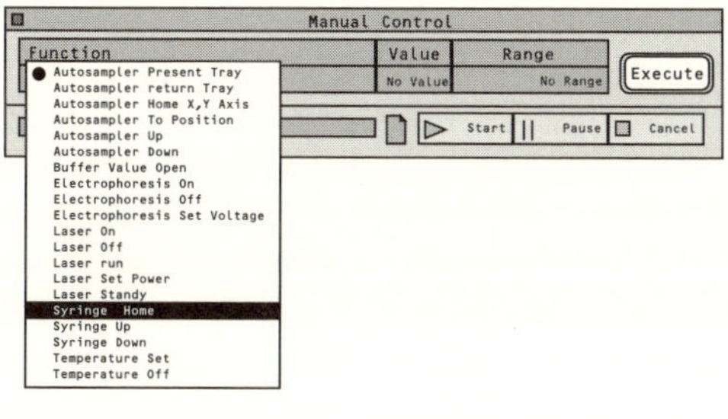

図2-8-15

7) FunctionからAutosampler Home X, Y Axisを選択し，Executeをクリックする。

8) FunctionからAutosampler Home Z Axisを選択し，Executeをクリックする。

9) キャピラリをバイアルNo.1に浸すために，FunctionからAutosampler To Positionを選択し，Valueの欄に1を入力し，Executeをクリックする（キャピラリがバイアルNo.1の上に移動する）。

10) 次にFunctionメニューからAutosampler Upを選択し，Valueの欄に400を入力し，Executeをクリックする（Autosamplerが上昇する）。

11) シリンジをはずし，POP6を充填する（図2-8-16）。

12) FunctionメニューからBuffer Valve Closeを選択し，Executeをクリックする。

13) 廃液バイアルのバルブを開け，シリンジを押して空気を追い出し（図2-8-17），廃液バルブを閉める。

14) ルアーバルブを手で開け，シリンジを押して空気を追い出し，再び，バルブを閉める。

15) 陰極側のバッファー槽（13ml）を外してから，FunctionメニューからBuffer Valve Openを選択して，Executeをクリックする。カチッと音がしたら，シリンジを押してラインの空気を押し出す。

16) FunctionメニューからBuffer Valve Closeを選択し，Executeをクリックする。

17) シリンジ内のPOP6が少なくなっていたら，10)からの操作を繰り返す。

18) 純水を入れたプラスチックシリンジをルアーフィッティングに装着し，同様に純水を入れ

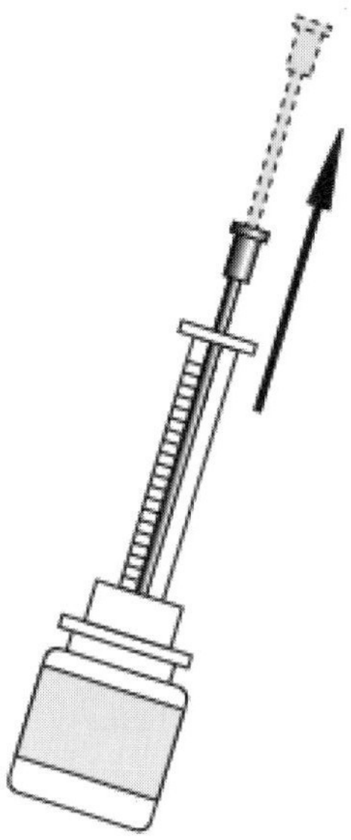

図2-8-16

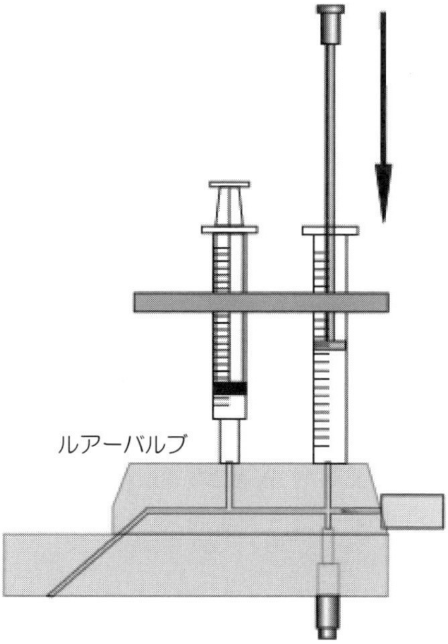

図2-8-17

た廃液バイアルを廃液バルブに取り付ける。

19) シリンジホルダーを右に戻し，Functionメニューから Syringe Down を選択し，Value 欄に 550 と入力し，Execute をクリックする。直ちに Function メニューから Syringe Up を選択し，Value が 5 になっているのを確認し，シリンジホルダー（図2-8-18）がプランジャーに接触しそうになったら，Execute をクリックする（ここで，シリンジホルダーの下降が止まる）。

20) Manual Controlのウインドウを閉じる。Genetic Analyzer バッファーポンプブロックのリザーバーに9mlおよび陽極側ガラスバイアルに4mlのバッファーを入れて，No.1 にセットする。No.2 のバイアルと No.3 の 1.5mlチューブに純水を約 1ml 入れてセットする。

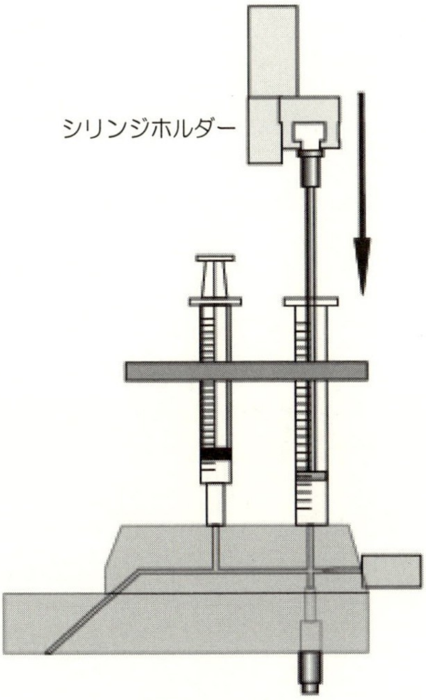

図2-8-18

シーケンスランのためのセットアップ

1) サイクルシーケンス後の乾燥Sampleに 20 μl の TSR を加え，タッピングした後，沸騰浴中で 2 分間熱処理し，氷冷する。

2) 溶液を Genetic アナライザサンプルチューブに移し，セプタでふたをする（図 2-8-19）。

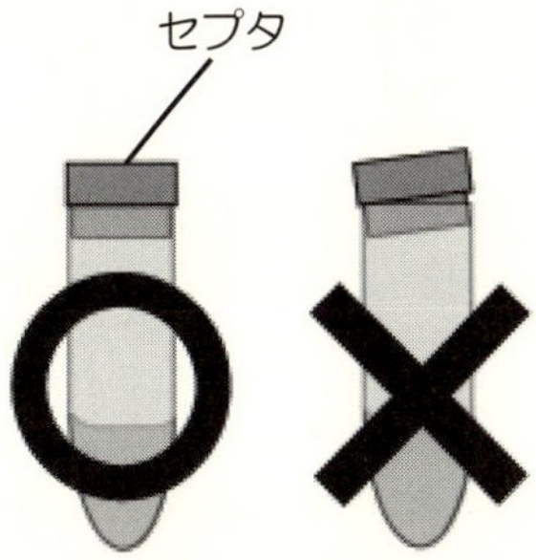

図2-8-19

3) メニューバーの「File」から，「New」を選択し，Sequence Sample Sheet 48 Tubeのアイコンをクリックしてサンプルシートウインドウを表示する。

4) A1, A3, A5のシート順に従ってサンプル名を入力していく。このとき，Dye Set/Primer が DT POP6{BDsetAny-Primer}であることを確認する。また，Matrix の欄は，dRhodamine であることを確認する（図 2-8-20）。

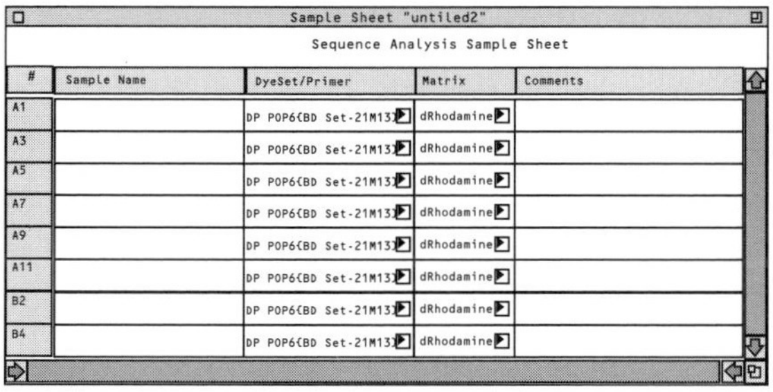

図2-8-20

5) Sample Sheetを閉じ，Saveをクリックして保存する。

6) ここで装置本体のTrayボタンを押し，Autosamplerを手前に出して，サンプルシートの順にセットしたサンプルトレーをホルダーの切り込み位置を確認してセットする。

7) メニューバーの「File」—「New」を選択してから，Sequence Injection Listのアイコンをクリックする。

8) リストの中から自分のSample Sheetを選択する。先に作成したシートが表示される。

9) ModuleはSeq POP6 Rapid (1mL) Eを選択する。

10) 装置の扉を閉め，Runボタンをクリックして泳動を開始する。

11) 焼付け防止のため，Macのモニターを暗くする。

12) 通常自動解析が設定されているので，バックグラウンドでSequence Analysisが立ち上がり，Sample Managerが開かれている。もし，開いていなければSequence AnalyzerのWindowメニューから，Show Sample Managerを選択する。Aチェックボックスが緑色になっていれば解析が完了している。無色の場合はAチェックボックスをチェックしてから，Startボタンをクリックし，解析させる。赤の場合は何らかの原因（データの不良など）で解析が不可能であったことを示す。

13) 解析の終了したSample Fileは，Runsフォルダの中の自分のサンプルフォルダの中に保存されているので，それぞれを開き，前述（→「8.2　DNA シーケンサ（ABI377)」データ解析参照）のように，データの修正を行う。

シーケンサのメンテナンス

● *ポンプブロックの洗浄*

1）陽極のバッファー槽，シリンジ，廃液バルブを取り外す。

2）ポンプブロックを手前に引っ張り，本体から取り外す。

3）水道水でポンプブロック内部を洗い,超純水で内部を流す。

4）よく乾かしてから，本体に取り付ける。

● *キャピラリの取り換え*

1）キャピラリフィッティングを緩め，キャピラリを外す。

2）新しいキャピラリを取り出し，検出部をエタノールで拭く。

3）キャピラリフィッティングを超純水で洗い，ポンプブロックに軽くねじ込んで，キャピラリの検出窓側の端を差し込む。

4）キャピラリフィッティングを手で締め付ける。このときキャピラリの先がポンプブロック内のラインの交差点からはみ出さないようにする（図 2-8-21)。

5）レーザーディテクタドアを開き，キャピラリのマークがレーザーディテクタプレート上部に合うように，溝にあわせてセットする（図 2-8-22)。

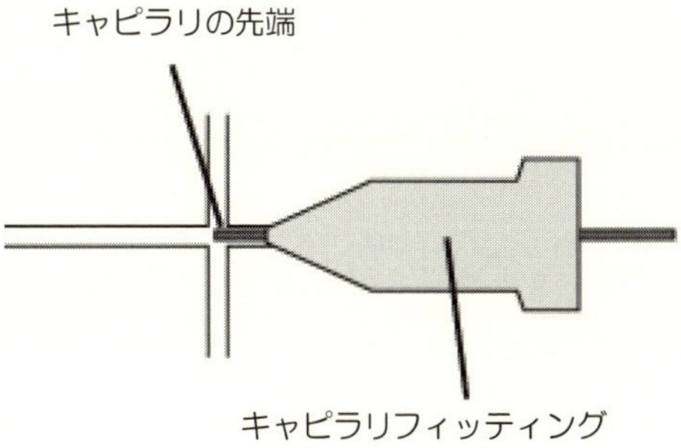

図2-8-21

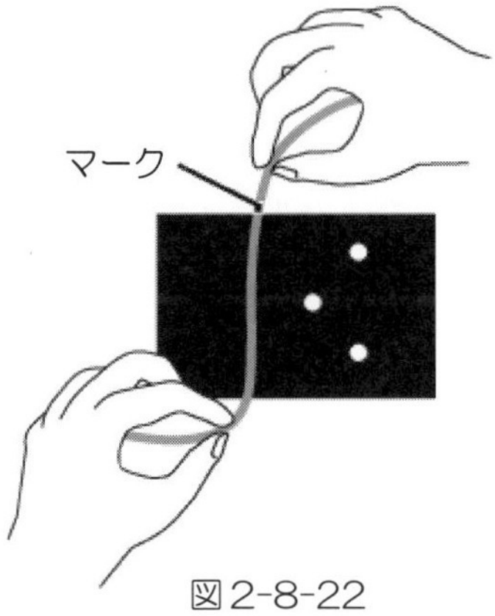

図2-8-22

6) レーザーディテクタドアを閉める。

7) 電極ネジにあるキャピラリ孔にキャピラリの末端を通し，白金電極より0.5mmくらい下になるようにテープで固定する。

8) ヒートプレートドアを閉める。

● *Autosamplerのキャリブレーション*

1) MacのABI PRISM 310 Collectionを開く。

2) Instrumentメニューから，Autosampler Calibrationを選択し，Autosampler CalibrationウインドウのStartをクリックする。

3) メッセージに従ってキャリブレーションを行う。このとき，キャピラリの先が，X,Y軸は銀色のポイントに合わせて，Z軸は銀色のポイントに触れるように合わせる（図2-8-23）。

4) 終了したらSetをクリックし，後部も行う。

5) 全部終了したらDoneをクリックする。

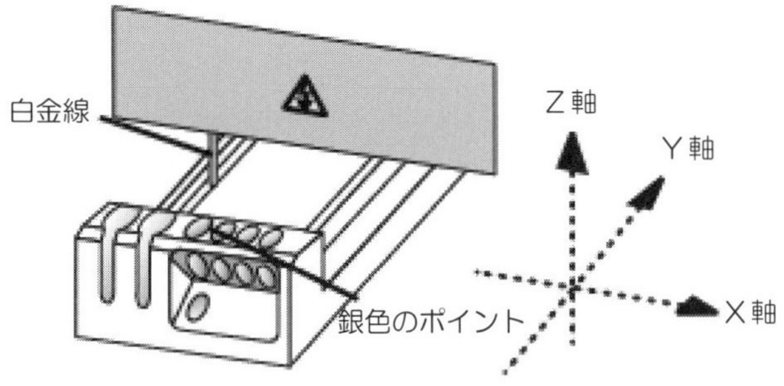

図2-8-23

8.4　データ解析（AssemblyLIGN™）

DNAの塩基配列はforwardおよびreverseプライマーを用いて両鎖の配列を読む。これを最終的に相補鎖のDNAとして重ね合わせて配列を分析する。また，長距離のDNAの塩基配列を解析する場合，いくつかの断片に分けてPCRにより増幅させ，その塩基配列を読み，最終的に重複する部分を重ね合わせることにより全体の配列を読むことが多い。こういった場合，目で見ただけで相補的，あるいは重複した配列を探し出すことは，非常に困難であるが，コンピュータを用いて解析すると非常に簡単である。DNAの塩基配列およびタンパク質のアミノ酸配列を分析するソフトは，インターネット上でのプログラムやWebサイトから有償あるいは無償でダウンロードできるソフトなど数多くあるが，本書では，Oxford Molecular社のMacVector™について紹介する。MacVector™に付属しているソフトAssemblyLIGN™は，DNA断片の配列の相補的，あるいは重複する部分を探し出し，並べたり，配列中のベクター配列の検出や除去を行うソフトである。ここでは，DNAシーケンサで分析されたDNA断片の塩基配列から長距離の配列に重ね合わせる方法を紹介する。

準備するもの

- Macintosh
  64K MacintoshまたはPower Macintosh, System 7.0以上, 8MB以上のメモリ, 2MB以上のハードディスク。
- MacVector™
  インストールの方法などは，付属の説明書を参照のこと。
- コピープロテクションデバイス
- 分析したい配列
  通常，DNAシーケンサの配列データはエレクトロフェログラムのほかにテキストファイルで保存される。このテキストファイルを使用する。

Protocol

1) Macの電源を入れ，AssemblyLIGNのアイコンをダブルクリックし起動させる。

2) Fileメニューから，New Projectを選択し，「Untitled」[*1]と書かれたウインドウを開く。

3) SequenceメニューからImport Fragmentを選択する。

4) 目的のテキストファイルあるいはMacVectorファイルを選択し，Addボタンをクリックする。選択したファイルは

[*1] 一度使用し名前をつけて保存したファイルの場合は，その名前が表示される。

Selected documents:に表示される。必要なファイルをすべて選択し終えたら，Done をクリックする（図 2-8-24)。

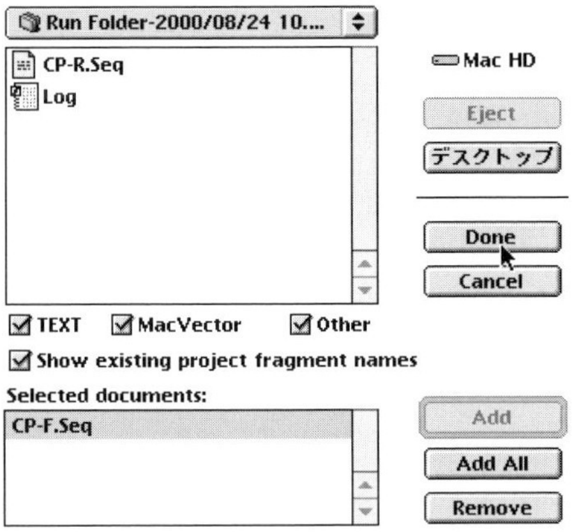

図2-8-24

5) ウインドウにそれぞれのファイルのアイコンが表示される。

6) アセンブルしたいファイルをすべて選択し，Projectメニューから Assemble を選択する[*2]。あるいは，1つずつアセンブルしたい場合は，1つのアイコンをアセンブルしたいファイルにドラッグする。アセンブルすると「Untitled Contig xx」のアイコンができる（図 2-8-25)。

*2　アセンブルの条件を変更したいときは，Projectメニューから Assembly Option を選択し，条件設定のウインドウを開く。

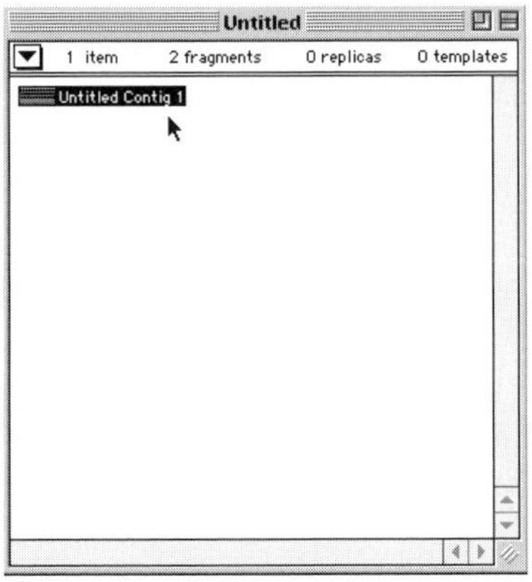

図2-8-25

7) アセンブルの結果は，それぞれのContigアイコンをダブルクリックして見ることができる。配列を表示する場合は，Contig Text Editorを用いて，表示したい箇所をポインタで指定する。

8) 配列の修正は，Contig Text Editor画面（図2-8-26）で行う。

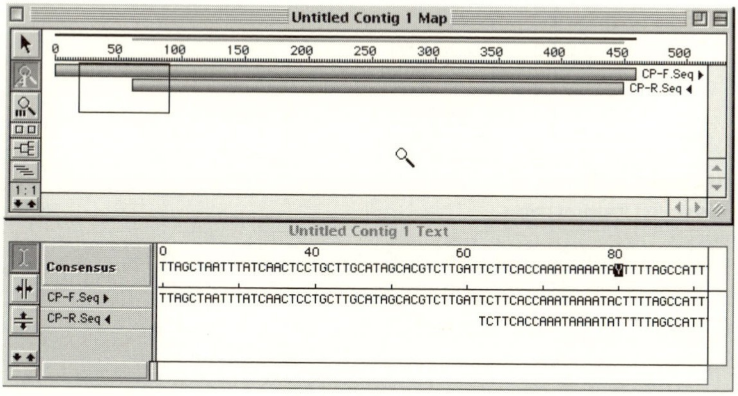

図2-8-26

8.5 塩基配列のトランスレーション

塩基配列が決定できたら，配列上からORF（Open Reading Frame）を検出し，アミノ酸配列への翻訳を行う。これにより，目的タンパク質の全アミノ酸配列を推定することができる。これらの操作をおこなうソフトウエアはいくつかあるが，ここでは，前項同様MacVector™を用いて行う方法を紹介する。

準備するもの

・Macintosh

64K MacintoshまたはPower Macintosh, System 7.0以上, 8MB以上のメモリ, 2MB以上のハードディスク。

・MacVector™

インストールの方法などは，付属の説明書を参照のこと。

・コピープロテクションデバイス

・分析したい配列

通常，DNAシーケンサの配列データはエレクトロフェログラムのほかにテキストファイルで保存される。このテキストファイルを使用する。

Protocol

MacVector の起動

1) Macの電源を入れ，MacVectorのアイコンをダブルクリックし起動させる。

2) 分析する塩基配列のファイルを開く（FileメニューのOpenから開くか，目的のファイルのアイコンをダブルクリックする）。

Open Reading Frameの解析

1) Analyzeメニューから Open Reading Frames を選択する。

2) 次の表を参考に，それぞれの項目を設定し，OKボタンをクリックする。

Search option...

Start/stop codons...	ORFを認識する条件を特に変更したい場合に，使用する。
Min. # of amino acid:	ORFとして認識する（変換後の）アミノ酸配列の最小値を記入する*1。
5’ end is a*2:	解析している配列の5’末端を仮に（start/stop codon）と設定する場合マークする。
3’ end is a*2:	解析している配列の3’末端を仮に（start/stop codon）と設定する場合マークする。
Fickett’s method...	FickettのTEST CODEアルゴリズムを利用したタンパク質コーディング領域の解析シミュレーションを行う。
Min.DNA length:	ORFをProtein Coding Regionとして認識する場合の核酸配列の最小値を記入する（最低200bpの値を設定する）。

*1　通常知られているタンパク質のアミノ酸配列は75残基以上である。しかし，特に短いペプチド配列や，真核生物のexonを検出したい場合は，20～25と短い値を設定する必要がある。

*2　解析している配列が長いORFの一部である場合，この設定をしておかないとMacVectorはstartまたはstopコドンが見つからないためORFを認識することができない。

Min.coding probability:	FickettのTEST CODEアルゴリズムに基づく数値をプルダウンメニューから選ぶ（0.92以上が一般にタンパク質をコードしている場合が多く，0.29以下の場合は，ほとんど可能性がない）。
Region...：	解析する配列の領域を指定する。

3）解析の実行後，結果出力の方法を問い合わせるダイアログボックスが表示される。以下の表を参考に結果の表示方法を設定し，OKボタンをクリックする。

List ORFs by:	ORFのリストを表示する場合に使用する。プルダウンメニューで，次のうちから並べ替える順番を選ぶ。
Position:	上流よりORFの検出された位置の順
Length:	ORFのサイズ順
ORF map:	グラフィックによるORF地図を表示する場合チェックする。
ORF-annotated sequence	ORFと変換アミノ酸を記載した配列を表示する場合チェックする。

4）解析結果が表示される。

塩基配列の翻訳

1）Analyzeメニューから Translationを選択する。

2）塩基配列翻訳のための条件設定を以下の表を参考に行い，OKボタンをクリックする。

Segment(s) to translate:	アミノ酸配列に翻訳する核酸配列の領域を設定する。テキストボックス内に，開始位置と終了位置の間をス

	ラッシュで区切って記入する。また，セミコロンで区切って続けて，複数のセグメントを設定することもできる。
Genetic code:	アミノ酸配列に翻訳する場合に使用するコドンテーブルを，プルダウンメニューから選択する。
Phase:	アミノ酸配列に翻訳する場合に，上のsegment(s) to translateで設定したセグメントがどのフレーム上にあるかを設定する。
Strand:	同様に設定したセグメントが正，負（相補鎖）のどちらに乗っているのかを設定する。
Create new protein:	チェックボックスをクリックした後，翻訳されたアミノ酸配列の名前を記入する。

Display (Option)...？

Codon Usage Table for "segment(s) to translase"：

翻訳されたアミノ酸配列のコドン構成表を作成する場合選択する。

Annotated sequence with translation:

変換アミノ酸とアノテーション情報を同時に記載した配列のウインドウを表示する場合選択する。

Region...：

表示する配列の領域を指定する。

3）解析結果が表示される。

9. ホモロジーサーチ

一次構造の解析を行う上で，インターネット上の情報なくして研究ができないといっても過言ではない。現在では，GenBank/DDBJ/EMBL/SwissProtなどといったいくつかのデータベースが存在するが，これらは，互いにデータ交換がされており，アメリカのNCBI（http://www.ncbi.nlm.nih.gov/），日本のゲノムネットWWWサーバー（http://www.genome.ad.jp/）などのバイオインフォマティックサーバを通じて，遺伝子の塩基配列·タンパク質のアミノ酸配列などの一次構造，これらの情報にかかわる参考文献等の情報を簡単に手に入れることができる。ホモロジー検索は，配列全体の変異の度合いを定量化することにより，その配列が共通祖先から由来しているかどうかを判断する。すなわち，似ている点を総合的に判断して，遺伝子の類似性を判断するのがホモロジー検索である。ホモロジー検索では，多少の突然変異が起きていても同一の先祖から派生した遺伝子は似た配列として扱う必要がある。このため，動的計画法のようなあいまいな照合を行うアルゴリズムが使用されている。ただし，動的計算法では計算時間がかかるため，最近ではBLAST法やFASTA法といった高速な検索アルゴリズムが主流となっている。ここでは，アメリカバイオテクノロジー情報センターNCBIのBLAST Searchおよび京都大学のゲノムネットWWWサーバーのFASTAによる塩基配列·アミノ酸配列のホモロジー検索について説明する。

9.1 BLAST Search

相同性のあるアミノ酸配列を並べて比較すると対応するアミノ酸配列がない部分が生じることがある。これをギャップという。これは，もとのアミノ酸配列からアミノ酸が抜けた「欠損」や余分なアミノ酸が付け加わった「挿入」により生じると考えられている。しかし，アミノ酸配列や塩基配列のホモロジーサーチにこのギャップを使うと計算に時間がかかってしまう。BLAST法では，配列データにギャップの挿入を行わずに局所的によく一致する部位を検索する。BLAST法の基本的な検索原理は以下のようである。はじめに問い合わせ配列の内容を固定長の「語」に分解する。語の長さは，標準的にはアミノ酸配列では4残基，塩基配列では11塩基である。例えば検索したいアミノ酸配列がHIDMKLMという文字列を含んでいるとする。この文字列をHIDM，IDMK，MKLMという語に分解する。次にこれらの語と類似度が，ある閾値を越える語のリストを生成する。類似度の計算はBLOSAM62とよばれる置換行列（Matrix）を用いる。置換行列とは，対応する2つのアミノ酸の間での変異のコストを近似的に計算するために作られた表である（例えばアミノ酸に変異がなければ高いスコアを与え，性質が同じアミノ酸同士には中くらいのスコア，性質が異なるアミノ酸同士には低いスコアを与えるというもの）。このようにして生成したリスト中の語がデータベース中の配列の中の語と一致するものが見つかると，その語を前後に伸長させる。

このように短い断片の配列から高スコア断片を検索するBLAST法では，ギャップを許してしまうと高い一致度を持つ配列を作為的に作ることができてしまう。ギャップを禁止することで検索を高速化するためだけではなく，作為的な断片が検索結果に混入することも避けている。しかし，実際に，挿入や欠損が起きている配列は検索結果からもれてしまうことになる。この問題を解決するためにギャップつきBLAST法が発表されている。また，ほかにもBLAST法には，さまざまな改良法が発表されている。ここでは，アメリカバイオテクノロジー情報センターのサーバーNCBIが提供するBLAST Searchでの，Standard BLASTについて紹介する。

準備するもの

- インターネット接続が可能なコンピュータ環境
  MacでもIBM PC/AT互換機でもどちらでもかまわない。
- WWWブラウザソフト
  Internet Explorer，Netscape Navigatorなど
- 検索したい配列データ（アミノ酸配列，塩基配列）

Protocol

1）パソコンの電源を入れる。

2）WWWブラウザソフトを起動する。

3）URLの欄に「http://www.ncbi.nlm.nih.gov/BLAST」を入力し，Enterを押す。

4）塩基配列の検索の場合はStandard nucleotide-nucleotide BLAST [blastn]をクリック，アミノ酸配列の検索の場合はStandard protein-protein BLAST [blastp]をクリックする（図2-9-1）。

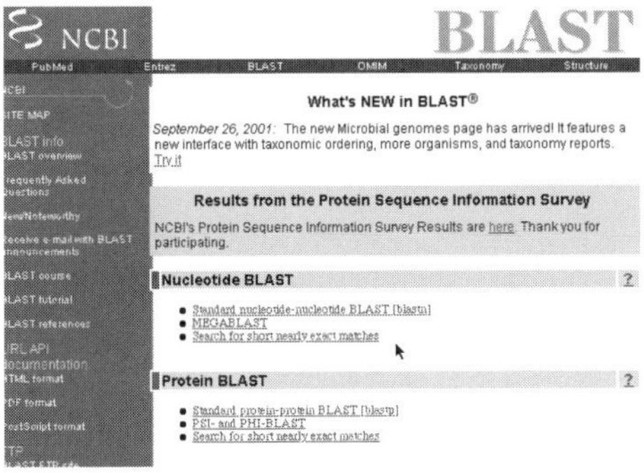

図2-9-1

5) searchの欄に，配列データを入力する*1。

6) 必要に応じて，以下の表を参考に詳細な設定を行う*2。

Set subsequence:	Searchに記入した配列中で検索する領域を指定する。
Choose database:	使用するデータベースを選択する。
Limit by Entrez Query: or select from:	生物名(学名)やタンパク質名を使用して検索結果を絞り込む。 絞り込むための学名をプルダウンメニューから選択する。
Send results by e-mail:	検索結果を電子メールで受けたいときはメールアドレスを記入する。

7) すべてが入力できたらBLAST!をクリックする（図2-9-2)。

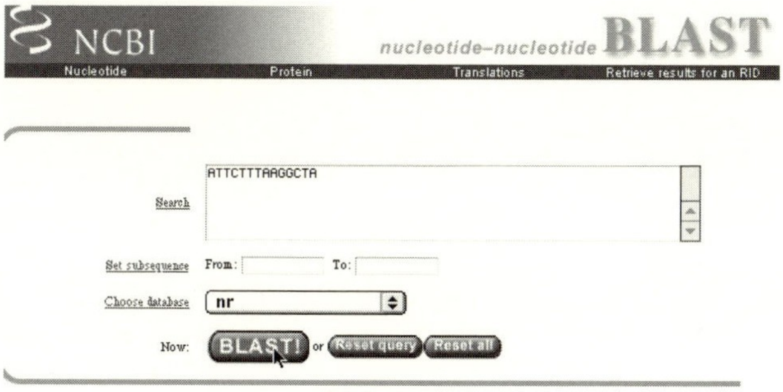

図2-9-2

8) Formatをクリックする。

9) 検索結果が表示される。

10) 画面をスクロールすると，アライメントを見ることができる。

11) 画面上のリンクをクリックすると，ヒットした配列の詳しい情報を見ることができる。

12) さらに，リンクしていくと関連する論文なども検索できる。

*1 MacVectorファイルの配列データをコピーし貼り付け（ペースト）するか，1文字ずつキーボードから入力する。

*2 ほかにも設定する項目があるが，ほとんどの場合変更の必要はない。それらの項目の詳しい情報は，ホームページのHELPを参照のこと。

9.2 FASTA

FASTA（ファストエー）法はドットマトリックス法と動的計画法を組み合せた方法で，弱いホモロジーを持つ配列でも比較的高速に検索できるという利点がある。BLAST法ほどは高速でないが，信頼性の点ではBLAST法よりも高い。ドットマトリックス法とは，問い合わせ配列とデータベース中の配列の間で，一致する要素をプロットした二次元マトリックスである。ドットマトリックスの単位数はk文字とする。通常は，kの値を1あるいは2とする。ドットマトリックスが得られると，次に，一致部位を中心にして局所的に強く一致している部分を求めて，マッチングの初期領域とする。最後に初期領域の中から最良の組み合わせを選び，その周辺に対して動的計画法によるアライメントを行う。これにより，ギャップの処理を行うことができる。FASTA法はBLAST法よりも時間はかかるが，弱い相同性を持つ配列でも検索することができるので，著者はまずBLAST法で検索し，それでも相同性の高い配列が見つからないときはFASTA法を使うようにしている。ここでは，京都大学のゲノムネットWWWサーバーの提供するFASTAについて紹介する。

準備するもの

- インターネット接続が可能なコンピュータ環境
  Macでも IBM PC/AT互換機でもどちらでもかまわない。
- WWWブラウザソフト
  Internet Explorer，Netscape Navigatorなど。
- 検索したい配列データ（アミノ酸配列，塩基配列）

Protocol

1）パソコンの電源を入れる。

2）WWWブラウザソフトを起動する。

3）URLの欄に「http://fasta.genome.ad.jp」を入力し，Enterを押す。

4）quick access tableをクリックし，使用するプログラムとデータベースを選択する（図2-9-3）。

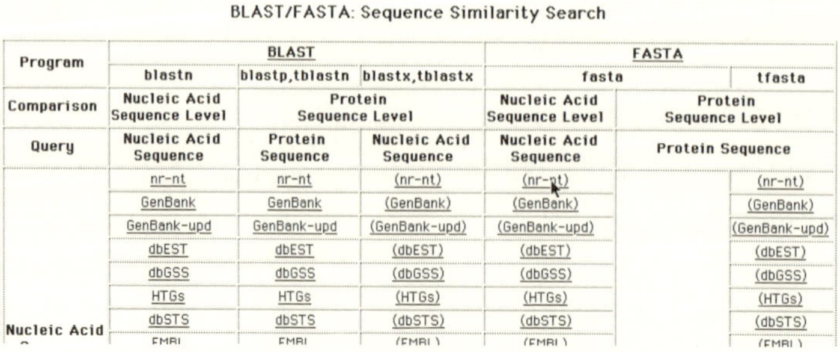

BLAST/FASTA: Sequence Similarity Search

Program	BLAST			FASTA		
	blastn	blastp,tblastn	blastx,tblastx	fasta		tfasta
Comparison	Nucleic Acid Sequence Level	Protein Sequence Level		Nucleic Acid Sequence Level	Protein Sequence Level	
Query	Nucleic Acid Sequence	Protein Sequence	Nucleic Acid Sequence	Nucleic Acid Sequence	Protein Sequence	
	nr-nt	nr-nt	(nr-nt)	(nr-nt)		(nr-nt)
	GenBank	GenBank	(GenBank)	(GenBank)		(GenBank)
	GenBank-upd	GenBank-upd	(GenBank-upd)	(GenBank-upd)		(GenBank-upd)
	dbEST	dbEST	(dbEST)	(dbEST)		(dbEST)
	dbGSS	dbGSS	(dbGSS)	(dbGSS)		(dbGSS)
	HTGs	HTGs	(HTGs)	(HTGs)		(HTGs)
Nucleic Acid	dbSTS	dbSTS	(dbSTS)	(dbSTS)		(dbSTS)
	EMBL	EMBL	(EMBL)	(EMBL)		(EMBL)

図2-9-3

5) Enter your query sequence below (copy & paste):の欄に，シーケンスデータを入力する*1。

6) 検索結果を電子メールで受け取りたい場合は，E-mail--enter return adress correctly:の欄にアドレスを入力する*2。

7) 入力した内容を送信する場合は，Execボタンをクリックする。内容をすべて消去する場合はClearボタンをクリックする（図2-9-4）。

*1 MacVectorファイルの配列データをコピーし貼り付け（ペースト）するか，1文字ずつキーボードから入力する。

*2 ほかにも設定する項目があるが，ほとんどの場合変更の必要はない。それらの項目の詳しい情報は，ホームページのHELPを参照のこと。

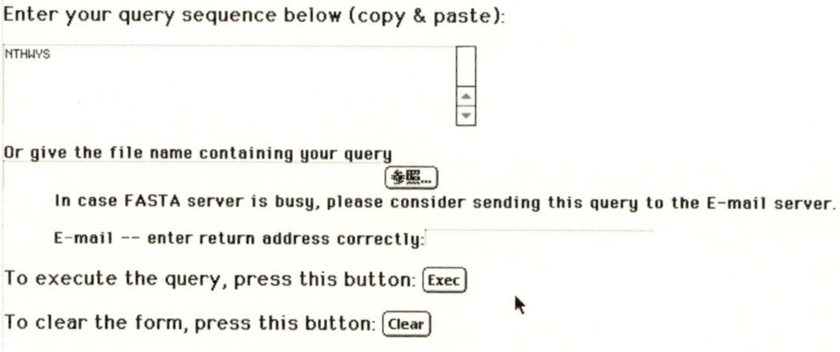

図2-9-4

8) 検索結果が表示される。

9) 画面をスクロールすると，アライメントを見ることができる。

10) 画面上のリンクをクリックすると，ヒットした配列の詳しい情報を見ることができる。

11) さらに，リンクしていくと関連する論文なども検索できる。

10. DIGシステムによる核酸の検出

ゲノミックDNAやRNAの解析を行う上で，その手段としてハイブリダイゼーションが広く用いられている。このとき，目的の配列と相補的な配列を持つ核酸を用いて認識する。この核酸が「プローブ」である。プローブの標識は，放射性同位元素（radioisotope: RI）を用いることが一般的であった。しかしながら，RIの取り扱いは危険で，特殊な施設を必要とする。近年，RIを用いないで核酸を標識し検出するシステムとして，DIGシステムが普及している。DIGシステムは，ジゴキシゲニンを含むヌクレオチドを用いてオリゴヌクレオチドを作製しこれをプローブとして用いる。また，ハイブリダイズしたプローブの検出は，ウエスタンブロッティングのシグナルを検出する方法と同じ方法を用いる。すなわち，目的とする核酸とハイブリダイズしたDIGラベルプローブとアルカリホスファターゼ標識抗ジゴキシゲニン抗体とを反応させる。アルカリホスファターゼの基質を反応させて，発色ないし化学発光反応によりシグナルを検出する。ここでは，ロシュ社のDIGシステムによる核酸の検出法について紹介する。

10.1 核酸の標識

DIGシステムを利用してDNAプローブのラベルを行うには，種々の方法がある。一方，RNAプローブは，*in vitro*トランスクリプションを行ってラベルする。ここでは，DNAのラベリング法として，PCRによりDIGを取り込ませる方法を紹介する。

PCRによるDIGの取り込み

この方法は，鋳型DNAの目的の配列を持つ領域をPCRによって増幅させるときにdATP, dGTP, dCTPとともにDIG-11-dUTPを混在させ，プローブとなるDNAを標識する方法である（図2-10-1）。

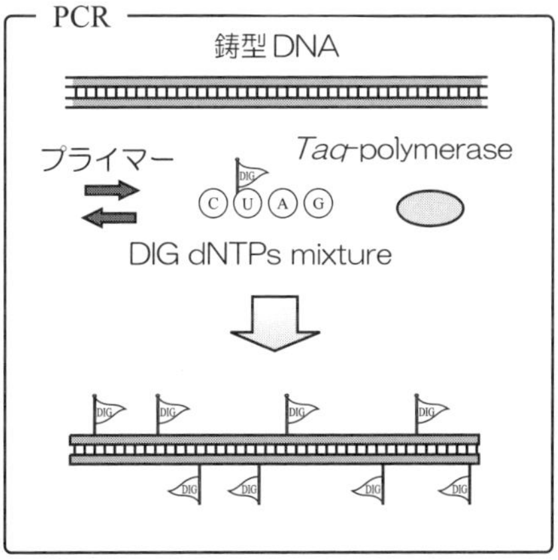

図2-10-1

準備するもの

試薬

・PCR DIG Labeling Mix（ロシュ社）
・鋳型 DNA
・プライマー
・Gene *Taq*-Polymease（NIPPON GENE）
・TaKaRa EasyTrap Ver.2（宝酒造社）
・10 ×バッファー（Gene *Taq* - Polymerase に添付）

機器・器具

・サーマルサイクラー

Protocol

1）以下のように反応液を調製し，PCR を行う。

（反応液と反応の設定例）

鋳型 DNA	X μl*1
PCR DIG Labeling Mix	4 μl
Taq-Polymerase	0.2 μl
10 ×バッファー	5 μl
プライマー（forward）(10 pmol/ μl)	2.5 μl
プライマー（reverse）(10 pmol/ μl)	2.5 μl

滅菌超純水で 50 μl にする。

*1　DNA の濃度によって量を変える。

Pre-heat	94℃	5 min.
Denaturation	92℃	1 min.
Annealing	55℃	1 min.
Extension	74℃	1 min.
Final extension	74℃	5 min.

サイクル数　35

2）アガロースゲル電気泳動によってプローブDNAを分離する。

3）EasyTrap を用いて DNA を抽出する。

10.2　サザンハイブリダイゼーション

サザンハイブリダイゼーションは，特定の配列を持つ DNA を検出する方法として有効な手段である。サザンハイブリダイゼーションの名はDNAのニトロセルロースフィルターへのトランスファーの方法を発表したE. M. Southernの名にちなんで名付けられた。ちなみにRNAをトランスファーする方法はSouthernの逆であるNorthernと名付けられ，さらにタンパク質のトランスファーはWesternと名付けられた。

DNAを数種の制限酵素で消化した後，断片をアガロースゲル電気泳動で分離し，アルカリ溶液に浸してゲル中のDNAを変性させる。メンブレンに転写して固定化させ，メンブレン上のDNAを特異的なプローブを用いて検出する。

準備するもの

試薬

- 制限酵素
- 鋳型DNA
- PCI
- 冷却100％エタノール
- 冷却70％エタノール
- サイズマーカー：DNA molecular weight marker Ⅲ，digoxigenin-labeled（ロシュ社）
- 1.25％アガロースゲル（100×150×5mm）（→「5．1アガロースゲルの作製」参照）
- アルカリ溶液（0.5M NaOH + 1.5M NaCl; 100ml）
- 0.5M Tris-HCl（pH 8.0）+ 0.15M NaCl（200ml）
- (20×) SSC
- ろ紙：3MM Chr（Whatman）
- ナイロンメンブレン：Hybond-N+（アマシャムバイオサイエンス社）
- ペーパータオル
- PerfectHyb™（東洋紡）
- (2×)SSC + 0.1% SDS（200ml）
- (0.1×)SSC + 0.1% SDS（200ml）
- DIG Nucleic Acid Detection Kit（ロシュ社）
- バッファー1
  0.1M マレイン酸 + 0.15M NaClを8M NaOHでpH 7.5に調整し，オートクレーブ処理をする。少なくとも2l作製する。あるいは，0.1M Tris-HCl (pH 7.5) + 0.1M NaClでも可能。
- Blocking Stock Solution（10％）
  Blocking試薬（キット vial 3）10gをバッファー1で100mlになるように加熱溶解し，オートクレーブ滅菌する。4℃または－20℃で保存する。
- バッファー2
  10mlのBlocking Stock Solution (10％)を90mlのバッファー1と混合し，1％溶液とする。
- 希釈抗体溶液
  4 μlの抗体溶液（キット vial 3）を20mlのバッファー2で希釈する。用事調製する。
- 洗浄バッファー
  3gのTween-20を1lのバッファー1に溶解する。
- 検出バッファー
  0.1M Tris-HCl (pH 9.5) + 0.1M NaCl + 0.05M $MgCl_2$を作製する。このとき，試薬は一度に混ぜない（そうしないと白色沈殿が生じてしまう）。

・発色溶液

10 m*l* の検出バッファーに 200 μ*l* の NBT/BCIP Stock（キット vial 4）を加える。用事調製する。

・TE バッファー

10 mM Tris-HCl (pH 8.0) + 1 mM EDTA を 500 m*l* 作製する。

機器・器具

・インキュベーター
・減圧乾燥機
・電気泳動槽
・タッパーウエアー（ゲルが入る程度のもの）
・バット
・トランスイルミネーター
・ハイブリダイゼーションバッグ
・ポリシーラー

Protocol

制限酵素によるDNA消化

1）以下のように反応液を調製し，37℃で1時間インキュベートする。

鋳型 DNA	10 μg
制限酵素	100 units
(10 ×) バッファー	10 μ*l*
0.1% BSA*1	
滅菌超純水で 100 μ*l* にする。	

*1　必要に応じて加える。

2）20 units の制限酵素をさらに加え，37℃で 30 分間インキュベートする。

3）PCI 抽出し，エタノール沈殿する。

4）減圧乾燥し，10 μ*l* の滅菌超純水で溶解する。

アガロースゲル電気泳動・ブロッティング

1）制限酵素で消化した DNA と DIG ラベルされたサイズマーカーをアガロースゲル電気泳動する（50 V の定電圧で 2 時間）。

2）エチブロで染色し，写真をとる。

3）タッパーウェアーにゲルとアルカリ溶液 100 m*l* を入れ，室温で30分間静かに振盪する。

4) ゲルを脱イオン水で洗浄後，100m*l*の0.5M Tris-HCl（pH 8.0）+ 0.15M NaClで30分間静かに振盪する。振盪後，この操作をもう一度繰り返す。

5) 電気泳動に用いたゲル作製プレートをバットの中に逆さまにして置き，プレートよりも少し長く切ったろ紙をプレート上にのせる。バットに(20×)SSCを入れ，ろ紙全体が濡れるようにし，ろ紙の上に泡が入らないようにゲルを置く。

6) ゲルとまったく同じ大きさに切ったHybond-N+メンブレンをゲルの上に置く（泡が入らないように）。

7) 3枚のろ紙（ゲルと同じ大きさ）をメンブレンの上にのせ，ゲルと同じ大きさに折ったペーパータオルを高さが約10cmくらいになるようにのせ，ガラス板を置き，約1kgの重りをのせる。

8) バットをサランラップで覆い(蒸発を防ぐため)，一晩ブロットする（図2-10-2）。

9) ブロットが終了したら，トランスイルミネーターを用いて，紫外線を10秒間照射する。

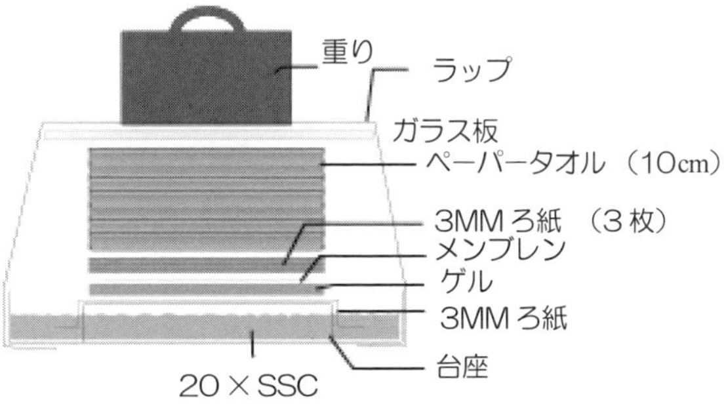

図2-10-2

ハイブリダイゼーション

1) メンブレンを20m*l*の(3×)SSCとともにハイブリダイゼーションバッグに入れ，55～65℃で30分間インキュベートする*2（図2-10-3）。

2) バッグを開け，(3×)SSCを捨て，10m*l*のプレハイブリダイゼーション溶液を入れ，55～65℃で2時間インキュベートする。

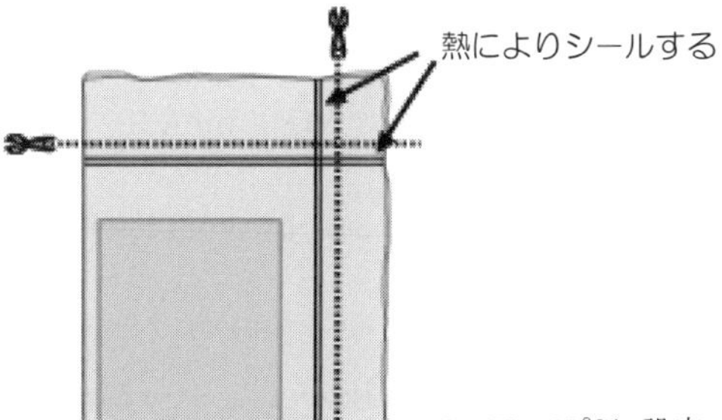

図2-10-3

*2　55～65℃に設定したウォーターバスの中に入れ，振盪する。

3）バッグを開け，5 μlのDNAプローブ*3を入れ，55～65℃で一晩インキュベートする。

*3 沸騰浴中で10分間熱処理した後，氷中で急冷したもの。

4）タッパーウエアーにメンブレンを入れ，100 mlの(2×)SSC+0.1% SDSで2回洗浄する（室温，5分間)。

5）100 mlの(0.1×)SSC + 0.1% SDSで2回洗浄する（55～65℃，15分間)。

6）メンブレンをペーパータオルで拭く。

DIGラベルの検出

1）メンブレンをタッパーウエアーに入れる。

2）洗浄バッファー約100 mlでメンブレンを洗う（1分間程度)。

3）約100 mlのバッファー2に30分間浸す。

4）メンブレンを20 mlの希釈抗体液に30分間浸す。

5）希釈抗体液を捨て，100 mlの洗浄バッファーで15分間，2回激しく洗浄する。

6）20 mlの検出バッファーで2分間，メンブレンを平衡化する。

7）冷暗所で10 mlの発色溶液に浸す。十分な発色が得られるまで，絶対に攪拌してはならない*4。

8）反応を停止するため，50 mlのTEバッファーで5分間洗浄する。

*4 通常数分～数時間，場合によっては一晩。

10）ろ紙にメンブレンを貼り付け，湿った状態で写真をとる。

11）室温で乾燥し，サランラップで覆い，暗所で保存する。若干退色するが，TEバッファーに浸すと回復する。

10.3 ノーザンハイブリダイゼーション

核酸を検出する方法として,RNAの検出にはノーザンハイブリダイゼーションが広く用いられている。ノーザンハイブリダイゼーションはRNAを用いることと電気泳動に変性ゲルを用いること以外はサザンハイブリダイゼーションとほぼ変わりがない。RNAは一本鎖のため,分子内の塩基どうしで水素結合をつくり複雑な高次構造を取ってしまうため,通常のアガロースゲル電気泳動では各RNA分子のサイズに応じた移動度を示さない。しかし,RNAをホルムアルデヒドやグリオキサールなどといった変性剤の入ったゲルで電気泳動することで,各RNAに分子サイズに応じた移動度をもたせることができる。これをメンブレンにトランスファーし,ラベルした目的遺伝子のDNA断片をプローブとしてハイブリダイズさせることで,目的遺伝子がサンプルRNA中に存在するかどうか,発現量はどうか,またそのサイズはどれくらいかなどを確認することができる。なお,ノーザンブロットのハイブリダイゼーション以降の操作は,サザンハイブリダイゼーションとほぼ同じなので省略する。

準備するもの

試薬

- Total RNA溶液（→「4. 核酸の抽出」参照）
- (10×) MOPS
- アガロース粉末
- DEPC処理水（→「1. 2 RNAの取り扱い」参照）
- ホルムアミド（deionized）
- ホルムアルデヒド
- サイズマーカー：RNA molecular weight marker Ⅱ, digoxigenin-labeled（ロシュ社）
  5 μlずつ分注し,－20℃で保存する。
- (20×) SSC
- ろ紙：3MM Chr（Whatman）
- ナイロンメンブレン：Hybond-N+（アマシャムバイオサイエンス社）
- ペーパータオル
- サザンハイブリダイゼーションで使用する試薬

機器・器具

- インキュベーター
- 電気泳動槽
- タッパーウエアー
- バット
- トランスイルミネーター
- ハイブリダイゼーションバッグ
- ポリシーラー

Protocol

変性ゲルを用いたアガロースゲル電気泳動

1）以下のものを電子レンジで溶解し，50℃くらいまで冷ます。

液量	150ml	250ml
10 × MOPS	15ml	25ml
アガロース	1.2g	2g
DEPC 処理水	112.5ml	187.5ml

2）50℃に保温しておいた40%ホルムアルデヒド25.5ml（150ml gel）あるいは，42.5ml（250ml gel）を加える。

3）ゲル作製槽に流し込む（→「5.1アガロースゲルの作製」参照）。

4）以下の溶液を調製し，65℃で5分間インキュベートする[*1]（マーカーには何も加えず，65℃で15分間インキュベートする）。

RNA 溶液	X μl[*2]
ホルムアミド	12.5 μl
10 × MOPS	2.5 μl
ホルムアルデヒド	4 μl

DEPC 処理水で 25 μl にする。

6）氷中で急冷する。

7）（1 ×）MOPS を用いて，100V の定電圧で電気泳動する。

*1　サンプルは2つずつ用意し，一方をエチブロ染色する。

*2　RNA量が0.5～10 μg になるようにする。

ブロッティング

1）アルカリ処理を行わずにメンブレンへブロットする。

2）以降はサザンハイブリダイゼーションと同じ。

Chapter 3
タンパク質構造解析編

1. タンパク質の取り扱い

タンパク質（protein）は生物学，化学，医学などの分野においてその重要性が注目されてきている。タンパク質の種類は多種多様で，そのため必然的にその実験も非常に多様である。しかし，タンパク質は非常にデリケートな面を多く持っており，その取り扱いにはタンパク質の基本的性質や実験におけるいくつかの注意点などを知っておかなければならない。これらのことをどれだけ知っているかが実験の成否を左右すると言っても決して過言ではない。本項では最低限知っておかなければならないタンパク質の性質や実験においての注意点を述べる。

1.1　タンパク質実験での注意点

タンパク質は，約20種類のアミノ酸が直鎖状に結合した高分子化合物である。しかし，すべてのタンパク質は，特定の立体構造を持ってはじめて固有の機能を果たすことができる。したがって，タンパク質の生理活性を調べるためには，変性やプロテアーゼによる分解を最小限に抑えなければならない。多くのタンパク質は熱，pH，変性剤などによって変性し失活する。そのため次の点について十分に注意する必要がある。

◆ 低温（1～5℃）で処理する。

◆ できるだけ短時間で処理する。

◆ 安定pHに保つ。

◆ 安定化試薬を添加する（→「1.2　タンパク質の安定化」参照）。

◆ プロテアーゼ阻害剤を添加する（→「1.2　タンパク質の安定化」 参照）。

◆ 激しい攪拌などを行わない。泡立てない。

◆ 長期保存の場合は凍結保存する。

1.2　タンパク質の安定化

前項でも述べたように精製過程においてタンパク質は熱，pH，プロテアーゼ等の影響により失活してしまうことがしばしばある。これは，タンパク質の構造が変化してしまいその機能が失われてしまうことによる。すなわち，このことはタンパク質の高次構造がその機能発現に密接した関係にあることを示す。タンパク質は構造変化を起こすと簡単には元に戻らない性質を持っており，この点で大きく核酸とは異なっており，タンパク質の精製が核酸のそれと比較して困難である要因の1つであろう。

タンパク質の構造には4つの階層がある（図3-1-1）。タンパク質は，アミノ酸が直鎖状に並んだ分子であり，この並び方を一次構造という。アミノ酸が結合してできたポリペプチドは，折れ曲がりやらせんを形成する。これらの比較的近いペプチド間の構造を二次構造という。さらにこれらの二次構造は，ジスルフィド結合，水素結合，疎水結合，イオン結合などの結合力によってさらに離れたアミノ酸残基が結合し，大きな構造をと

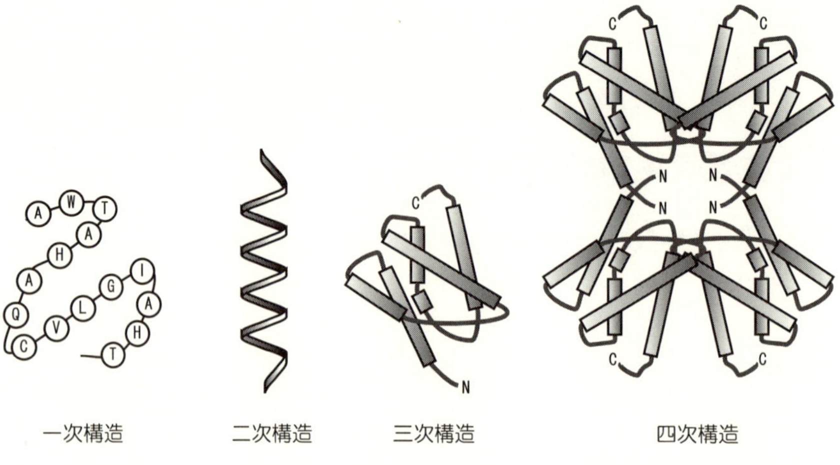

図3-1-1

るようになる。これを三次構造という。四次構造は，2つ以上のサブユニットからなるタンパク質のサブユニットの会合のことを指す。これらの構造をとることでタンパク質はその機能を果たす。タンパク質の精製では，これらの構造を安定にしたまま行う必要がある。ここでは，タンパク質の安定化のために用いる試薬について述べる。

防腐剤

精製標品の滅菌はろ過滅菌すればよいが，精製途中の標品やカラムの担体などを無菌的に扱うには防腐剤の添加が必要になる。タンパク質溶液あるいはカラムの担体の防腐剤として一般的にアジ化ナトリウム（使用濃度0.05～0.1%）が用いられてきたが，重金属と反応して爆発性の塩を形成するため廃液処理の問題が残る。そのため，現在，カラムの担体の保存にはエタノール（20%）が広く用いられている。

プロテアーゼ阻害剤

生物組織中には多種のプロテアーゼが含まれる。精製過程において抽出から精製初期の段階においては，このプロテアーゼの存在により，目的タンパク質が断片化してしまうことがある。また，多くのタンパク質は分子量の大きな前駆体タンパク質として合成されたのち，特定のプロテアーゼによってプロセシングを受けて，活性を持つタンパク質に成熟化する。このような機構を解析する上で，精製途中におけるタンパク分解は致命的な誤解を招くことになりかねない。そこで，組織中からタンパク質を抽出する際には，プロテアーゼ阻害剤を添加する必要がある。

プロテアーゼにはその活性基の違いにより，4つのグループに分けられる。セリン，ヒスチジン，アスパラギン酸残基の3残基を活性基とするセリンプロテアーゼ，システイン，ヒスチジン，アスパラギン酸残基の3残基を活性基とするシステインプロテアーゼ，アスパラギン酸を活性基とするアスパラギン酸プロテアーゼ，そしてタンパク分子中に金属が結合しており，これが活性基として働いているメタロプロテアーゼである。それぞれ異なった阻害剤が使われるが，一般的にはphenylmethanesulfonyl fluoride（PMSF，セリンプロテアーゼ阻害剤），EDTA（メタロプロテアーゼ阻害剤），微生物由来の阻害剤（アンチパイン，ロイペプチン，ペプスタチン，キモスタチン）などが使用される。

多水酸基性化合物

タンパク質の熱変性，酸性変性，凍結による変性に対して糖やグリセロールは安定化効果を示す。しかし，安定化のメカニズムについては分かっていない。しかし，多水酸基性化合物を含む溶液は粘性を示すため，精製過程において高濃度で使用することはできない。使用濃度は，ショ糖（10%），グリセロール（25～50%），ポリエチレングリコール（25mM以下）である。しかし，ポリエチレングリコールは凍結時には，安定化剤として働くが，溶液状態では安定性を低める。精製タンパク質の保存では50%グリセロール溶液として－20℃で保存という条件がよく用いられる。

SH基保護剤

SH基を活性基とする酵素だけでなく，活性基以外のSH基の酸化によって不活性化するタンパク質がある。これらを保護するために，2-メルカプトエタノール（2-ME）およびジチオスレイトール（DTT）が用いられる。還元力や安定性の点で2-MEよりもDTTのほうが優れている。

吸着防止剤

低濃度の界面活性剤の存在下で安定化される場合もある。これは，界面活性剤がタンパク質の構造を保護する以外に，タンパク質のクロマトグラフィー担体あるいは容器への非特異的な吸着を防ぐ働きによるものと考えられる。そのためには，クロマトグラフィーを妨害せず，タンパク溶液から除去しやすく，活性測定を妨害しない界面活性剤を用いる必要がある。3-[(3-cholamidopropyl) dimethylammonio]-1-propane sulfonate (CHAPS）は，これらの条件を満たしているため，タンパク質の非特異的な吸着を防ぐ目的で広く用いられている。

バッファー

安定化剤とは異なるが，タンパク質の溶媒には緩衝液（バッファー）が用いられる。タンパク質の溶媒のpHをコントロールすることにより，タンパク質の安定化，酵素の活性測定，各種クロマトグラフィーの条件設定などを行う。

2. タンパク質の定量法

タンパク質の濃度を定量する方法にはビウレット法，ローリー法，BCA法，UV法，Bradford法などがある。それぞれ感度，簡便さ，タンパク質の種類による感度の違い，妨害物質の種類と許容濃度，反応液のpHなどに違いがあるので，測定する対象に応じて適当な方法を選択しなければならない。また，いずれの方法においても標準タンパク質を用い，検量線を作成する必要がある。すなわち，3種類以上の濃度の異なる標準液を調製し，これらの溶液の吸光度を測定し，濃度と吸光度の関係をプロットし，これらが比例関係に成り立つ範囲を求め検量線を作成する。検量線の比例関係が成り立つ濃度範囲に調製した試料溶液の吸光度を測定したのち，検量線より被検元素量（濃度）を求める。試料を調製する際，作成した検量線にのるように，そのままの試料を使うか適当な濃度に希釈または濃縮して測定する。

2.1 ビウレット法

2つ以上のペプチド結合を持つポリペプチドを強アルカリ水溶液中でCu(II)イオンと反応させると，Cu(I)イオンとなってペプチド結合と複合体を形成し，赤紫色に呈色する反応である。尿素を加熱して得られるビウレット（カルバモイル尿素）が同様な反応

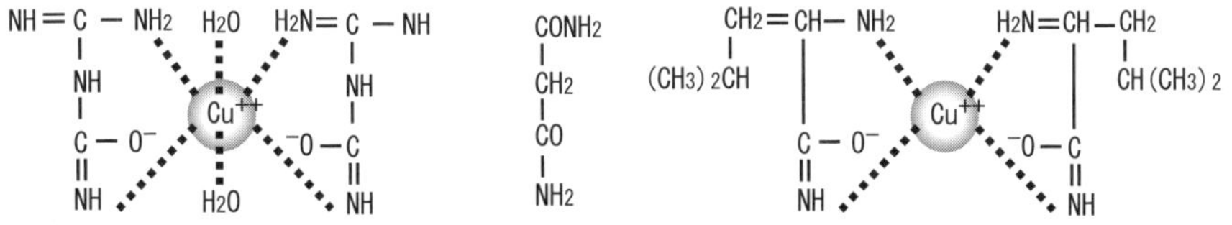

銅－モノイミノビウレット錯体　　マロンアミド　　銅－ロイシンアミド錯体

を示すので，この名がある。この方法は，タンパク質に対する特異性が高く，生体試料中に存在する他の物質に対する影響が少ないため，検出感度は低いが，タンパク質の定量法として広く用いられている。1～10 mg/m*l*のタンパク質を含む試料がこの方法による分析対象となる。

準備するもの

試薬

・ビウレット試薬

硫酸銅5水和物 3gと酒石酸カリウムナトリウム 12gを500m*l*の純水に溶かす。これに10% NaOH 600m*l*，ヨウ化カリウム4gを攪拌しながら加え，純水で2*l*にメスアップする。

・10mg/ml 牛血清アルブミン（BSA）溶液

BSA 0.5gを純水に溶解し,50mlにメスアップする。標準液は以下のように調製する。

10mg/ml BSA（ml）	純水（ml）	BSA 濃度（mg/ml）
0	3.0	0
0.6	2.4	2
1.2	1.8	4
1.8	1.2	6
2.4	0.6	8
3.0	0	10

機器・器具

・試験管
・分光光度計
・セル
・ボルテックス

Protocol

1）試料液（または標準液）を試験管に 1ml 入れる。

2）ビウレット試薬を 4ml 加え，ボルテックスする。

3）室温で 30 分間放置した後，540nm で吸光度を測定する。
対照として，試料液の代わりに純水を用いる。

2.2 ローリー法

ローリー法はビウレット法をさらに発展させた方法である。Folin のフェノール試薬は，モリブデン酸，タングステン酸，リン酸からなる複雑な化合物の溶液で，タンパク質中の芳香族アミノ酸（チロシン，トリプトファン，システイン，フェニルアラニンなど）と反応し，還元性を持つアミノ酸の側鎖が試薬を青色に発色させる。ビウレット法に比べると検出感度は高いが，タンパク質の種類によって発色率の変動が大きく，界面活性剤，EDTA などのキレート剤，DTT，2-ME などの還元剤をはじめ，定量分析に対する妨害物質による影響も大きい。検出感度はビウレット法の約 100 倍で 5～100 μg/ml のタンパク質を含む試料がこの方法による分析対象となる。タンパク質の微量定量法として使われる。

準備するもの

試薬

・ローリー試薬A

炭酸ナトリウム20gを1000mlの0.1N NaOHで溶解する。室温または冷蔵保存,数カ月保存可能。

・ローリー試薬B

硫酸銅5水和物1gと酒石酸カリウムナトリウム 2gを200mlの純水で溶解する。室温または冷蔵保存,数カ月保存可能。

・アルカリ性銅試薬

試薬Aと試薬Bを50:1の割合で混合する。この試薬は用事調製のこと。

・1N フェノール試薬

市販の2Nフェノール試薬を2倍に希釈する。

・0.1mg/ml BSA溶液

BSA 10mgを純水に溶解し,100mlにメスアップする。標準液は以下のように調製する。

0.1mg/ml BSA（ml）	純水（ml）	BSA濃度（μg/ml）
0	1.0	0
0.2	0.8	20
0.4	0.6	40
0.6	0.4	60
0.8	0.2	80
1.0	0	100

機器・器具

・試験管

・分光光度計

・セル

・ボルテックス

Protocol

1) 試料液（または標準液）0.2mlを試験管に採り，アルカリ性銅試薬を1ml加え，ボルテックスし，室温で10分以上放置する。

2) 1Nフェノール試薬0.1mlを加え，1〜2秒のうちに混合する。

3) 30分以上放置した後，750nmの吸光度を測定する。対照として，試料液の代わりに純水を用いる。

2.3 BCA法

BCA法はローリー法をさらに発展させた方法である。アルカリ性溶液中でCu(II)イオンとペプチド結合を反応させた後，Folin試薬の反応の代わりに，Bicinchoninate (BCA) 溶液を加えると，BCAが，Cu(I)イオンと複合体を形成して，紫色に発色する反応である。ローリー法に比べると，妨害物質（特に界面活性剤）の影響を受けにくい。20 ～ 2000 μg/mlのタンパク質量を含む試料がこの方法による分析対象となる。また，正確性が高いために，現在最も幅広く利用されている方法である。ここでは，PIERCE社のBCA Protein Assay Kitを用いた方法を紹介する。

準備するもの

試薬

- BCA Protein Assay Kit（PIERCE社）

  BCA Reagent A, BCA Reagent B, Albumin Standardが添付されている。
- Warking Reagent（WR）

  BCA Reagent AとBCA Reagent Bを50:1の割合で混合する。この試薬は用事調製する。
- Albumin Standard

  添付のStockを用い以下のように標準液を調製する。

Standard（μl）	純水（μl）	BSA濃度（μg/ml）	
300(Stock)	0	2,000	
375(Stock)	125	1,500	(A)
325(Stock)	325	1,000	(B)
175(A)	175	750	(C)
325(B)	325	500	(D)
325(D)	325	250	(E)
325(E)	325	125	(F)
100(F)	400	25	

機器・器具

- 試験管
- インキュベーター（ウォーターバス）
- 分光光度計
- セル
- ボルテックス

Protocol

1）試料液（または標準液）50 μl を試験管に採り，1 ml の WR を加え*1，ボルテックスする。

2）37℃のウォーターバスに試験管を浸し，30 分間インキュベートする。

3）インキュベーション後，室温まで冷ます。

4）562 nm の吸光度を測定する。対照として，試料液の代わりに純水を用いる。

*1　取扱説明書では，0.1 ml の試料液に 2 ml の WR となっているが，筆者の経験では，この分量で十分である。

Column 6　「分光光度計」

ある波長の光がある物質の溶液層を通過する間に，その強さがI_0（入射光の強さ）から I（透過光の強さ）に変化したとする。このときI_0に対する I の比（I/I_0）を透過度（t; transmittance）と言い，透過度を百分率で表したものを透過率（T; percent transmittance）と言う。吸光度（A; absorbance）あるいは光学密度（O.D.; optical dencity）は，透過度の逆数の常用対数である。

透過度:　t=I/10

透過率:　T=t × 100

吸光度:　A=-log t=log(10/I)=O.D.

この吸光度は溶液の濃度（c）と溶液層の厚さ（d; セルの光路長）に比例し，その比例定数（s）は測定光の波長と物質の化学的性質だけによって決まる（式 1）。この定数のことを吸光係数（ε）と言う。

A= ε × c × d　（式 1）

通常，分光光度計で使用するセルでは，この溶液層の厚さは，1cm である（d=1）。つまり，吸光係数の明らかな溶液なら，その O.D. 値を計ることでその溶液の濃度を知ることができる（式 2）。

A= ε × c　（式 2）

核酸溶液やタンパク質溶液の濃度を測定するために，核酸では 260nm，タンパク質では 280nm の波長の光を用いて計測する。それぞれの結果を $O.D._{260}$，$O.D._{280}$ と書く。

3. タンパク質の分離精製－分別沈殿法

タンパク質は変性，分解，吸着などによって失活したり損失する。したがって，タンパク質の精製はこれらの損失を避け，できるだけ短時間に効率よく一連の操作を行わなければならない。すべてのタンパク質は分子量，表面電荷，疎水度，親和性など互いに異なる。これらの性質を利用してタンパク質を分離・精製する。まず，精製の初期段階では，塩析あるいは有機溶媒による沈殿などによって粗精製する。塩析法では特に硫酸アンモニウムが広く用いられる。また，アセトンやエタノールを用いた方法やポリエチレングリコールなどの水溶性高分子による沈殿法がある。

3.1 硫酸アンモニウムによる塩析

硫酸アンモニウムは塩析定数が大きく，またそれ自体の溶解度が高いだけでなく，タンパク質を変性させることも少なく，かつ安価であるなどの理由でよく用いられる。タンパク質の水溶液中の溶解度は塩の添加で増加し，さらに塩濃度を増加すると逆に低下する（図3-3-1）。この現象を塩析という。これは，塩濃度があまりに高いと，塩が水和するので他の溶質を溶かすための水が減る現象である。塩析される濃度はタンパク質によって異なるが，一般に大きいタンパク質ほど塩析されやすいためこれを利用してタンパク質を大まかに分画する。このとき一般的には，タンパク質溶液に固形の硫酸アンモニウムを溶解していく。しかし，一度に必要量の硫酸アンモニウムを加えると，溶液中で硫酸アンモニウム濃度にムラができ，不必要なものまで沈殿することになる。したがって，硫酸アンモニウムを溶解する場合には，必ず少量ずつ加える。また，飽和硫酸アンモニウム溶液を加える方法や硫酸アンモニウム溶液に透析する方法などもある。ここでは，馬鈴薯塊茎から調製した抽出液を40～70%飽和硫安で分画した例を紹介する（→「Chapter 4 遺伝子タンパク実験実例編 1. 馬鈴薯からの酸性ホスファターゼの精製」参照）。

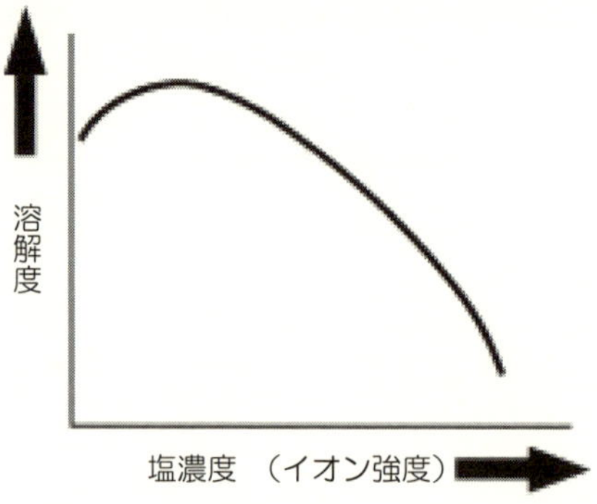

図3-3-1

準備するもの

試薬

・硫酸アンモニウム

粉末の粒は粗く溶解させにくいので，必要に応じて乳鉢等で粒をすりつぶして使用する。タンパク質溶液への硫酸アンモニウムの添加量と飽和濃度の関係は巻末の付表5を参照のこと。

機器・器具

・スターラーバー

・スターラー

・アイスボックス

Protocol

1) 馬鈴薯抽出液をコニカルビーカーに移し，スターラーで攪拌しながら40%飽和[*1]になるように硫酸アンモニウムを少量ずつ加える[*2]（図3-3-2）。完全に溶解したことを確認してから20分間放置する。

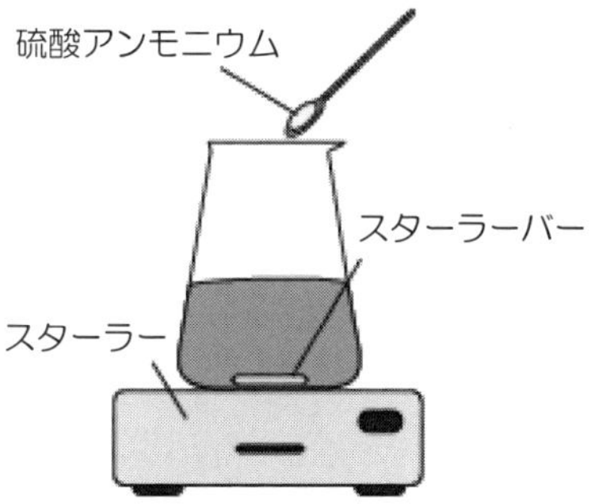

図3-3-2

*1　巻末付録，付表5参照

*2　図には表されていないが攪拌の操作は氷中で行う。

2) 遠心（4,000rpm，20分間，4℃）する[*3]。

*3　ここでは沈殿物が不要である。

3) 上澄み液の容量を測り，70%飽和[*1]になるように硫酸アンモニウムを少量ずつ加える。完全に溶解したことを確認してから20分間放置する。

4) 遠心（4,000rpm，20分間，4℃）する[*4]。

*4　ここでは，上澄みが不要である。

5) 得られた沈殿を10mM Tris-maleateバッファー（pH 6.0）に溶解し，同じバッファーに対して透析する。

3.2　有機溶媒による沈殿法

タンパク質は塩析以外にも，アセトン，エタノールなどの有機溶媒によっても沈殿する。有機溶媒による沈殿には，溶媒和によってタンパク質分子の表面に結合している水和水が奪われる結果（脱水），タンパク質の溶解度が減少し，タンパク質同士の結合が強くなる。

有機溶媒の沈殿力は一般にアセトン，エタノール，プロパノール，メタノールの順である。多くのタンパク質は40％（v/v）程度のエタノールで沈殿するが，ヒストンのような塩基性タンパク質は60～80％のエタノールでも沈殿しない。有機溶媒沈殿は硫安沈殿に比べてタンパク質の変性を起こしやすいが，塩を使用したくない場合の分画や濃縮に有効である。薄いタンパク質溶液をSDS-PAGEで分析するとき，アセトン濃縮するとよい。ただし，この方法ではタンパク質を変性させてしまうという欠点がある。これを防ぐためにはできる限り操作を低温で行う必要がある。そのために，使用する有機溶媒はあらかじめ－20℃で保存しておく。また，寒剤を用いて冷却しながら少しずつ有機溶媒を加える。寒剤の例としては，NaCl と氷の組み合わせで－21.2℃，ドライアイスとエタノールで－72℃の低温を作ることができる。

3.3　水溶性高分子を用いた沈殿法

タンパク質の沈殿法として塩や有機溶媒のほかに，ポリエチレングリコール（PEG），デキストラン，メチルセルロースなどの水溶性高分子（特に非イオン性のもの）が用いられる。特にPEGやデキストランが広く用いられているが，PEGに関して言えば，分子量が大きいものほどタンパク質の溶解度を下げる効果が大きい。しかし，分子量が大きくなるにつれて液の粘性も上がるので扱いにくくなる。一般的には分子量6,000のものがよく用いられている。

4. タンパク質の分離精製－脱塩・濃縮

硫安塩析後のサンプルは，多量の塩を含んでいるため除去する必要がある。また，溶媒の塩濃度やpHを調整するには脱塩し溶媒を交換する操作が行われる。タンパク質溶液から塩を除くために透析，ゲルろ過，限外ろ過等の方法が用いられる。また，タンパク質溶液の濃縮には，沈殿法，減圧法，限外ろ過等の方法がある。ここでは，膜を用いた脱塩濃縮法を中心に透析，限外ろ過について紹介する。

4.1　透析

タンパク質溶液の塩濃度やバッファーを変更するときには，透析が広く用いられる。セロハンなどの半透膜でできたチューブにタンパク質溶液を入れて密封し，バッファー（透析外液）に浸し，3～4時間ごとに数回外液を交換することで外液と透析チューブ内液を平衡にする。一般的に市販の透析チューブには乾燥防止のためグリセロールが入っていたり，防腐剤として硫黄が入っていたりする。そのために，使用前には必ず前処理が必要である。また，高塩濃度の試料を低塩濃度の透析外液に対して透析する場合，透析チューブ内に多量の外液が浸透して，チューブが破裂してしまうことがある。透析チューブに試料を入れる場合には，50～70％程度の試料を入れるように心がける。

準備するもの

試薬・消耗品

・透析チューブ
・たこ糸

機器・器具

・ビーカー
・スターラー
・スターラーバー

Protocol

1）透析チューブを適当な長さにはさみで切る。

2）沸騰浴中で10～30分間煮る。

3）透析チューブを純水で中・外ともに洗う。

4) 使用するまで純水に浸しておく。

5) 透析チューブの片端をしばる[*1]（図3-4-1）。

*1 クロージャを使うと便利である。

6) 試料液を入れ，他端をしばる。

7) 透析チューブの片端にたこ糸を結び付け，透析外液を入れたビーカーにチューブを入れ，たこ糸をビーカーの外にビニルテープで固定する。

8) スターラーを用いて外液をゆっくりと攪拌する。

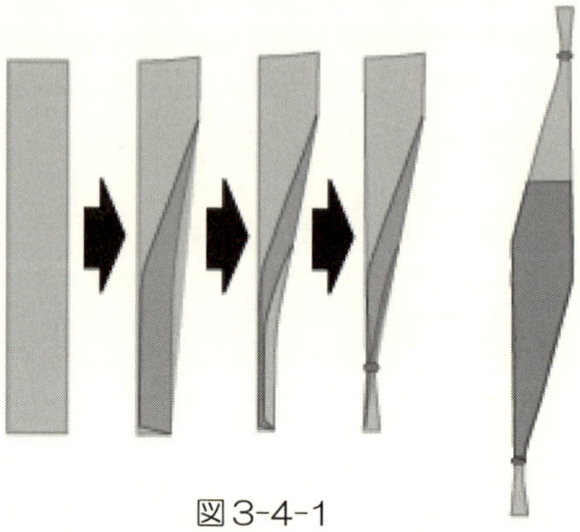

図3-4-1

4.2 限外ろ過

タンパク質溶液を詰めた透析チューブをゲルろ過カラムの担体のような吸水性の高い粉末や硫安などに埋め込んで吸水させると，溶媒のみが透析チューブから染み出し溶液を濃縮することができる。しかし，透析チューブは細孔サイズが小さすぎるため濃縮に時間がかかりすぎる。現在では，透析チューブよりも透過分子量が大きい限外ろ過膜が濃縮に用いられる。限外ろ過膜には，様々な材質でできたものが市販されており，それぞれのタンパク質の吸着性が異なるので，目的のタンパク質が膜に吸着しないことを確かめておく必要がある。限外ろ過膜を用いた濃縮器には，いくつかのタイプがある。

攪拌式濃縮器

透明なプラスチック製耐圧容器の中に攪拌子が宙吊りになっており膜面よりも，わずかに上のところで回転するようになっている。容器の上部から窒素などの不活性ガスを注入しその圧力で膜を通して液を押し出す仕組みになっている。

Protocol

1) 限外ろ過膜を取り出し，15分間純水につける。水は，数回取り替える。

2) 濃縮器を組み立てる(図3-4-2)。

3) 試料を入れ，攪拌子を設置し，フタをし，枠をはめる。

4) 減圧弁を閉じ，窒素ボンベからのホースをつなぐ。

5) 窒素ボンベの二次圧調整バルブが開放されていることを確認して，ボンベのメインバルブを開く（図3-4-3)。

6) 二次圧調整バルブを少しずつ閉じて，二次圧ゲージを3.5kg/cm^{2}に合わせる。

7) ろ液が出てくるのを確認する。

8) 濃縮が終了したら，ボンベのメインバルブを閉じる。

9) 減圧弁を少しずつ開き，濃縮器内部の窒素ガスを抜く。

10) ボンベからのホースを外す。

11) 枠を取り外し[*1]，フタを開け，中の濃縮液をパスツールピペット[*2]で吸い取る。

12) 濃縮器をばらす。膜は3%NaOH溶液に1時間ほど浸けて洗浄する。洗浄後，膜を純水に1時間ほど浸す。この間，純水を数回交換する。

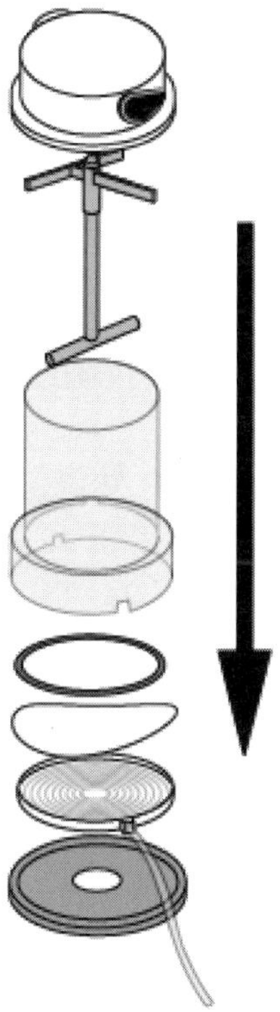

図3-4-2

*1　圧力のためフタが持ち上げられているため，ふたを一旦閉めてから，外す。

*2　膜を保護するためにシリコンチューブをつけておくとよい。

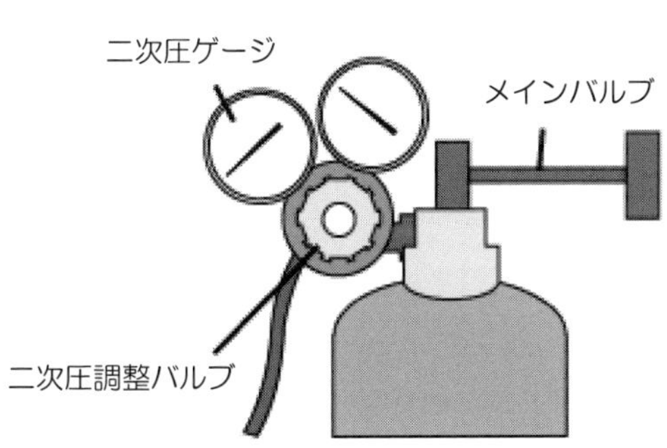

図3-4-3

遠心分離式濃縮器

遠心力によってタンパク質溶液を限外ろ過するものである。このタイプの濃縮器にはいくつかの種類があるが，特にアミコン社のセントリコンおよびセントリプレップが広く用いられている。ここでは，これらの使用法について記述する。

Protocol

セントリコン

1) セントリコンに超純水を2 ml程度入れる。

2) 回収用キャップを付け，アングルローターを取り付けた遠心機で遠心（2,000 × G，60分間）する。

3) 超純水を捨てる。

4) 1)～3)を5回繰り返す[*1]。

5) セントリコンに試料を入れる（図3-4-4）。

6) 回収用キャップを付け，アングルローターを取り付けた遠心機で遠心（2,000 × G，60分間）する。

7) 回収用キャップを外し，濃縮液をピペットで回収する。

8) 回収用キャップを下にして遠心（500 × G，2～3分間）し，濃縮液を回収する（図3-4-5）。

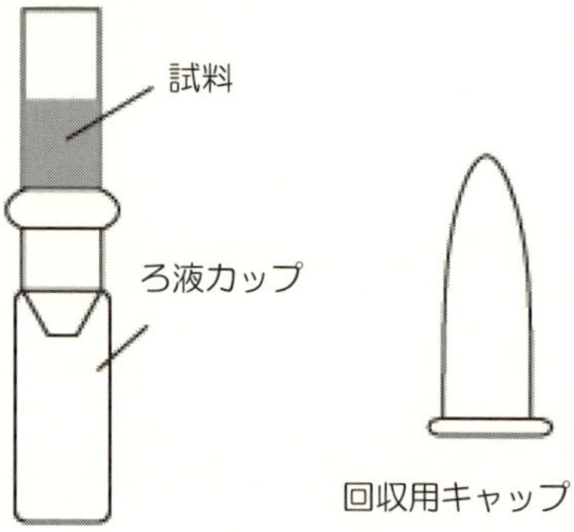

図3-4-4

*1　セントリコンの限外ろ過膜にはグリセリンと防腐剤が含まれているので，これを除くため。

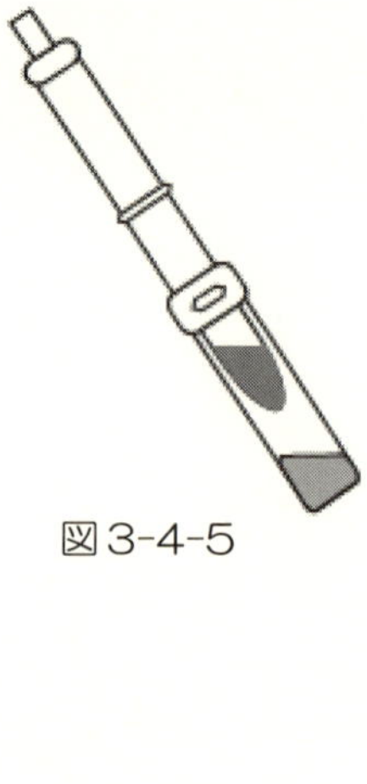
図3-4-5

セントリプレップ

1) セントリプレップ（図3-4-6）に超純水を15 ml程度入れる。

2) ロックキャップとシールキャップを付け，アングルローターを取り付けた遠心機で60分間遠心する（セントリプレップ-10と-3は2,000 × G，-30は1,000 × G）。

3）超純水を捨てる。

4）1)～3)を繰り返す。

5）セントリプレップに試料を入れる。

6）ロックキャップとシールキャップを付け，アングルローターを取り付けた遠心機で2)と同様に60分間遠心する。

7）ろ液を捨てて濃縮液を回収する。

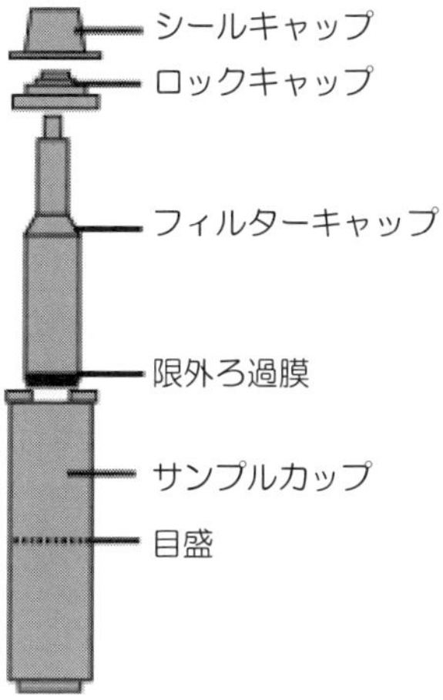

図3-4-6

吸水式

限外ろ過膜に吸水剤が組み合わされており，カセット式になっている。タンパク質溶液を入れるだけで濃縮ができ，簡便な方法である。ここでは，Sartorius社のビバポアの使用法について紹介する。

Protocol

1）ビバポア（図3-4-7）を設置する。ビバポア5および10/20は付属のスタンドに立てる。ビバポア2は，それ自体立てることができる。

2）試料液を上面にある穴からピペットで注入する*1。

3）濃縮が終了したら，付属のピペットあるいはパスツールピペットで吸い取る。

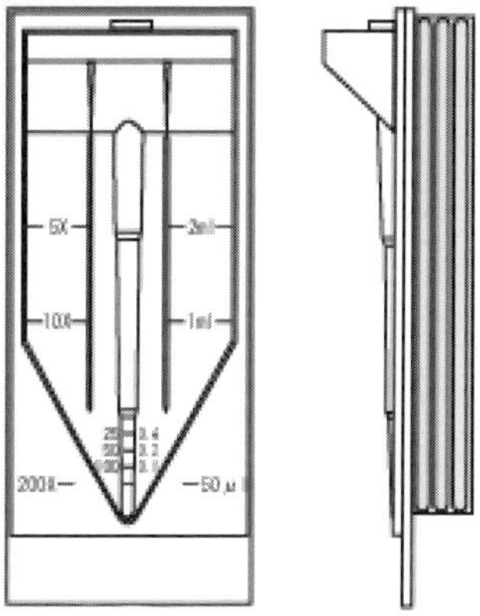
図3-4-7

*1　ビバポア10/20に試料液を10～20 ml入れるときは付属のリザーバーを付ける。

5. タンパク質の分離精製－クロマトグラフィー

クロマトグラフィーは，ロシアの植物学者Mikhail S. Tswett（1872～1919）が，植物色素（クロロフィル）の成分を，石油エーテルと共に炭酸カルシウム層に通し，色素成分を分離したことが最初である。ギリシア語の色（Ｃｈｒｏｍａ）と記録する（Graphein）の合成語がクロマトグラフィーの語源となっている。クロマトグラフィーは2つの相（空間）で構成されている。1つは固定相，もう1つは移動相と呼ばれる。平衡状態にしたこれら2つの相に試料を注入する。試料は移動相を流れる間に試料中の各成分がこの2つの相とそれぞれ相互作用し，その作用の差に応じてそれぞれの成分が分離する。

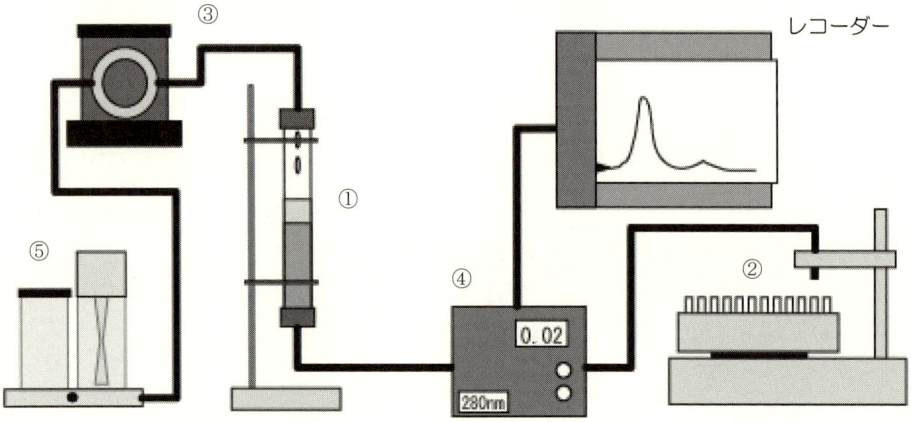

タンパク質の分離・精製に用いられるクロマトグラフィーは，タンパク質分子を分子量の差を利用して分離するゲルろ過クロマトグラフィー，タンパク質のカラム担体への吸着力の差を利用して分離する吸着クロマトグラフィーに分けられる。吸着クロマトグラフィーには表面電荷の差を利用するイオン交換クロマトグラフィー，疎水性の差を利用する疎水クロマトグラフィー，特定の物質に対する親和性（結合性）を利用するアフィニティークロマトグラフィーなどがある。クロマトグラフィーは，基本的には二相間分配に基づく分離法である。一相を固定し，他相がこれに接して移動する間に両相間で連続的に分配が繰り返され，その結果，移動相中に含まれる物質が分離される。クロマトグラフィーには，ガスクロマトグラフィーや薄層クロマトグラフィーなど多種あるが，タンパク質の精製に用いられるのは液体クロマトグラフィーである。本書ではこの液体クロマトグラフィーのことを単にクロマトグラフィーという。

① カラム

一般的には，ガラスやプラスチックでできたカラムに担体を充填して使用する。担体によっては，充填されて市販されているカラムもある。アマシャムバイオサイエンス社やバイオラッド社から各種カラムが市販されている。これらのカラムは，デッドスペースがほとんどなく，ゲル体積を調節できるアダプター付きのものや冷却水を循環させるための外套管つきのものもある。ただしこれらのカラムは非常に高価である。カラムは，ガラス管を用いて自作することも可能である。

② フラクションコレクター
カラムから流下してくる液を一定時間ごと，あるいは一定量ごとに試験管に分注するための装置である。

③ ペリスタポンプ
シリコンチューブをしごいて液を流すポンプである。ポンプはカラムのあとに取り付けて液を流すこともできるが，カラムよりも前につけたほうが流速が安定する。また，濃度勾配を用いない場合は，ポンプがなくても送液することができる。

④ UVモニター
カラムからの溶出液の吸光度を測る装置である。タンパク質の精製に用いるのであれば通常280nmの吸光度が測れれば十分である。

⑤ グラジエントミキサー
2種類の溶液の混合比を調節し，濃度勾配を作製するための装置である。管でつながった2つの容器からなり片方には攪拌子が入っている。正の濃度勾配（低→高）を作製する場合は，出口側に低塩濃度のバッファー（開始バッファー）を入れ，他方に高塩濃度のバッファー（最終バッファー）を入れる。負の濃度勾配（高→低）を作製する場合はこの逆である。

この項では各種クロマトグラフィーの基本的な記述にとどめ，具体的な使用法に関してはChapter 4に譲ることにする。

5.1 基本的な実験操作

カラムへの担体の充填

カラムには，担体（ゲル）の上端に空間のある開放カラム（オープンカラム）とアダプターを用いて空間を無くした閉鎖カラム（クローズドカラム）がある（図3-5-1)。一般的には閉鎖カラムのほうが使いやすく，問題も少ない。市販されている担体は，ほとんどの場合，溶液で膨潤された状態にしてある（Sephadexなどのように膨潤しなければならないものもある)。これらをカラムにつめる際には，まず必要量を使用するバッファーに懸濁する。そして，デカンテーションによって浮遊物（ゲルの破片など）を除去し，ゲル懸濁液を脱気した後カラムに充填する。通常，ゲルが沈殿したとき，ゲルと上部のバッファーの割合が1:3になるような懸濁液にしてカラムに充填するとよい。このとき，ゲル内には絶対に空気が入らないように注意する。また，担体を充填するときは，カラムを使用する温度で充填する。ここでは，陽イオン交換カラム担体SP-Toyopearl 650S（東ソー社）をXKカラム16/40（アマシャムバイオサイエンス社）に充填する方法を紹介する。

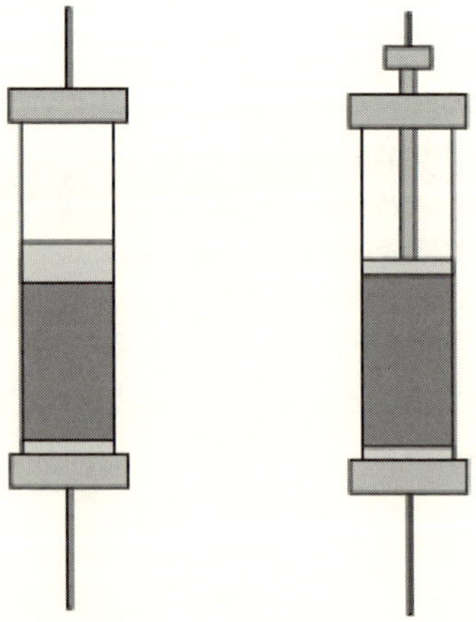

図3-5-1

準備するもの

試薬

・SP-Toyopearl 650S（東ソー社）
・50mM酢酸バッファー（pH 4.0）+ 0.8M NaCl
　イオン交換体を充填する際は，濃度勾配で使用する際の塩濃度の高いほうのバッファーで懸濁する。

機器・器具

・カラムXK16/40（アマシャムバイオサイエンス社）
・リザーバー

Protocol

1）SP-Toyopearl 650Sを3*l*ビーカーに移す。

2）純水を加えて全体を2*l*にして，ガラス棒で攪拌し*1，静置する。

*1　ガラス棒でゲルの塊をつつかない。

3）沈殿するまで待ち（60～90分間），上澄み液を捨てる。

4）2）～3）までの操作を3回繰り返す。

5）ゲルを50mM酢酸バッファー（pH 4.0）+ 0.8M NaClにスラリー濃度が30～50%になるように懸濁する。

6）懸濁液を300m*l*容コニカルビーカーに入れ，アルミホイルでフタをし，吸引デシケータに入れてゲルから泡が出なくなるまで脱気する。

7) カラム[*2]にリザーバーを取り付け，リザーバーの壁を伝わらせながら懸濁液を入れる（図3-5-2）。

*2　カラム下端は閉じておく。また，液の出口も閉じておく。

8) 液の出口を開け，バッファーを流す。

9) ゲルが沈んだら，リザーバーを取り外し，アダプターをつける。

10) ペリスタポンプを取り付け，バッファーを20ml/hrの流速で流す。ゲルとアダプターの間に隙間ができたらアダプターを下げて隙間をなくす。

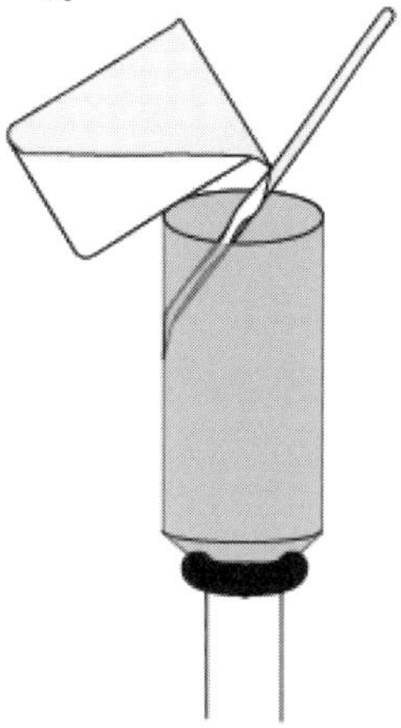

図3-5-2

担体の洗浄と保存

カラムに充填した担体は長期間使用することができる。しかし，繰り返し使用しているうちに，ゲルが汚れ始め流速が落ちたり背圧が高くなる。また，吸着カラムでは吸着容量が著しく低下する。このような場合は，1～2M NaClや非イオン性の界面活性剤で洗浄する。さらに汚れがひどい場合は0.1～0.5MのHClやNaOHで洗浄すればよいが，これらの方法が使用できない担体もあるのでそれぞれの担体の説明書をよく読むこと。また，汚れがひどい場合は，カラムに溶液を流すだけでは汚れが落ちないので，カラムから出して洗浄する（バッチ法）。担体の保存の際には，抗菌剤を入れ4℃で保存する。使用する抗菌剤はそれぞれの担体の説明書を参照する。ここでは，SP-Toyopearl 650Sのバッチ法による洗浄を紹介する。

準備するもの

試薬

- 0.5N NaOH
- 0.5N HCl
- 1M NaCl
- 20%エタノール

機器・器具

- 1lビーカー

Protocol

1) 1lビーカーに約500mlの0.5N NaOHを入れ，その中にSP-Toyopearl 650Sを入れ，懸濁する。

2) 沈殿するまで待ち（60～90分間），上澄み液を捨てる。

3) 純水を500ml加え，懸濁する。ゲルが沈むのを待ち，上澄み液を捨てる。この操作を上澄み液のpHが純水のpHになるまで繰り返す。

4) 0.5N HClを500ml加え，懸濁する。ゲルが沈むのを待ち，上澄み液を捨てる。

5) 純水を500ml加え，懸濁する。ゲルが沈むのを待ち，上澄み液を捨てる。この操作を上澄み液のpHが純水のpHになるまで繰り返す。

6) 1M NaClを500ml加え，懸濁する。ゲルが沈むのを待ち，上澄み液を捨てる。

7) 20%エタノールに懸濁し，4℃で保存する。

5.2 ゲルろ過クロマトグラフィー

ゲルろ過クロマトグラフィーは，ゲル浸透クロマトグラフィー，サイズ排除クロマトグラフィーなどともよばれ，溶質分子の大きさの違いによって分離する。立体的網目構造を持つゲルをカラム内に充填し，そこに大きさの異なる分子を通過させる。このとき，小さな分子は網目構造の内部に侵入することができるが，大きな分子は侵入することができず，ゲルとゲルの間を通過していくことになる（図3-5-3）。したがって，分子量の小さい分子ほど通り道が長くなり，ゆっくり溶出する。分子量が既知の標準タンパク質の溶出位置と分子量が未知の試料の溶出位置との関係から，おおよその分子量を推定することができるが，タンパク質の形状もゲ

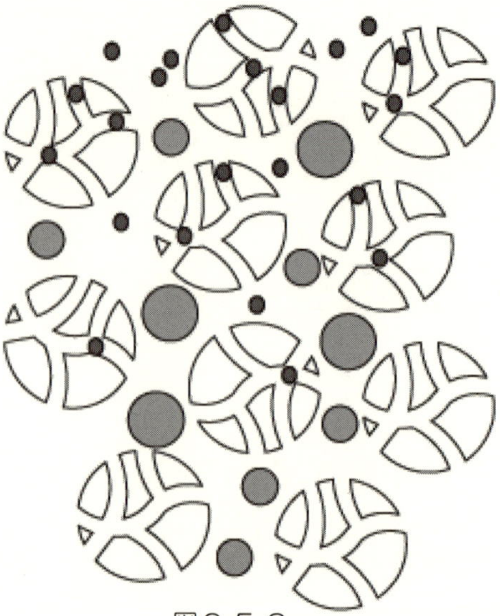

図3-5-3

ル内の移動速度に関係する。一般に，細長い形状のタンパク質のほうが球状タンパク質よりも早く移動する。また，担体ゲルと親和性を持つタンパク質は溶出が遅れ，実際の分子量よりも小さく見積もられてしまう。実験法に関して一般的な注意を以下に示す。

● *担体・カラムの選択*

ゲルろ過の担体として，各社から多種のゲルが市販されている。それらの中から目的とするタンパク質の分子量が担体の分画分子量範囲の中央付近にくるように選択するとよい。目的タンパク質の分子量が不明な場合は，Sephacryl S-200あるいはその同等品を用いてゲルろ過し，その結果を基にゲルを変えるとよい。また，カラムは分離精製のためには細長いカラムが適している。また，脱塩のために用いる場合は短いカラムのほうが向いている。流速はできるだけ遅いほうが分離がよい。

先にも述べたが，実験に先立ち，ゲルを洗浄し，浮遊物を除去しカラムに充填する。また，乾燥ゲルを使用する場合は，あらかじめ膨潤させる必要がある。

● *試料*

ゲルろ過クロマトグラフィーでは試料の容積が分離能の重要な要因となる。すなわち，試料の液量が多いと分離が悪くなるので，できる限り少量（ベッド容積の0.5～5%）で行う。

試料の濃縮は硫安塩析や限外ろ過で行う。また，不溶物は遠心（15,000×G，30分間）あるいはシリンジフィルターを用いて除去する。

● *バッファー*

目的タンパク質が安定なバッファーおよびpHを選択する。一般的には50mMくらいの中性バッファーに，0.1～0.5MのNaClを加えたバッファーが用いられる。NaClは，タンパク質が担体ゲルに非特異的に吸着するのを防ぐために添加する。

5.3 イオン交換クロマトグラフィー

イオン交換クロマトグラフィーは可溶性タンパク質のほとんどすべてに適応できる一般的なクロマトグラフィーである。

タンパク質は中性水溶液中において，アミノ基が-NH_3^+に，カルボキシル基が-COO^-に解離している。このように正と負の電荷をもつ物質は両性電解質とよばれ，その総電荷は，pHに依存している。総電荷がゼロになるpHは等電点（pI）とよばれる。タンパク質の総電荷は，等電点より高いpHでは負となり，等電点より低いpHでは正となる。一方，イオン交換クロマトグラフィーに用いる担体には正に荷電した陰イオン交換体と，負に荷電した陽イオン交換体がある。正の総電荷を持つタンパク質は負の電荷を持つ陽イオン交換体に結合することができる。この結合力は，タンパク質の持つ総電荷に依存している。溶出バッファーのイオン強度（塩濃度）の増大は，イオン交換体に結合する対イオンを増加させる。対イオンがタンパク質に代わってイオン交換体に結合し，結合の弱いタンパク質から順番に遊離し溶出される（図3-5-4）。このように，イオン交換クロマトグラフィーはタンパク質の持つ総電荷を利用したクロマトグラフィーである。

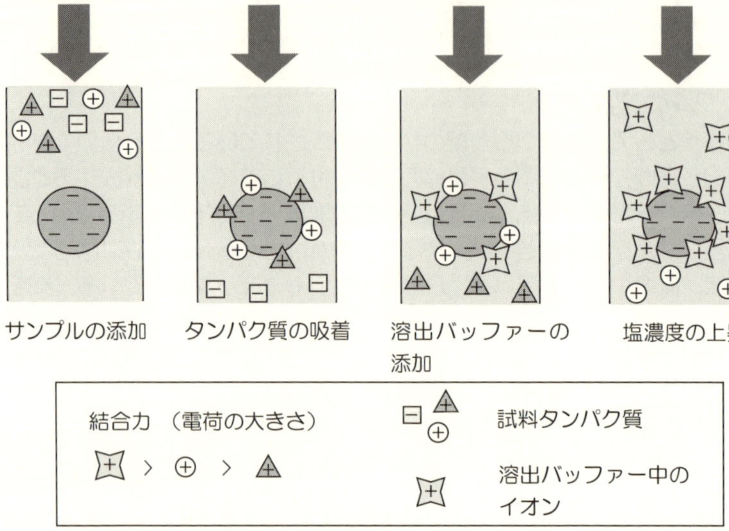

図3-5-4

● *担体の選択*

イオン交換体は，合成ポリマー，アガロース，デキストラン，セルロースなどの粒子に種々の荷電基を結合させたもので，溶質分子上の正負逆の荷電基と静電的に相互作用し保持する。正電荷を持つ交換体は陰イオンを保持するので陰イオン交換体，負電荷を持つ交換体は陽イオンを保持するので陽イオン交換体とよばれる。すなわち，イオン交換体は大きくこの2種に分けられる。荷電基についてはいろいろと開発が試みられているが，取り立てて違いがないことから陰イオン交換体のDEAEおよび陽イオン交換体のCMが広く用いられる。さらにDEAEよりも塩基性の強いQやQAE，CMよりも酸性が強いSPなどの荷電基を持つ交換体も使用される。強イオン交換体は広いpH範囲で解離しているが，弱イオン交換体はpHに依存して電荷が変化し，タンパク質の結合能も変化する。イオン交換体への強すぎる結合は回収率を低下させる。ポリマー系のゲルには優れたものが多いが，軟質ゲルのほうが，ポリマー系のゲルより非特異的吸着が少ない。ゲルの粒子径が小さいほど分離能は高くなるが，大量精製には向かなくなる。

イオン交換体	荷電基	構造
強陰イオン交換体	Q (Quaternary ammonium)	$-CH_2N^+(CH_3)_3$
	QAE (Quanternary aminoethyl)	$-OCH_2CH_2N^+H(CH_2CH_3)_2CH_2CH(OH)CH_3$
弱陰イオン交換体	DEAE (Diethylaminoethyl)	$-OCH_2CH_2N^+H(CH_2CH_3)_2$
強陽イオン交換体	S (Methyl sulphonate)	$-CH_2SO_3^-$
	SP (Sulphonate)	$-CH_2CH_2CH_2SO_3^-$
弱陰イオン交換体	CM (Carboxymethyl)	$-OCH_2COO^-$

● *試料*

カラムは，少なくともベッド体積の2倍量の開始バッファーで平衡化しておく。試料は，あらかじめ透析，ゲルろ過，限外ろ過などによりカラムを平衡化した開始バッファーと同じもので平衡化しておくのが望ましい。しかし，目的のタンパク質がカラムに吸着するのであれば必ずしもこの限りではない。タンパク質のイオン交換体への吸着に影響を及ぼす因子は，pH，イオン強度，タンパク濃度である。ゲルろ過とは異なり，試料の体積はカラムへの吸着に対して問題にならない。また，試料はあらかじめ遠心（15,000×G，30分間）あるいはシリンジフィルターを用いて不溶物を除去する。

● *バッファー*

一般的にイオン交換クロマトグラフィーでは，特定のpHで低塩濃度のバッファーを用いてカラムを平衡化する。タンパク質はpHが中性よりも高くなると陰イオン交換体に吸着しやすくなり，pHが低くなるほど陽イオン交換体に吸着しやすくなる。目的タンパク質を陰イオン交換体に吸着させるには，そのタンパク質のpIより0.5以上高いpH，陽イオン交換体に吸着させるにはpIよりも0.5以上低いpHのバッファーを選択する。しかし，タンパク質の精製においてはpIがわかっていないことの方が多い。通常，タンパク質の多くはpH5.5～7.5の間にpIを持つ。すなわち，DEAEなどの陰イオン交換体と20mMのトリスバッファー（pH7.5～8.0）を用いてクロマトグラフィーを行い，その結果を基に調整するとよい。

5.4　アフィニティークロマトグラフィー

タンパク質の多くは，生体内において他の物質と相互作用し，生理機能を発揮する。タンパク質が持つこのような特異的親和力を生かして，分離精製するのがアフィニティークロマトグラフィーである。例えば，抗体は抗原に，糖タンパク質はレクチンに，酵素は基質やインヒビターに特異的に結合する。その片方（リガンド）を支持体とよばれる粒子状の親水性ゲルに共有結合で固定化し，これをアフィニティーカラムとして使用すればその対になっている物質のみを特異的に吸着させることができる。リガンドは天然物質でも，合成物質でもよい。また，多くの物質は一群のタンパク質に対して親和性を持つ。このようなリガンドを利用する群特異的アフィニティークロマトグラフィーも多くのタンパク質の精製に有効である。支持体として広く用いられているのは，BrCN活性化担体やNHS（N-hydroxysuccimide）活性化担体である。アフィニティークロマトグラフィーは他のクロマトグラフィーに比べて高い精製効率と回収率を持ち，かつ一度に多量の試料を処理することが出来る。したがって，すべてのタンパク質の精製においてまずアフィニティークロマトグラフィーが使用できるかどうかを考えるべきである。

担体	応用例
プロテインA (protein A)	IgG
ヘパリン (heparin)	フィブロネクチン, FGF, HGF
コンカナバリンA (concanavalin A)	糖タンパク質, 膜タンパク質
レッド (procion Red HE-3B)	NADP依存性酵素, MMPs, TIMPs
ブルー (cibacron Blue 3GA)	NADおよびNADP依存性酵素, インターフェロン
ゼラチン (gelatin)	ゼラチナーゼ, フィブロネクチン
リジン (lysine)	プラスミノーゲン, PA
アルギニン (arginine)	プロカリクレイン, プロトロンビン, PA
ベンザミジン (benzamidine)	セリンプロテアーゼ
キレート (chelating)	ストロムライシン, Hisタグタンパク質
種々のレクチン (lectins)	糖タンパク質
ストレプトアビジン (streptavidin)	ビオチン化タンパク質
グルタチオン (glutathione)	グルタチオン-S-トランスフェラーゼ融合タンパク質
カルモデュリン (calmodulin)	ATPase, プロテインキナーゼ, ホスホジエステラーゼ
IgG	プロテインA融合タンパク質

● *リガンドの選択*

リガンドはできる限り特異性の高いものを使用する。また，親和性に関しては，K_d（複合体の解離定数）が10^{-4}～10^{-7}がよいとされている。10^{-7}以下になると，親和性が強すぎて，リガンドから目的のタンパク質を解離させるのが困難になる。また，リガンドは繰り返して使用するために変性剤などに対し耐性が必要となる。リガンドが決定されれば，次にこれを担体に化学的に固定しなければならない。リガンドの分子内に存在するアミノ基（$-NH_3$），カルボキシル基（-COOH），チオール基（-SH），水酸基（-OH）などの官能基を利用して担体に固定する。固定化するための支持体がいくつか市販されている。ここでは，アマシャムバイオサイエンス社のHiTrap3 NHS-Activatedの使用法について紹介する。

準備するもの

試薬

- HiTrap3 NHS-Activated（アマシャムバイオサイエンス社）
- リガンド（アミノ基を持つ物質）
- カップリングバッファー

  標準的なバッファーは0.2 M $NaHCO_3$ + 0.5 M NaCl溶液(pH 8.3)で，アミノ基を含むバッファーは使用しない。
- 冷却1mM HCl
- 洗浄用バッファーA（0.5Mエタノールアミン + 0.5M NaCl, pH 8.3）

・洗浄用バッファーB（0.1M 酢酸 + 0.5M NaCl, pH 4.0）

機器・器具

・10 m*l* シリンジ

Protocol

1) カップリングバッファーにリガンドを適正な濃度となるように溶解する。もしくは，脱塩カラムや透析によって溶媒を置換する*1。

*1 濃度はリガンドによって異なるが，一般的には一級アミノ酸を含む場合，リガンド濃度は5～10 mg/m*l* である。また，カラム一体積分の液量がよい。

2) 上端のキャップを外し，気泡の混入防止のため，冷却1 mM HCl を一滴カラムの上部にたらす。

3) 付属のルアーロックコネクターを取り付け，カラム下端のツイストオフエンドをねじって外す（図3-5-5）。

4) カラム6体積分の冷却1 mM HCl をシリンジを用いて1滴/3秒の流速で流し，カラム中のイソプロパノールを徐々に洗い流す（図3-5-6）。

5) 直ちにカラム1体積分のリガンド溶液をカラムに添加する。

6) カラムを密閉し，25℃で30分間（または，4℃で4時間）放置してカップリングを行う。

7) カラム6体積分の洗浄バッファーA を流す。

8) カラム6体積分の洗浄バッファーB を流す。

9) カラム6体積分の洗浄バッファーA を流す。

10) 15～30分間カラムを放置する。

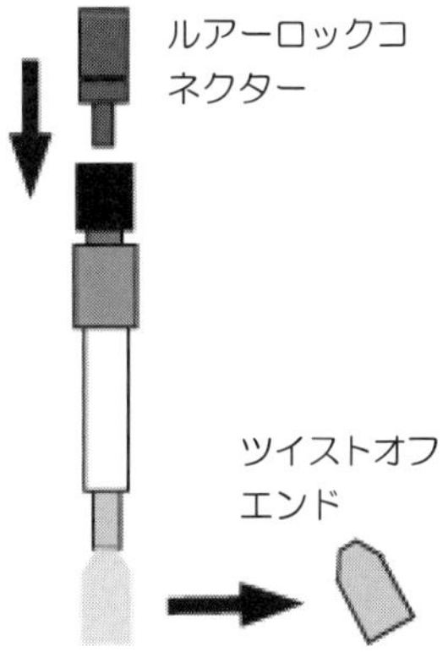

図3-5-5

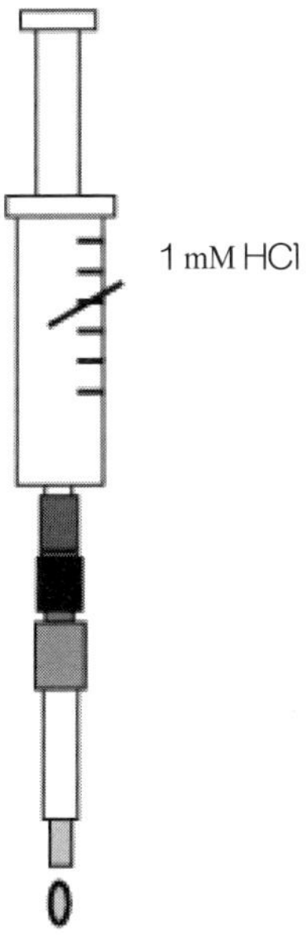

図3-5-6

● *吸着条件*

アフィニティークロマトグラフィーにおいて重要なことは，目的タンパク質を効果的に吸着させることとともに，夾雑タンパク質の非特異的吸着をいかに防ぐかということである。担体本体への非特異的吸着を防ぐために，試料をあらかじめリガンドを持たない担体カラム（例えば，ConA-Sepharose 4Bを用いる際には，あらかじめSepharose 4Bカラム）に通すことが好ましい。また，同じ目的で，バッファーに0.1～0.5 MのNaClを添加してイオン的な非特異的結合を防止する。目的タンパク質を効果的に回収するためには，そのタンパク質が安定なpHを選び，また必要な補助因子などをバッファーに添加する。例えば，分子シャペロンの構成成分であるHSP60タンパク質は，Mg^{2+}の存在下でATPと結合する。ATP agaroseゲルを用いてHSP60タンパク質を精製するにはバッファー中にMg^{2+}を添加する。酵素と基質，あるいは酵素とインヒビターの相互作用を利用したアフィニティークロマトグラフィーでは，操作中に反応が進行することがある。例えば，ゼラチナーゼと呼ばれるプロテアーゼをゼラチンカラムで精製するとリガンドのゼラチンが分解される可能性がある。しかし，この酵素はCa^{2+}を要求するため，バッファーにCa^{2+}が入っていなければ反応は進行しない。このように補助因子を除くか，バッファーのpHを至適反応pHからずらすことによって，酵素反応を抑制することができる。試料添加の流速はタンパク質とリガンドの結合性の強さに依存するが，通常10 ml/cm^2・時間（直径1 cmのカラムで12.7 ml/時間）以下の流速で行われる。

● *溶出条件*

リガンドに結合したタンパク質の溶出法には，選択的溶出法と非選択的溶出法がある。前者はあまり強くない結合に対して競合分子を使う方法である。例えば，ConA-Sepharoseに結合した糖タンパク質はメチル-α-D-マンノシドで溶出される。適当な競合分子がない場合には非選択的溶出を行う。タンパク質とリガンドは，イオン結合，水素結合，疎水結合などによって複合的に結合する。したがって，穏和な条件ですべてのタンパク質を溶出する方法がない場合，pH変化，変性剤，カオトロピックイオン，非極性溶媒などが使われる。これらの処理はタンパク質を変性させる可能性があるので，あらかじめ生理活性に対する影響を調べておくこと，また，溶出した後，直ちに安定な条件にもどすことが必要である。カラムに吸着したタンパク質を溶出するためには，まず，0.5 M程度のNaCl入りのバッファーで非特異的な吸着物質を流した後で，上記の試薬を含むバッファーで目的タンパク質を一度に溶出することが多い。また，前述の分子シャペロンの例では，Mg^{2+}の存在下でATP agaroseと結合したHSP60は，キレート剤であるEDTAによって溶出させる。しかし，吸着したタンパク質が多い場合には，分離効率を高めるためにそれらの濃度を連続的に上昇させて溶出させることもある（グラジエント溶出法）。

5.5 疎水クロマトグラフィー

タンパク質を構成するアミノ酸の中で，アラニン，ロイシン，イソロイシン，バリン，メチオニンなどのアルキル基を持つもの，プロリン，チロシン，フェニルアラニン，トリプトファンなどの芳香族環を持つものは疎水性アミノ酸とよばれており，タンパク質の分子間および分子内の疎水結合に関与する。疎水性アミノ酸はタンパク質分子内部に埋もれていることが多く，一般にタンパク質の表面には親水性アミノ酸が露出していることが多い。しかし，膜結合タンパク質などでは，分子表面に疎水性アミノ酸が存在し，脂質と膜結合タンパク質の結合に関与している。タンパク質の疎水性も分子量，表面電荷などのようにタンパク質によって少しずつ異なる。タンパク質とゲルに結合したリガンドとの間での疎水的相互作用の差異によって分離するのが疎水クロマトグラフィーである。疎水クロマトグラフィーでは，移動相（タンパク質の溶媒）が親水性で，固定相（担体）が弱い疎水性のリガンドを持っている。タンパク質は高イオン強度下では，イオン結合が弱まり，疎水結合が強くなる。疎水クロマトグラフィーでは，一般的に1.7～2.5M硫酸アンモニウムの存在下でタンパク質を担体に吸着させ,硫酸アンモニウム濃度を直線濃度勾配的に下降させることによってタンパク質を溶出させる。

5.6　逆相クロマトグラフィー

逆相クロマトグラフィーは，基本的には疎水クロマトグラフィーに用いられる担体と同じようなものが使われている。しかし，逆相クロマトグラフィーの担体のほうが官能基の密度が高い。移動相は極性有機溶媒であり，固定相には長鎖の官能基が一種の無極性有機溶媒層をなしているかのように覆っており，両相間で溶質の分配が行われる。疎水性の高いタンパク質ほどカラムによく保持され，溶出時間も遅くなる傾向がある。逆相カラムに用いられる担体の官能基の吸着力を強いほうから順に並べるとC18＞C8＞フェニル＞C4となる。タンパク質は一般的に分子量が大きいほど疎水性が高くなるので，分子量が大きいほどカラムへの吸着力は増す。よって，ペプチドや分子量20kDa以下のタンパク質ではC18カラム，分子量50kDa以上ではC4カラムを目安とするとよい。溶媒系にはアセトニトリル-トリフルオロ酢酸（TFA）系がよく用いられる。これらの溶媒は揮発性で濃縮，凍結乾燥が容易であることから汎用される。TFAは，超強酸で溶媒のpHを2付近に保ち，シリカ基材のカラムの場合テーリングの原因となるシラノール基の解離を抑える。また，TFAは，疎水性イオンペアとしても働き，溶媒の極性を調節する働きも持つ。逆相クロマトグラフィーに用いられる有機溶媒の溶出力は1-プロパノール＞2-プロパノール＞アセトニトリル＞エタノール＞メタノールの順となっている。特にアセトニトリルは，粘度が低く，カラムの圧力を上げずに流速を上げることができるため，広く利用されている。しかし，アセトニトリルで溶出することができない場合はプロパノールを使用してみるとよい。また，低濃度のアセトニトリルでも他のピークと重なって溶出してしまいうまく分離できない場合は，溶出力の弱いエタノールやメタノールを試してみるのも有効である。

6. ポリアクリルアミドゲル電気泳動

電気泳動法は，タンパク質や核酸に限らず，無機分子や有機低分子の分析にも用いられる。電気泳動とは電荷を持つ物質あるいは分子（イオン）を電場の中に置くと，その電荷と反対の極方向に移動する現象のことである。1960年から70年にかけて，ポリアクリルアミドゲルを支持体とした電気泳動法が次々と開発され，それぞれ高い分離能を示した。ポリアクリルアミドゲルは，天然物のゲルと比較すると，透明である，分子内に電荷を持たない，架橋度を広い範囲で自由に変えられるなどの利点を持っており，従来のゲルととってかわって広く利用されるようになった。

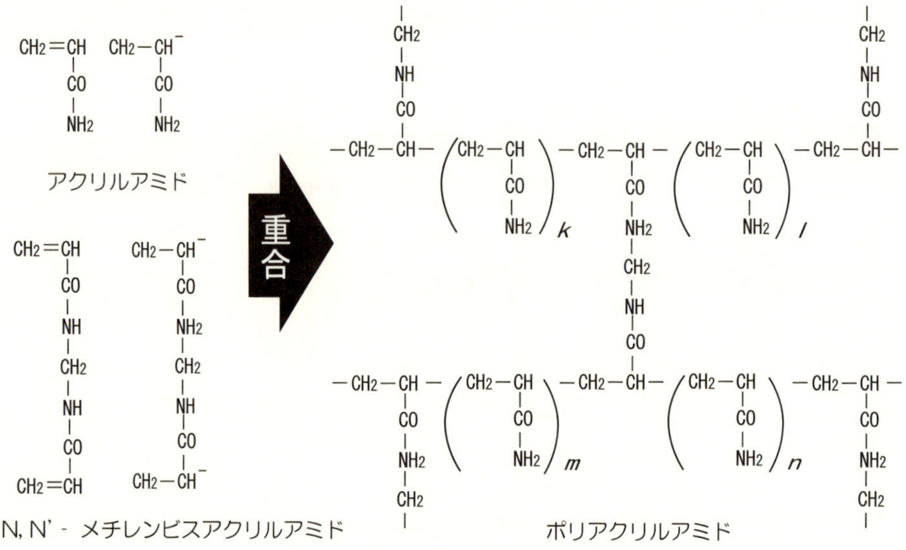

ポリアクリルアミドは，アクリルアミドとN, N'-メチレンビスアクリルアミド（BIS）の重合物である。アクリルアミドは重合して直鎖状のポリマーを形成し，BISによって架橋が形成される。ポリアクリルアミドゲルの濃度は２つの%（T%とC%）で表されるが，100ml中のアクリルアミドとBISの総重量の割合をT%，アクリルアミドとBISの総重量中のBISの重量の割合をC%で表す。一般的に重合は，過硫酸アンモニウムとN, N, N'N'-テトラメチルエチレンジアミン（TEMED）を用いる方法が用いられる。過硫酸アンモニウムから酸素ラジカルが生成し，アクリルアミドラジカルが生成されることにより重合が開始される。TEMEDは重合促進剤として働く。また，酸素分子が溶液中に存在すると，重合を阻害するので酸素を除くために脱気が必要となる。また，アクリルアミドはモノマーでは神経毒である。また，ポリマーになった後でもモノマーが残っていることがあるので十分注意して取り扱うこと。

6.1　SDS-PAGE（Laemmli 法）

ドデシル硫酸ナトリウム（SDS）は，親油性のアルキル基と親水性の硫酸基からなる陰イオン性界面活性剤である。タンパク質の水溶液にSDSを加えていくとSDSはタンパク質のプラスに荷電している部分にイオン的に結合するほか，タンパク質ポリペプチド鎖の疎水性部分やイオン結合したSDSのアルキル基部分を芯にしてミセル上に結合していく（図3-6-1）。SDSはタンパク質の種類に関係なくポリペプチド鎖1gあたり1.2～1.5gが結合してSDS-ポリペプチド複合体を形成する。このことから，タンパク質の持つ電荷はすべてが打ち消され，均等にマイナスの電荷を持ったSDS-ポリペプチド複合体が形成される。すなわち，タンパク質の持つ立体構造は崩れ，直鎖状のポリペプチドとして溶液中に存在する。これをポリアクリルアミドゲルを支持体として電気泳動することにより，分子の長さに応じて移動度が決まることになる。分子の長さはタンパク質の分子量と一義的に関連しているので，既知の分子量を持つタンパク質の移動度と比較することにより未知試料の分子量を推定することができる。このような電気泳動法をSDS-ポリアクリルアミドゲル電気泳動（SDS-PAGE）という。SDS-PAGEには濃縮ゲルを用いない，リン酸緩衝液系のWeber-Osborn法と濃縮ゲルを用いたトリス緩衝液系のLaemmli法があるが，ここではLaemmli法について紹介する。また使用する器具は，アトー社のAE-6401ミニスラブゲル作製キットおよびAE-6500ラピダス・ミニスラブ電気泳動槽とする。

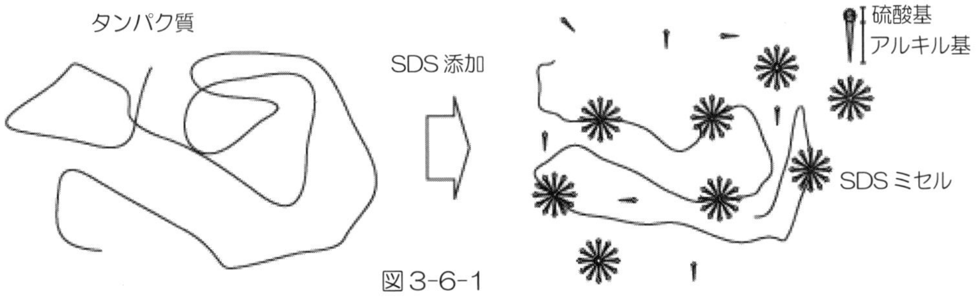

図3-6-1

準備するもの

試薬

・ゲル作製ストックA液（30％アクリルアミド溶液）

アクリルアミド	29.2g
BIS	0.8g

純水で100 m*l*に調製。

・ゲル作製ストックB液（1.5M Tris-HCl，pH 8.8 + 0.4％ SDS）

Tris	18.17g
SDS	0.4g

約80 m*l*の純水で溶解，12N HClでpHを8.8に調整した後，純水で100 m*l*に調製。

・ゲル作製ストックC液（0.5M Tris-HCl, pH 6.8 + 0.4% SDS）

Tris	6.06g
SDS	0.4g

約80mlの純水で溶解,12N HClでpHを6.8に調整した後,純水で100mlに調製。

・ゲル作製ストックD液（10%過硫酸アンモニウム；用事調製）

過硫酸アンモニウム	0.05g
純水	0.5ml

・（3×）SDS処理バッファー

10%SDS	100 μl
2-メルカプトエタノール	10 μl
ゲル作製ストックC液	20 μl
グリセリン	200 μl

・（10×）泳動バッファー

Tris	38.28g
グリシン	144.11g
SDS	10g

純水で1lに調製する。pHの調整はしなくてよい。

・先行マーカー

グリセリン	12ml
純水	8ml
ブロモフェノールブルー	10mg

グリセリンと純水を混ぜ60%グリセリンを調製し，これにブロモフェノールブルーを溶解する。

・染色液

メタノール	500ml
酢酸	100ml
純水	400ml
クマジーブリリアントブルー(CBB)R-250	2.5g

メタノール,酢酸,純水を混ぜ,これにCBBを溶解する。

・脱色液

メタノール	500ml
酢酸	100ml
純水	400ml

機器・器具

・電気泳動装置
・電源装置（パワーサプライ）
・染色･脱色用トレイ
・シェーカー

Protocol

ゲルの作製

1）雑巾でテーブルをきれいに拭く。

2）テーブルに水をかけ，ラップフィルムを敷きその上にキムワイプを敷く。

3）準備しておいたテーブルの上にガラスを置き，シールガスケットも用意しておく。

4）ガラスとシールガスケットを特級メタノールで拭く。

5）プレートMAB-10（スペーサー付き）にシールガスケットをつける。

6）プレートMB-00をのせる。

7）ガラスの両端をクリップでとめる（図3-6-2）。

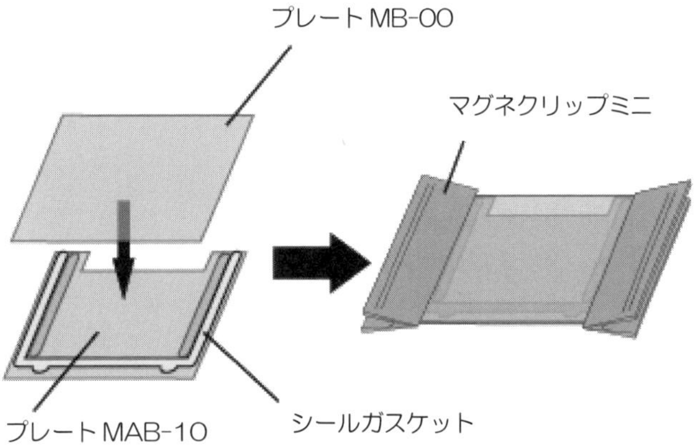

図3-6-2

8）分離ゲル溶液を調製する。

i　50 m*l*容三角フラスコに純水，B液，A液，D液の順に以下の表を参考に液を入れ，混合する。

		ゲル濃度						
		5%	7.5%	10%	12.5%	13.6%	15%	20%
ストック溶液（m*l*）	水	10.5	9.0	7.5	6.0	5.3	4.5	1.5
	A液	3.0	4.5	6.0	7.5	8.2	9.0	12.0
	B液	4.5	4.5	4.5	4.5	4.5	4.5	4.5
	C液	—	—	—	—	—	—	—
	D液	0.07	0.07	0.07	0.07	0.07	0.07	0.07
	TEMED	0.01	0.01	0.01	0.01	0.01	0.01	0.01

ii 脱気する。

iii TEMEDを10 μl入れ，ゆっくりと攪拌する。

9) 組み立てたガラス板に分離ゲル溶液を少しずつ入れる（図3-6-3）。

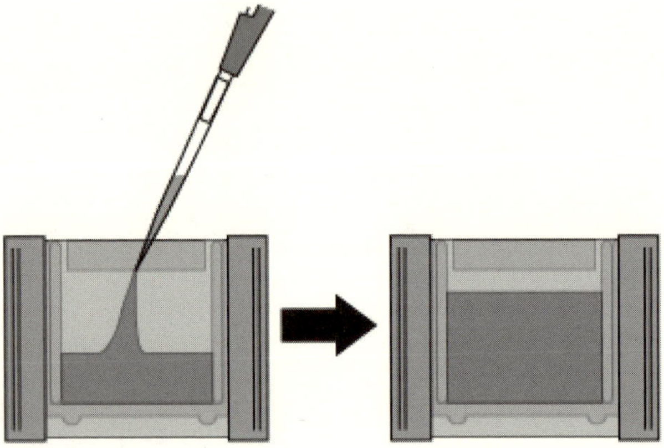

図3-6-3

10) 純水を重層し，室温で放置してゲルを重合させる（1～2時間*1）。

*1 アミノ酸配列分析のためにブロッティングする場合は，37℃で3時間以上あるいは室温で一晩乾燥させる（ゲル内の過硫酸アンモニウムを除去するため）。

11) 濃縮ゲル溶液を調製する。

i 50 ml容三角フラスコに純水，C液，A液，D液の順に以下の表を参考に液を入れ，混合する。

ストック溶液	水	A液	C液	D液	TEMED
ml	3.6	0.9	1.5	0.018	0.01

ii 脱気する。

iii TEMEDを10 μl入れ，ゆっくりと攪拌する。

12) 分離ゲルに重層した純水を取り除き（図3-6-4），濃縮ゲル溶液を入れる。

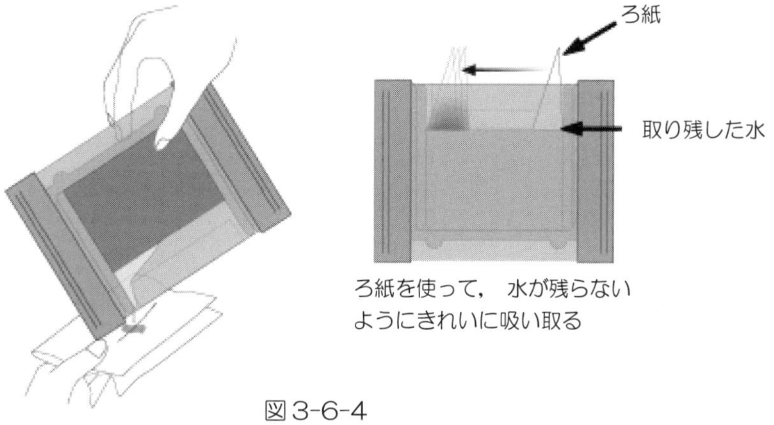

取り残した水
ろ紙を使って， 水が残らない
ようにきれいに吸い取る

図3-6-4

13) サンプルコウムを泡が入らないように差し込む。

14) ラップをかけて放置し，ゲルを重合させる（約30分間*2)。

*2 アミノ酸配列分析のためにブロッティングする場合は，37℃で45分以上乾燥させる（ゲル内の過硫酸アンモニウムを除去するため)。

泳動槽の設置

1) バットを用意しその上に泳動槽を置く。

2) (1×) 泳動バッファーを調製し，泳動槽下部の電極線が隠れるまでバッファーを入れる。

3) ゲルプレートからシールガスケットを取り外す。

4) ゲルプレートを泳動槽にセットし，プレートホルダーでプレートを固定する（図3-6-5)。

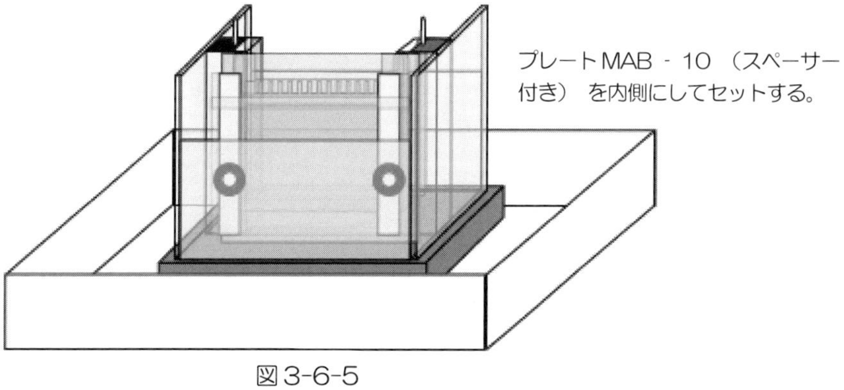

プレートMAB - 10 （スペーサー
付き） を内側にしてセットする。

図3-6-5

5) プレートとプレートの間にあふれる寸前までバッファーを入れる。

6) サンプルコウムを取り外す[*3]。

7) 注射器を用いてゲルを整形する（図3-6-6）。

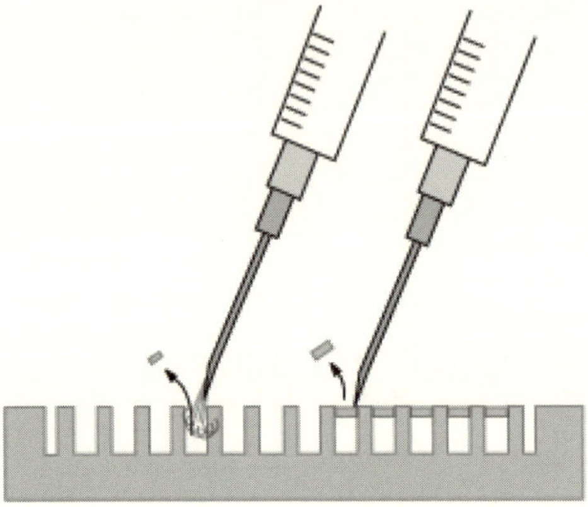

余分なゲルを注射器の針で
切り取り，ゴミは注射器で
吹き飛ばす

図3-6-6

*3 濃縮ゲルが抜けないように注意する。

サンプルの調製

1) サンプルと（3×）SDS処理バッファーを2:1の割合で混合する。

2) 沸騰浴中で5分間熱処理する。

3) サンプルを氷中に浸ける。

4) 遠心機でフラッシュし，水滴を落とす。

泳動の開始

1) すべてのウェルに先行マーカーを2 μlずつ注入する（図3-6-7）。

2) サンプルをウェルに注入する。

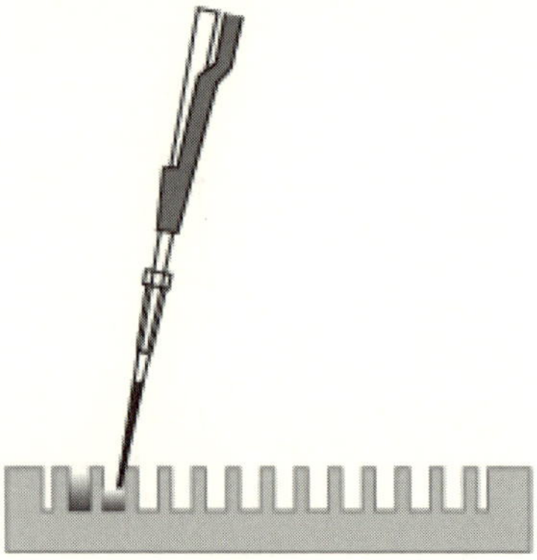

図3-6-7

3) フタをしてリード線でパワーサプライと接続する。

4) 電源を入れ，ゲル1枚につき7.5～10mAの定電流で泳動を開始する。

5) 先行マーカーが分離ゲルに入ったら，電流をゲル1枚につき15～20mAに上げる。

6) 先行マーカーがゲルの下端から2mmくらい上のところまできたら泳動を停止する。

7) 染色（→「6.4 CBB染色」「6.5 銀染色」参照）してバンドを確認する。

6.2 Native-PAGE（Ornstein-Davis法）

この方法の基本は，1964年にOrnsteinおよびDavisによって提案されたものである。組成の異なる複数のゲルを用いることによって，分離能を向上させた。ゲルの不連続性（discontinuity）およびゲルがガラス管内で作製されることで円盤（discoid）状の形状を持つことからディスク（disc）電気泳動と名付けられた。しかし，現在ではスラブゲルを用いた方法が利用されることも多くなり，ディスク電気泳動の名は適当でなくなってきている。この方法では，添加された試料が濃縮ゲルにおいて薄いゾーンに濃縮された後に，分離ゲルによって展開される。ここでは，アトー社のグラジエントゲル作製装置を用いたグラジエントゲルの作製法と，前項と同様AE-6500ラピダス・ミニスラブ電気泳動槽を用いた電気泳動について記述する。

準備するもの

試薬

・ゲル作製ストックA液（30％アクリルアミド溶液）

アクリルアミド	29.2g
BIS	0.8g

純水で100mlに調製(SDS-PAGE用ゲル作製ストックA液と同じ)。

・ゲル作製ストックB液（1.5M Tris-HCl，pH 8.8）

Tris	18.17g

約80mlの純水で溶解，12N HClでpHを8.8に調整した後，純水で100mlに調製。

・ゲル作製ストックC液（0.5M Tris-HCl, pH 6.8）

Tris	6.06g
TEMED	0.46ml

約80mlの純水で溶解，12N HClでpHを6.8に調整した後，純水で100mlに調製。

・ゲル作製ストックD液（12.5%アクリルアミド溶液）

アクリルアミド	10.0g
BIS	2.5g

純水で100mlに調製。

・ゲル作製ストックE液（40 μg/ml リボフラビン）

リボフラビン	4mg

純水で100mlに調製。

・ゲル作製ストックF液（10%過硫酸アンモニウム；用事調製）

過硫酸アンモニウム	0.05g
純水	0.5ml

・40%ショ糖溶液

ショ糖	40g
ブロモフェノールブルー	10mg

純水で100mlに調製。

・泳動バッファー

Tris	0.6g
グリシン	2.88g

純水で1lに調製。

・先行マーカー

グリセリン	12ml
純水	8ml
ブロモフェノールブルー	10mg

グリセリンと純水を混合し，60%グリセリンを調製し，これにブロモフェノールブルーを溶解する。

機器・器具

・グラジエントゲル作製装置
・電気泳動装置
・電源装置（パワーサプライ）
・染色・脱色用トレイ
・シェーカー

Protocol

グラジエントゲルの作製

1) ゲル作製槽，シリコン板，泳動プレート，間隙板を特級メタノールで拭く。

2) ゲル作製槽を開口部が上になるように，また上部が手前側になるように設置する。

3) シリコン板をゲル作製槽からはみ出さないように2つの側面に密着させる（図3-6-8）。

4) 泳動プレートのMAB-10（スペーサー付き）をスペーサーのある面を上側に設置し，その上に泳動プレートMB-00をのせ，切欠き付きの間隙板を置く。この操作を繰り返し，4，6あるいは8組の泳動プレートを組み込む。

5) 泳動プレート上部に残った空間を4種類の厚さの異なる間隙板を用いて埋める（図3-6-9）。

6) ゲル作製槽にフタをし，クリップでしっかりと留める。

7) ゲル作製槽のノズルにシリコンチューブ（φ5×3）の一端をつなぎ，他端はペリスタポンプ[*1]を介し，ミキシング容器に接続する（図3-6-10）。

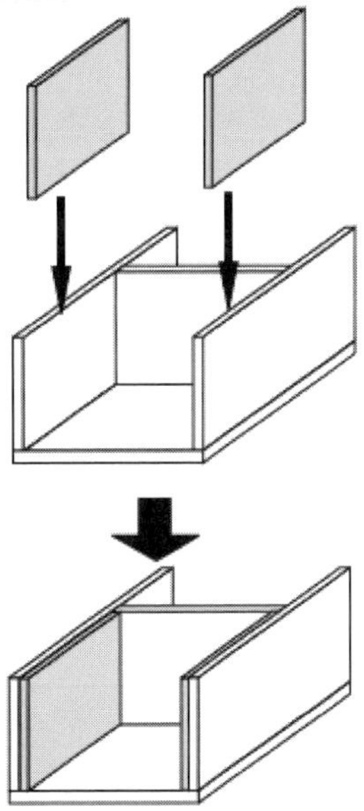

図3-6-8

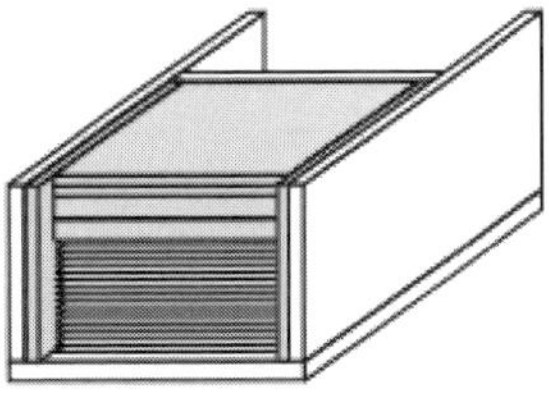

図3-6-9

*1　ペリスタポンプの流速は，あらかじめ水を通して調整しておく（5～6 ml/min程度）。

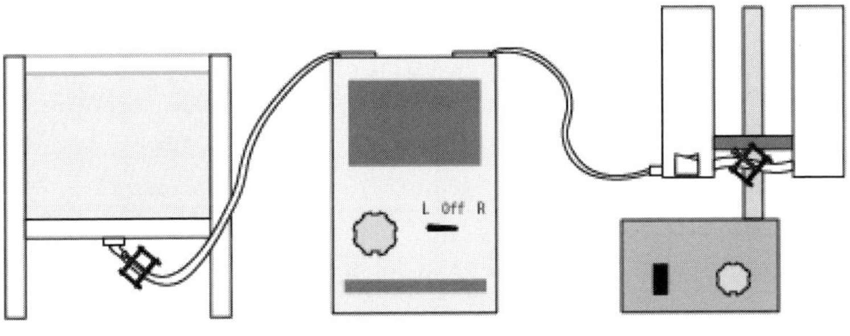

図3-6-10

8) グラジエントゲル作製のために高濃度および低濃度ゲル溶液を以下の表を参考に作製する（液の混合は氷中で行う）*2。

*2 液を入れる順番は純水→B液→A液→（グリセリン）→F液。TEMEDは，低濃度ゲルのほうにだけ，使用する直前に入れる。

高濃度ゲル

		ゲル濃度				
		7.5%	10%	12.5%	15%	20%
ストック溶液（ml）	水	16.2	13.2	10.2	7.2	1.2
	A液	9	12	15	18	24
	B液	9	9	9	9	9
	グリセリン	1.8	1.8	1.8	1.8	1.8
	F液	0.27	0.27	0.27	0.27	0.27

低濃度ゲル

		ゲル濃度				
		5%	7.5%	10%	12.5%	15%
ストック溶液（ml）	水	21	18	15	12	9
	A液	6	9	12	15	18
	B液	9	9	9	9	9
	F液	0.27	0.27	0.27	0.27	0.27
	TEMED	0.105	0.105	0.105	0.105	0.105

9) ミキシング容器のA筒（ポンプに近い側）にスターラーバーを入れ，ピンチコックは閉めておく（スターラーバーが回ることを確認する）。

10) ミキシング容器のA筒に低濃度ゲル溶液を以下の表のとおり入れ，ピンチコックを少し開き，B筒（ポンプから遠い側）の出口に少し溶液が入ったところでピンチコックを閉める。このときシリコンチューブ内に空気が入っていないことを確かめる。そして，B筒に高濃度ゲル溶液を以下の表のとおり入れる。

ゲル枚数	4枚	6枚	8枚
（ml）	20	27	33

11) A筒内の攪拌子を回転させ，ミキシング容器のピンチコックを開き，ペリスタポンプのスイッチをオンにする。ゲル作

製槽のフタにかかれている2本の線の下側の線まで液を入れる（図3-6-11）。

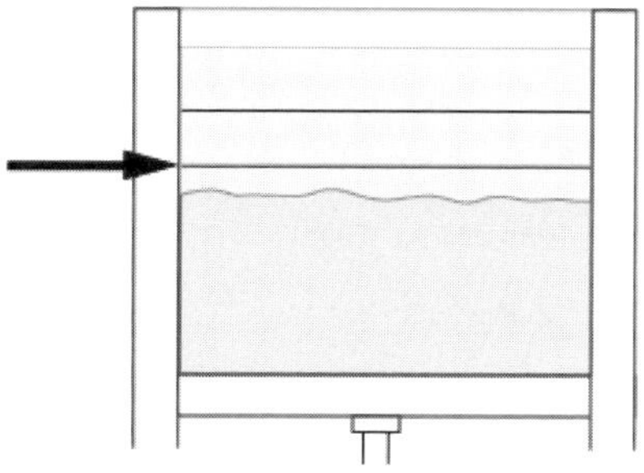

図3-6-11

12) ミキシング溶液を空にし，40％ショ糖溶液を入れ，ゲル溶液の上端が2本線の上側の線にくるまで送液する。

13) ゲル作製槽下のノズル直下のシリコンチューブをピンチコックで閉める。

14) 泳動プレートにゲル1枚につき，200 μlの純水を注入し，ゲルが重合するまで（約3時間）静置する[*3]。

*3　ゲル作製に用いた器具（シリコンチューブ，ミキシング容器）は，ゲルが固まる前に洗っておく。

15) 濃縮ゲルを以下のとおり調製する。

	純水	C液	D液	E液
(ml)	12	3	6	3

16) サンプルコームを特級メタノールで拭く。

17) ゲルプレート内の水を注射器で吸い取り，さらにろ紙で吸い取る。

18) 濃縮ゲル溶液を泳動プレート1枚ずつに入れ，サンプルコームをそれぞれ差し込む。

19) ゲル作製槽を蛍光灯の光に当て，濃縮ゲルを光重合させる[*4]。

*4　残ったゲルを同様に光に当て，重合の具合を見るとよい。

20) 濃縮ゲルが固まったら，ゲル作製槽のフタを外し，間隙板，泳動プレートを取り出す。

21) 泳動プレートについたゲルのカスは，水道水で洗い流し，純水をかける。

泳動槽の設置

1) バットを用意しその上に泳動槽を置く。

2) 泳動バッファーを調製し，泳動槽下部の電極線が隠れるまでバッファーを入れる。

3）ゲルプレートを泳動槽にセットし，プレートホルダーでプレートを固定する。

4）プレートとプレートの間にあふれる寸前までバッファーを入れる。

5）サンプルコウムを取り外す。

6）注射器を用いてゲルを整形する。

サンプルの調製

1）サンプルの液量の1/10量のグリセリンを入れ混合する。

泳動の開始

1）すべてのウェルに先行マーカーを2 μlずつ注入する。

2）サンプルをウェルに注入する。

3）フタをしてリード線でパワーサプライと接続する。

4）電源を入れ，ゲル1枚につき7.5～10mAの定電流で泳動を開始する。

5）先行マーカーが分離ゲルに入ったら，電流をゲル1枚につき15～20mAに上げる。

6）先行マーカーがゲルの下端から2mmくらい上のところまできたら泳動を停止する。

7）染色（→「6.4 CBB染色」「6.5 銀染色」参照）してバンドを確認する。

6.3　等電点電気泳動

等電点電気泳動は，タンパク質やペプチドに固有の等電点（図3-6-12）の差によって分離する方法である。ポリアクリルアミドゲルやアガロースゲル中に等電点の異なる数種の両性担体（carrier ampholyte）を混ぜ，これに電場をかけるとゲル中に安定なpHの勾配ができる。このゲルにタンパク質やペプチドを添加し，通電すると，それぞれの等電点に向かって泳動し，分離することができる。等電点電気泳動は，かなり以前から両性担体としてタンパク質の部分加水分解物などを使用して行う方法が試みられていたが，pHの安定な勾配が得られないことや，280nm付近で高いバックグラウンド吸収を示すために，試料タンパク質の検出が困難なことがあり，なかなか一般化しなかった。1966年VesterbergとSvenssonは，等電点状態で十分な緩衝能と電気伝導度を持ち，タンパク質との分離が容易な両性担体を化学合成によって得ることに成功した。この両性担体はファルマシア-LKB社（当時）よりアンフォラインと名付けられ市販された。ここでは，アンフォラインを含むプレキャストゲル（Ampholine PAG plate；アマシャムバイオサイエンス社）を用いた等電点電気泳動法を紹介する。

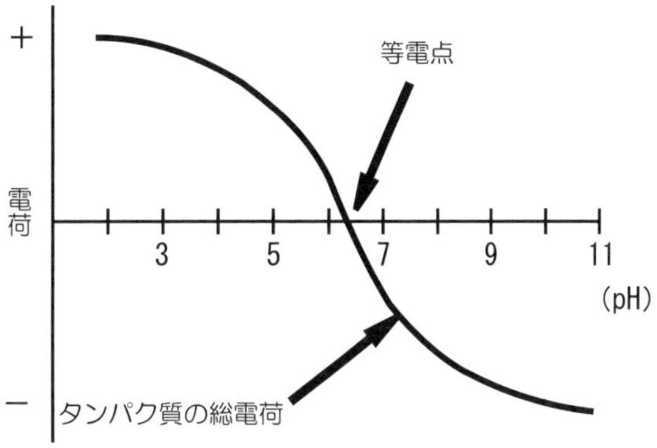

図3-6-12

準備するもの

試薬

- Ampholine PAG plate（アマシャムバイオサイエンス社）
- シリコンオイル
- 等電点用電極ろ紙
- IEFサンプルアプリケーションろ紙（アマシャムバイオサイエンス社）
- 保存用セロファンシート（アマシャムバイオサイエンス社）
- 1M NaOH（100ml）
- 電極液（100ml）

　使用するAmpholine PAG plateにしたがって次の電極液を用意する。

pH領域	陽極液	陰極液
3.5～9.5	1Mリン酸	1M NaOH
4.0～6.5	0.1Mグルタミン酸	0.1M b-アラニン
5.5～8.5	0.4M HEPES	0.1M NaOH
4.0～5.0	1Mリン酸	1Mグリシン
5.0～6.5	0.01M酢酸	0.01M NaOH

機器・器具

・水平型電気泳動装置；Multiphor Ⅱ（アマシャムバイオサイエンス社）
・電源装置（パワーサプライ）
・恒温循環装置

Protocol

1）実験を開始する15分前までにMultiphor Ⅱに恒温循環装置を取り付け，クーリングプレートに10℃の循環水を流す[*1]。

2）ピペットを用いて1 ml程度の電気絶縁性の溶液（シリコンオイル）を，クーリングプレート上に滴下する。

3）Ampholine PAG plateのパッケージを開き，プラスチックフィルムが下を向くようにゲルをのせる[*2]。このとき，クーリングプレートとプラスチックフィルムの間に空気が入らないように注意する（図3-6-13）。

図3-6-13

4）両極の電極ストリップに3 ml程度の電極液を均等に染み込ませる。このときストリップの表面が濡れる程度にし，余分な電極液はペーパータオル等で拭き取る。

5）ゲルの陽極側，陰極側にストリップを置く[*3]。

6）電極を設置し，前泳動を30分間行う（操作手順14）参照）。

7）サンプルの添加を行う[*4]（図3-6-14）。

i　Ampholine PAG plateの所定の位置に乾燥したろ紙を置く。
ii　15～20 μlのサンプルをそれぞれのろ紙片に添加する。

*1　大気中のCO_2の影響を最低限に抑えるためにセイフティーリッドの孔にテープを張りつける。必要ならば，CO_2を吸収するために100 ml程度の1 M NaOHをバッファー槽に加える。

*2　クーリングプレート上のマス目を利用してほぼ中央にくるようにのせる。また，余分なシリコンオイルはペーパータオルなどを用いて拭き取る。

*3　ゲル両端からはみ出しているストリップを鋭利なはさみで切り取る。また，ストリップを置くときは必ず一回でおく事。やり直そうとするとはがすときにゲルが壊れる。

*4　サンプルの種類・量によって添加の仕方が異なる。検体数が多い場合はIEF/SDSアプリケーションストリップを使用し，サンプル量が少ない場合は直接ゲル表面に滴下する。

iii　大量のサンプルを添加したい場合はろ紙を2～3枚重ねる。少量の場合（10 μlまで）は，ろ紙を半分に切って使う。
iv　泳動時間の半分まで終わったらろ紙を取り除く。

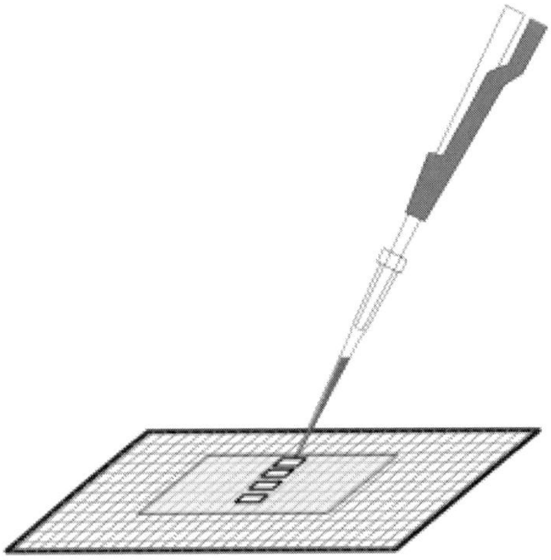

図3-6-14

8) Multiphor Ⅱユニットの浅いくぼみに電極ホルダーをおく。

9) 電極の両端にあるクランプナットを緩め，電極ストリップの中央に電極を合わせる（図3-6-15）。

図3-6-15

10) クランプナットを締めて電極を固定する。

11) 電極ホルダーをわずかに持ち上げ，深いくぼみに電極ホルダーの脚を合わせる。このとき，注意深く下ろして行き，電極ストリップの上に電極が来ていることを確認する。

12)陽極の電極ピン（赤いリード線）と陰極の電極ソケット（黒いリード線）をバッファータンクに接続する。

13)セイフティーリッドを閉める。

14)MultiphorⅡとパワーサプライを接続し,以下の表を参考に電気泳動を開始する。

pH領域	電圧(V)	電流(mA)	電圧(W)	泳動時間(hrs)*5
3.5～9.5	1,500	50	30	1.5
4.0～6.5	2,000	25	25	2.5
5.5～8.5	1,600	50	25	2.5
4.0～5.0	1,400	50	30	3.0
5.0～6.5	2,000	25	20	3.0

*5　前泳動の30分を差し引いた分だけをサンプル添加後に泳動する。

15)泳動が終わったらパワーサプライを停止し，パワーサプライからMultiphorⅡユニットを外す。セイフティーリッドと電極ホルダーをユニットから取り除く。

16)染色（→「6.4 CBB染色」「6.5 銀染色」参照）してバンドを確認する。

6.4 クマシーブリリアントブルー(CBB)染色

クマシーブリリアントブルー（Coomassie Brilliant Blue; CBB）は，タンパク質の検出に用いられる色素の中でも特に感度が高く，安定性も高いことから，タンパク質定量にも用いられる色素である。構造が少し異なる2種のCBBがある（CBB R-250, CBB G-250）（図3-6-16）が，G-250のほうが若干染色速度が速いだけで，使用上大差はない。脱色には，ここで紹介する50％メタノールを含む10％酢酸以外にも50％トリクロロ酢酸や25％イソプロパノールを含む10％酢酸などが用いられることもあるが，検出の感度に大差はない。SDS-PAGEやNative-PAGE後のゲルと等電点電気泳動後のゲルでは染色法が異なるので2つの方法について紹介する。

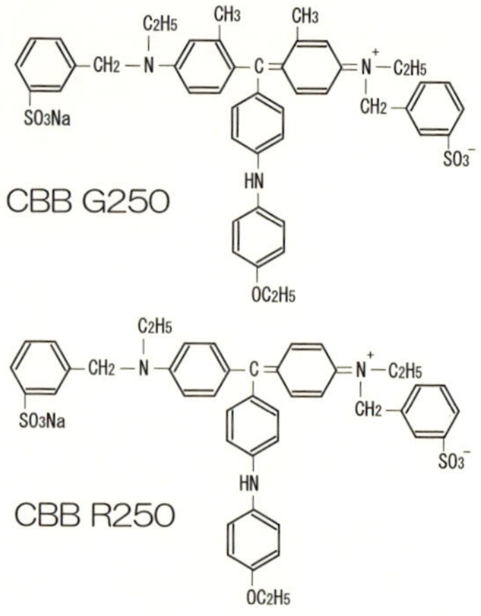

図3-6-16

SDS-PAGE，Native-PAGE 後のCBB染色

準備するもの

試薬

・染色液

メタノール	500 ml
酢酸	100 ml
純水	400 ml
CBB R-250（G-250）	2.5 g

メタノール，酢酸，純水を混ぜ，これにCBBを溶解する。

・脱色液

メタノール	500 ml
酢酸	100 ml
純水	400 ml

機器・器具

・染色・脱色用トレイ
・シェーカー
・ガラス板
・セロハン

Protocol

染色および脱色

1）染色液を入れたトレイにゲルを入れ，室温で30～60分間振盪する。

2）染色液を保存用のビンに移す。

3）脱色液をトレイに入れ，タンパク質のバンドが見えるまで振盪する。50℃くらいの温度をかけながら脱色すると，早く脱色できる。

ゲルのドライアップ

1）ゲルを水で濯ぐ。

2）ガラス板1枚とガラス板よりも大きく切ったセロハン2枚を流水中につけ，水で湿らせる。

3) ガラス板にセロハンをのせる。このときガラス板とセロハンの間に空気が入らないように注意する。

4) ゲルを空気が入らないようにのせる。

5) もう一枚のセロハンをゲルの上にかぶせる。このときも空気が入らないように注意する（図3-6-17）。

6) 4℃のチャンバー内で乾燥させる。乾燥したら，ガラス板からセロハンをはがし，ゲルを保存する。

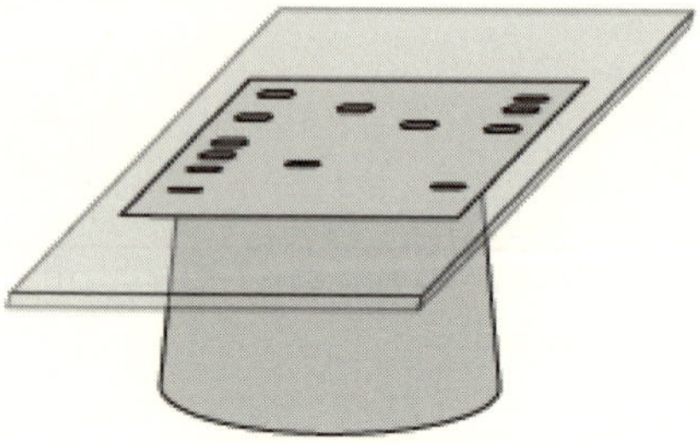

図3-6-17

等電点電気泳動後のCBB染色

準備するもの

試薬

・固定液

トリクロロ酢酸	29g
スルホサリチル酸	8.5g

約200mlの超純水で溶解した後,250mlにメスアップする。

・染色液

CBB R-250（G-250）	4g
硫酸銅	0.4g
脱色液	400ml

60℃に加温し,使用直前にろ過する。

・脱色液

メタノール	500ml
酢酸	100ml
純水	400ml

機器・器具

・染色・脱色用トレイ
・シェーカー
・ガラス板
・セロハン

Protocol

染色および脱色

1) トレイにゲルを入れ，固定液中で室温 30 ～ 60 分間，振盪する。

2) 固定液を捨て，脱色液で 5 分間ゲルを洗浄する。

3) 脱色液を捨て，染色液を入れ，室温で 1 時間振盪する。

4) 脱色液を入れ,タンパク質のバンドが見えるまで振盪する。

ゲルのドライアップ

SDS-PAGE，Native-PAGE 後の場合と同様。

6.5 銀染色

銀染色は 1979 年，Switzer らによって報告されて以来，いくつかの改良が加えられ複数の方法が存在する。CBB 染色と比べ 100 倍の検出感度がある。しかし，操作が煩雑で再現性が低く，定量性にかけるという欠点がある。しかし，最近では，銀染色キットが市販されるようになり実用的になってきた。ここでは，和光純薬社の銀染色キットワコーの使用例について紹介する。

準備するもの

試薬

・固定液 1

メタノール	50 m*l*
酢酸	10 m*l*
超純水	40 m*l*

・固定液 2

メタノール	5 m*l*
酢酸	7.5 m*l*
固定原液	20 m*l*
超純水	67.5 m*l*

・増感液

増感原液	0.5ml
超純水	99.5ml

・染色液

染色液A	5ml
染色液B	5ml

超純水で100mlに調製する。

・現像液

現像原液	5ml
超純水	95ml

・濃塩酸
・酢酸

機器・器具

・染色・脱色用トレイ
・シェーカー
・ガラス板
・セロハン

Protocol

1）トレイに固定液1を100ml入れ，泳動後のゲルを完全に浸し，15分間振盪する。

2）固定液1を捨て，固定液2を100ml入れ，15分間振盪する。

3）固定液2を捨て，超純水を150～200ml入れ，5分間振盪する。これを3回繰り返す。

4）水を捨て，増感液100mlを入れ，5～10分間振盪する。

5）増感液を捨て，超純水を150～200ml入れ，5分間振盪する。

6）水を捨て，染色液100mlを入れ，正確に15分間振盪する。

7）染色液を捨て[*1]，超純水を150～200ml入れ，3～5分間振盪する。これを3回繰り返す。

8）水を捨て，現像液100mlを入れ，よく振盪する。バンドが確認できたら酢酸（0.1～0.5ml）を加え，反応を停止する。

9）現像液を捨て，超純水150～200mlを加え2分間振盪する。これを3回繰り返す（CBB染色の項に準じてゲルをドライアップし保存する）。

*1　染色液の廃液には直ちに濃塩酸約1.5mlを加え，塩化銀の沈殿物とする。放置しておくと爆発性物質を生じる恐れがある。

6.6　タンパク質のPVDF膜への転写

SDS-PAGEによって分離されたタンパク質のウエスタンブロッティングやアミノ酸配列分析を行うときにはメンブレンへ転写（ブロッティング）してから行う。ブロッティングは，専用の装置を用いて行うが，セミドライ式とタンク式の装置がある（図3-6-18）。

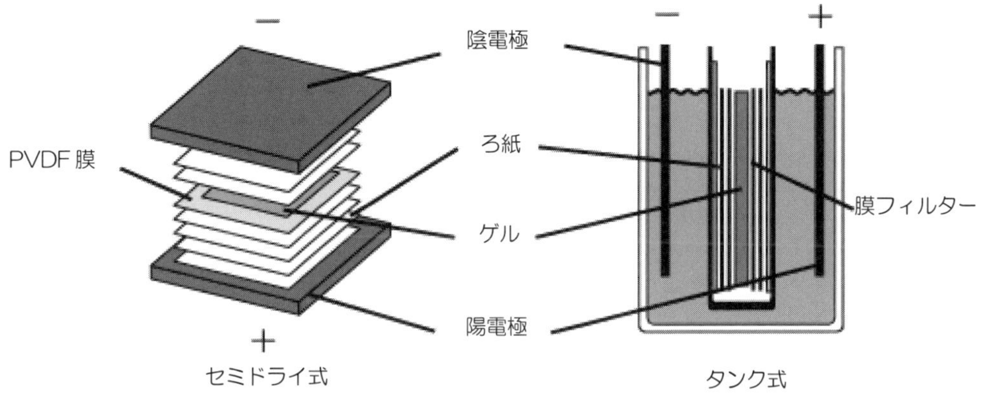

図3-6-18

セミドライブロッティング装置では，ろ紙に含ませた少量のブロッティング溶液を電極液にして，垂直方向にブロッティングが行われる。水平方向にブロッティングを行うタンク式の装置と比べると操作が容易であり，多量の電極液を必要としない。また，ブロッティングに用いられるメンブレンにはニトロセルロース膜とPVDF膜がある。PVDF膜はやや高価ではあるが，タンパク質との結合力が強く，また破れにくい。どちらの膜もタンパク質やペプチドを疎水性相互作用によって保持すると考えられている。ゲルから膜へのタンパク質の転写は電気泳動的に行われるため分子量の大きいタンパク質や濃いアクリルアミド濃度のゲルからの転写は効率が悪くなる。したがって，転写したいタンパク質のバンドがゲルの下から2/3程度に来るようにゲル濃度を選択する。ここでは，セミドライ式のブロッティングについて説明する。

準備するもの

試薬

・メタノール

アミノ酸配列分析用に使うときはHPLCグレードを用いる。

・ブロッティングA液

Tris	18.15g
メタノール	50ml
超純水	450ml
10%SDS	2.5ml

メタノールと超純水を混合して10%メタノールを調製し，これにTrisを溶解後，10%SDSを加える。

・ブロッティングB液

Tris	1.5g
メタノール	50ml
超純水	450ml
10% SDS	2.5ml

メタノールと超純水を混合して10%メタノールを調製し，これにTrisを溶解後，10%SDSを加える。

・ブロッティングC液

Tris	3.0g
6-アミノ-n-カプロン酸	5.2g
メタノール	100ml
超純水	900ml
10% SDS	5ml

メタノールと超純水を混合して10%メタノールを調製し，これにTrisおよび6-アミノ-n-カプロン酸を溶解後，10%SDSを加える。

アミノ酸配列分析のためのブロッティングに必要な試薬

・1Mチオグリコール酸ナトリウム溶液

チオグリコール酸ナトリウム	0.114g

1mlの超純水で溶解する。

・ブロッティング用先行マーカー

先行マーカー	90 μl
1Mチオグリコール酸ナトリウム	10 μl

・PVDF膜用染色液

CBB R-250	0.12g
HPLC用メタノール	20ml
アミノ酸配列分析用酢酸	50ml
超純水	50ml

メタノール，酢酸，超純水を混合し，これにCBBを溶解する。

・PVDF膜用脱色液

HPLC用メタノール	500ml
アミノ酸配列分析用酢酸	100ml
超純水	400ml

機器・器具

・セミドライブロッティング装置（ニッポンエイドー社）
・電源装置（パワーサプライ）
・ろ紙：3MM Chr（Whatman）
・ヘラ
・スパーテル
・ガラス棒（15cmくらいの長さのもの）
・ピンセット
・タッパーウエアー

Protocol

SDS-PAGE

1)「6.1　SDS-PAGE（Laemmli 法）」に従って，ゲルを調製，泳動槽に組み込み，泳動を行う。

アミノ酸配列分析のためのブロッティングを行うときは,ゲルの乾燥を十分に行う。また,チオグリコール酸を含む先行マーカーを泳動前に2μlずつ各ウェルに注入し,先に5分間泳動する。

ブロッティングの準備

1）ろ紙を切る*1（ゲル1枚につき大2枚，小4枚を使用する。大：12 × 12cm，小：9 × 9cm）。

2）PVDF 膜を切る*2（9 × 9cm，小さいろ紙に合わせて切る）。

*1　ろ紙を切るはさみはメタノールでよく拭く。

*2　専用のはさみを用意し，メタノールでよく拭いてから使う。

ブロッティング

1）手袋をつけ，メタノールで手袋をよく拭く。

2）ヘラ，スパーテル，ピンセット，ガラス棒をメタノールで拭く。

3）メタノールおよびC液を入れたタッパをそれぞれ用意する。

4）電気泳動後のゲルを取り出し，ヘラまたはスパーテルを用いて濃縮ゲルと余分な分離ゲルを取り除く。

5）ゲルをC液に浸け，5分間振盪する。このとき，2～3回C液を取り替える。

6）セミドライブロッティング装置の電極板と枠を超純水でよく拭き，さらに空拭きする。

7）PVDF 膜を取り出し，メタノールの中に約5秒間揺らしながら浸し，ウエッティングする。

8）ゲルを振盪させているC液の中にPVDF 膜を入れ，さらに

5 分間振盪する。

9) 3 つのタッパに，それぞれ A，B，C 液を入れる。

10) 小さいろ紙を A 液に浸し，電極板の枠の中に貼り付ける（2 枚）。

11) その上に，B 液に浸した小さいろ紙を貼り付ける（2 枚）。

12) その上に PVDF 膜を貼り付ける。ガラス棒を用いて，膜の下に入った泡を取る。

13) ゲルを膜の上にのせる。

14) 大きいろ紙を C 液に浸し，ゲルの上に貼り付ける（2 枚）（図 3-6-19）。

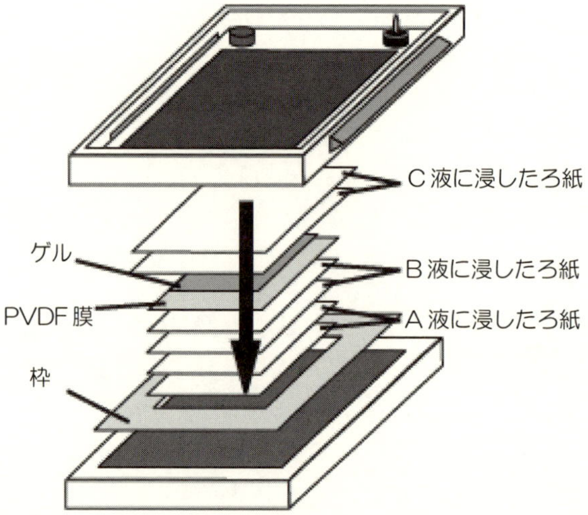

図 3-6-19

15) 上側の電極板をのせ，電流を流す。電流は，（ゲルの面積）× 1mA を目安に調節する（60 ～ 80 分間）。

→ アミノ酸配列分析を行う場合は続いて CBB 染色する。
→ 抗原抗体反応する場合は，「6.6　ウエスタンブロッティング」参照のこと。

CBB 染色

1) 手袋をつけ，メタノールで手袋をよく拭く。

2) ピンセットとヘラをメタノールで拭く。

3) パワーサプライの電源を切り，上側の電極板をはずす。

4) ろ紙を取り外し，ゲルは通常の CBB 染色を行う。

5) PVDF 膜は超純水に浸け，5 分間振盪する。

6) 染色液に浸け，1 分間振盪する。

7) 脱色液に浸け，バンドが見えるようになるまで振盪する。

8) バンドが確認できたら，超純水に浸け，15 ～ 20 分間振盪する。このときに数回，超純水を交換する。

9) キムタオルの上に大きいろ紙を敷き，その上に膜をのせ（図3-6-20），一晩乾燥させる。

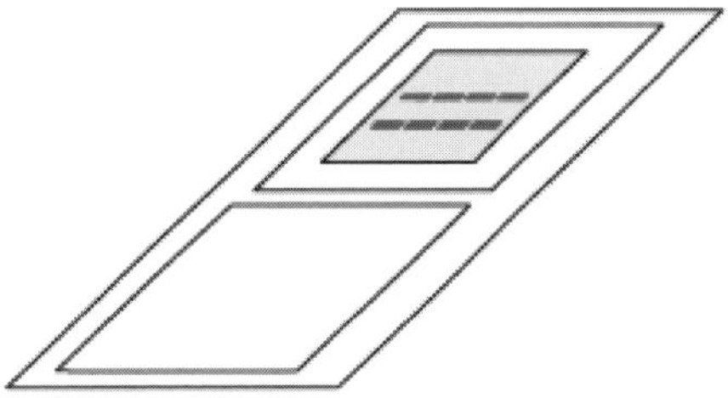

図3-6-20

6.7 ウエスタンブロッティング

SDS-PAGEによって分離したタンパク質をニトロセルロース膜やPVDF膜に転写し，特定のタンパク質を抗体を用いて検出するのがウエスタンブロッティングである（図3-6-21)。抗体は，生成機構や抗原との結合機構などいまだに不明な点も多い。しかしながら，タンパク実験において，抗原抗体反応は有用な技術として幅広く利用されている。抗原抗体反応の基本原理は，抗体が抗原に特異的に結合するという単純なものであるが，実際には常に非特異的な結合あるいは非特異的な抗体の混在により，偽のシグナルやバックグラウンドのノイズの可能性が付きまとう。そのため，これらのノイズの中からどうやって真のシグナルをピックアップできるかが技術的な課題となる。そのため，この実験の成功のカギはよい抗体を得ることにかかっている。しかし，現在では抗体の作製は外注して行うことも多く，目的のタンパクによっては市販されていることも少なくない。したがって，抗体の作製法については成書を参考されたい。抗体はものによって抗体価や特異性に大きな差があるので，初めてウエスタンブロッティングを行う際には，条件を検討する必要がある。特に使用時の抗体の希釈率は決定的な影響を及ぼすので注意が必要である。ここでは，ペルオキシダーゼ標識された二次抗体を用いたウエスタンブロッティング法を紹介する。

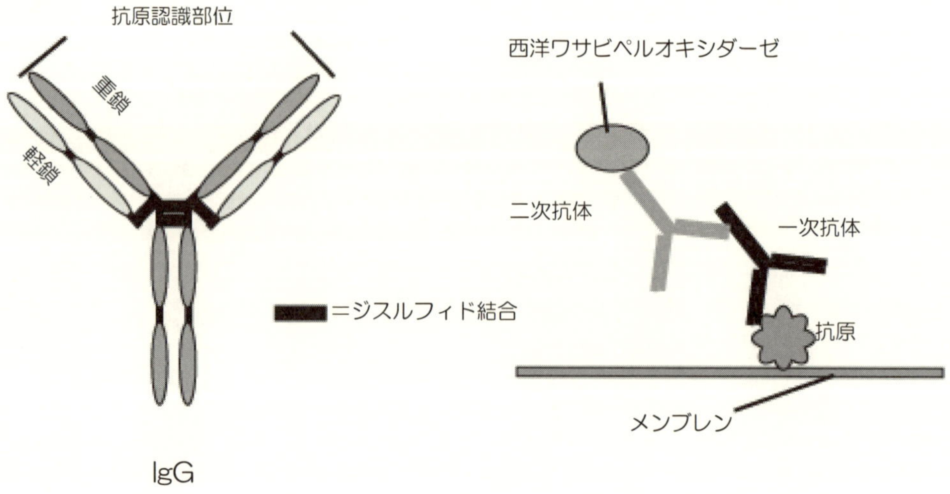

図3-6-21

準備するもの

試薬

・Tween PBS（pH 7.4）

NaCl	9g
$NaH_2PO_4 \cdot 2H_2O$	1.56g
Tween-20	0.5g

約800m*l*の超純水で溶解し,pHを1N NaOHで7.4に調整し，最終的に1*l*とする。

・10%スキムミルク/Tween PBS

スキムミルク	30g
Tween PBS	270m*l*

・POD Immunostain Set（和光純薬社）

NADH 1瓶をNTB溶液20m*l*で溶解する。さらに基質を1m*l*加えて混和し,染色液にする。調製後は遮光冷蔵保存で5日間は使用可能。

機器・器具

・シェーカー

・タッパーウエアー

Protocol

1）タッパーウエアーに100m*l*の10%スキムミルク/Tween PBSを入れ，PVDF膜を室温で2時間あるいは，4℃で一晩振盪し，ブロッキングする。

2）一次抗体を10%スキムミルク/Tween PBSで希釈し，この中に膜を入れ室温で1時間振盪する。

3）Tween PBSで10分間振盪し，膜を洗浄する。これを3回繰り返す。

4）ペルオキシダーゼで標識された二次抗体を10%スキムミルク/Tween PBSで希釈し，この中に膜を入れ室温で1時間振盪する。

5）Tween PBSで10分間振盪し，膜を洗浄する。これを3回繰り返す。

6）Tween PBSを捨て，染色液（POD Immunostain Set）を加え，バンドの濃さを確認しながら室温で約10分間（目安）反応させる。バンドが確認できたら，純水で洗浄し，反応を停止させる。

7）乾燥後，遮光保存すれば長期保存できる。

Column 7 「納得してから実験をする」

どんな実験でも自分なりに納得した上で行うことが必要である。実験の意味や価値を理解し，わからなければ納得するまで聞く。

もっとも，実験の細かいステップについては，この溶液にはなぜこの成分が加えてあるのかなどわからないことも多い。こういう細かいことまで根掘り葉掘り全部初心者に聞かれていては，実は教えるほうも閉口する。大事なことだけを聞けという気持ちもわかる（何が大事か，わからないから聞くのであろうが）。少なくとも実験の大筋に関しては，自分の言葉で他人に説明できるように理解しておくこと。自分の実験について他人からさまざまな質問をされたとき，「そうやれと言われましたので」としか答えられないようでは情けない。

7. ペプチドマッピング

精製して得られたタンパク質をトリプシンなどによるプロテアーゼ消化や臭化シアン処理などタンパク質をアミノ酸残基特異的に切断する処理を施すと，特定のアミノ酸残基で切断されたペプチド断片ができる。これをHPLCやSDS-PAGEによって分離したときに得られる溶出パターンやバンドパターンをペプチドマッピングという。同じ一次構造を持つタンパク質は同じペプチドマッピングのパターンを示す。すなわち，未知のタンパク質のマッピングが既知のタンパク質のそれと同じであれば，これらのタンパク質が同じような一次構造を持つことがわかる。また，ペプチドマッピングによって得られたそれぞれのペプチドをアミノ酸配列の決定に用いることができ，タンパク質のN末端だけでなく内部の配列情報を得ることができる。N末端アミノ基がホルミル基やアセチル基などによってブロックされているとエドマン試薬と反応しないためエドマン分解によってアミノ酸配列を決定することができない。このような場合，内部配列を分析することによりそのタンパク質のアミノ酸配列情報を得ることができる。また，タンパク質内部の複数の配列情報を基に縮重オリゴヌクレオチドをプライマーに用いたPCRを行って目的の遺伝子断片を増幅することも可能である。

ペプチドマッピングの方法には，SDS-PAGEの濃縮ゲル内で酵素消化を行い消化断片を分離する方法（クリーブランド法）や，溶液中で酵素消化を行い消化断片を逆相カラムで分離する方法などがある。

7.1 クリーブランド法を用いたペプチドマッピング

クリーブランド法は，SDS-PAGE中に*Staphylococcus aureus* V8 proteaseや*Achromobacter* protease Iなどのプロテアーゼとともに泳動し，濃縮ゲル中で酵素反応を行い，タンパク質を断片化する。断片化してできたペプチドはそのまま電気泳動によって分離する。これをブロッティングすればアミノ酸配列分析を行うこともできる。ここでは，1回目のSDS-PAGEによってタンパク質を分離し，これをゲルごと切り取って2回目のSDS-PAGEに供し，酵素消化を行う方法を記述する。

準備するもの

試薬

- SDS-PAGEに必要な試薬
- 平衡化バッファー

  SDS-PAGEゲル作製ストックC液10 m*l*を超純水30 m*l*で希釈する。
- 1 mg/m*l* プロテアーゼ溶液

  Staphylococcus aureus V8 protease, *Achromobacter* protease Ⅰ（Lysyl Endopeptidase）あるいはEndoproteinase Asp-Nを使用する。

・10%グリセリン
・20%グリセリン

機器・器具

・電気泳動装置
・電源装置（パワーサプライ）
・染色・脱色用トレイ
・シェーカー
・ガラス板
・メス

Protocol

1st PAGE

1)「6.1　SDS-PAGE（Laemmli 法）」に従い，SDS-PAGE を行う。サンプルの濃さによって 1 〜 4 レーン分サンプルを流し，これを重ねて 2nd PAGE に用いる。

バンドの切り出し・平衡化

1) CBB 染色液に 5 〜 20 分間振盪する。

2) 脱色液に浸け，バンドが見えるまで振盪する。

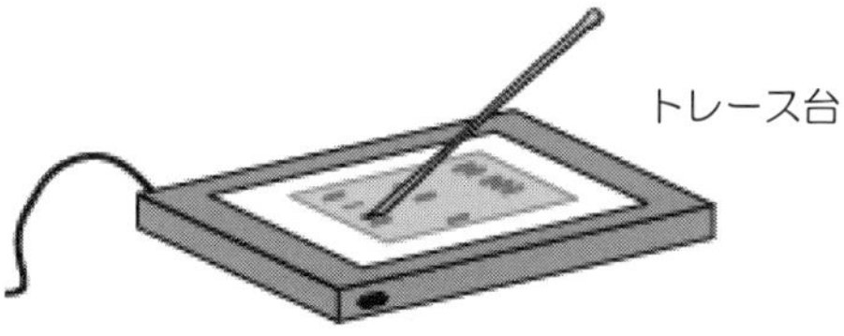

図 3-7-1

3) ガラス板[*1]の上にゲルをおき，メスで目的のバンドを切り取る（図 3-7-1）。

*1　透写台，トレース台があると便利である。

4) 切り取ったゲルを平衡化バッファーに入れ，30 分間平衡化する。

5) 2nd PAGE に使うゲルを泳動槽にセットする。泳動バッファーは，濃縮ゲルの上端のところまで入れる。

6) 濃縮ゲルを整形する。1つのサンプル（バンド）を入れるのに2つのウェルが必要になるので，間のゲルを注射針で切り取って取り除く（図3-7-2)。

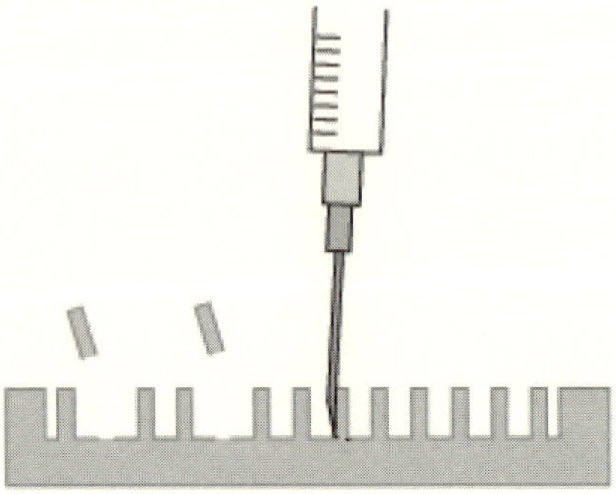

図3-7-2

7) ウェルの中の泳動バッファーをシリンジで取り除き，平衡化バッファーを入れる。

泳動の開始・酵素処理

1) 整形したウェルの中に，平衡化の終了したゲルを入れる。

2) 10 μl の 1mg/ml プロテアーゼ溶液に 90 μl の 10% グリセリンを加え，0.1mg/ml プロテアーゼ溶液を調製する。

3) バンドを挿入したウェルに 20% グリセリンを 10 μl 重層する。

4) さらに 10 μl の 0.1mg/ml プロテアーゼ溶液を重層する（図3-7-3)。

5) 先行マーカーを2 μl ずつ各ウェルに入れる。

6) 泳動バッファーを通常どおり入れる。

7) ゲル1枚につき7.5mAの電流を流し泳動を開始する。

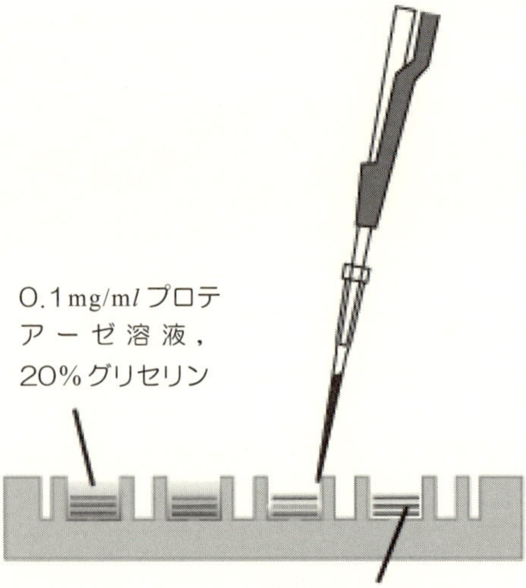

図3-7-3

8) 先行マーカーが濃縮ゲルの中央に来たら電流を止め，30分間放置し限定分解させる。

9) 限定分解終了後，電流を再び流し泳動を再開する。

10) 先行マーカーが分離ゲルに入ったら，電流を上げる（ゲル1枚につき15mA)。泳動が終了したら，染色あるいは，ブロッティングする。

7.2 逆相クロマトグラフィーによるペプチドマッピング

酵素消化によって得られたペプチド断片を逆相HPLCで分離する方法である。逆相HPLCを用いると，SDS-PAGEでは分離できない小さな断片を分離することができる。カラムは主としてC18カラムが用いられる。また溶媒は，アセトニトリル-TFA系を用いる。

準備するもの

試薬

・プロテアーゼ溶液（下表参考）
・消化用バッファー（下表参考）
・Solvent A (0.1% TFA + 超純水)
・Solvent B (0.1% TFA + 70%アセトニトリル)

機器・器具

・C18逆相カラム：Wakosil 5C18 φ 4.0mm × 250mm (D)(和光純薬社)
・高速液体クロマトグラフィーシステム（216nmで検出）
・インキュベーター

プロテアーゼ	断片化部位	消化用バッファー	反応温度(℃)	反応時間(min)	酵素/基質
Achromobacter protease I	Lys-X	20mM Tris-HCl(pH9.0)	37	15	1/100
Endoproteinase Asp-N	X-Asp	30mM Ammonium bicarbonate(pH7.8)+5 mM Calcium chlorid	40	15	1/100
	X-Asp,X-Glu	20mM Sodium borate(pH7.0)+0.1-5mM Calcium chloride	37	15	1/100
TPCK-trypsin	Lys-X,Arg-X	100mM Ammonium bicarbonate(pH7.8)+10 mM Calcium chlorid	25	15	1/100
Lys-N (マイタケ由来)	X-Lys	20mM Sodium borate(pH7.8)	45	15	1/50
S.aureus V8 protease	Glu-X	100mM Ammonium bicarbonate(pH7.8)	25	15	1/40

Protocol

酵素処理

1）試料溶液へ，表を参考に酵素溶液を加え，マイクロチューブ内で酵素処理を行う。HPLCへアプライするかSolvent Aを加えることによって反応を停止させる。

表に示した反応時間や温度，酵素/基質比は一般的なものである。結果に従い調節して酵素処理を行う。

逆相HPLCの準備

1）Solvent Aを送液し，送液系（ポンプ，ミキサー，検出器など）の溶液をすべてSolvent Aに交換する。

2）カラムを取り付ける。

3）以下のプログラムでカラムの洗浄・平衡化を行う。

流速	1 ml/min
温度	室温
グラジエント	
0～15分	100% B
15～25分	0% B
25～85分	0% B → 100% B
85～90分	100% B → 0% B
90分～	ベースラインが落ち着くまで0% B

サンプルのアプライ・グラジエント溶出

1）サンプルを遠心（15,000 rpm，15分間）して，不溶物を取り除く。

2）HPLCのインジェクションバルブがLoadになっていることを確認する。

3）サンプルアプライ用シリンジを用いてSolvent Bをインジェクションバルブからサンプルループに通し，つづいてA液を3回通す。これを3回繰り返す（サンプルループの洗浄）。

4) UV モニターでベースラインが落ち着いたことを確認する。

5) シリンジでサンプルを採る。インジェクションバルブがLoadになっていることをもう一度確認し，サンプルをアプライする。このとき，シリンジはさしたままにしておく。

6) プログラム*1をスタートさせ，溶出を開始する。

流速	0.8 ml/min		
温度	室温		
グラジエント			
0～10分	0% B		
10～70分	0% B	→	100% B
70～75分	100% B		
75～80分	100% B	→	0% B
80～90分	0% B（ベースラインが落ち着いたら次のサンプルに移る。）		

*1　プログラムはあくまでも一般的なものである。サンプルによって変更を加える。

7) ピークを見ながら，マイクロチューブに溶出液を分注する。

8) 使用後は，メタノールを送液しカラム内の溶液を交換する。

Column 8　「新商品」

バイオサイエンスの急速な発展とともに実験に用いる機器，試薬類の発展も目覚しいものがある。自分達の実験をより迅速，正確に行うため，また，経費の削減のために，新商品の情報を早く知ることも研究者としては大切なことである。そのためには，普段から学術雑誌やカタログに目を通し，理化学業者の人間とのコミュニケーションをはかるのも大切である。また，学会での情報収集も有効である。

8. アミノ酸配列分析

現在，最も一般的なアミノ酸配列分析法は，Edmanによって考案されたフェニルイソチオシアネート（PITC）法あるいはエドマン法と呼ばれる方法である。エドマン法によるN末端アミノ酸の遊離法は以下に示す５つのステップを経て行われる（図3-8-1）。

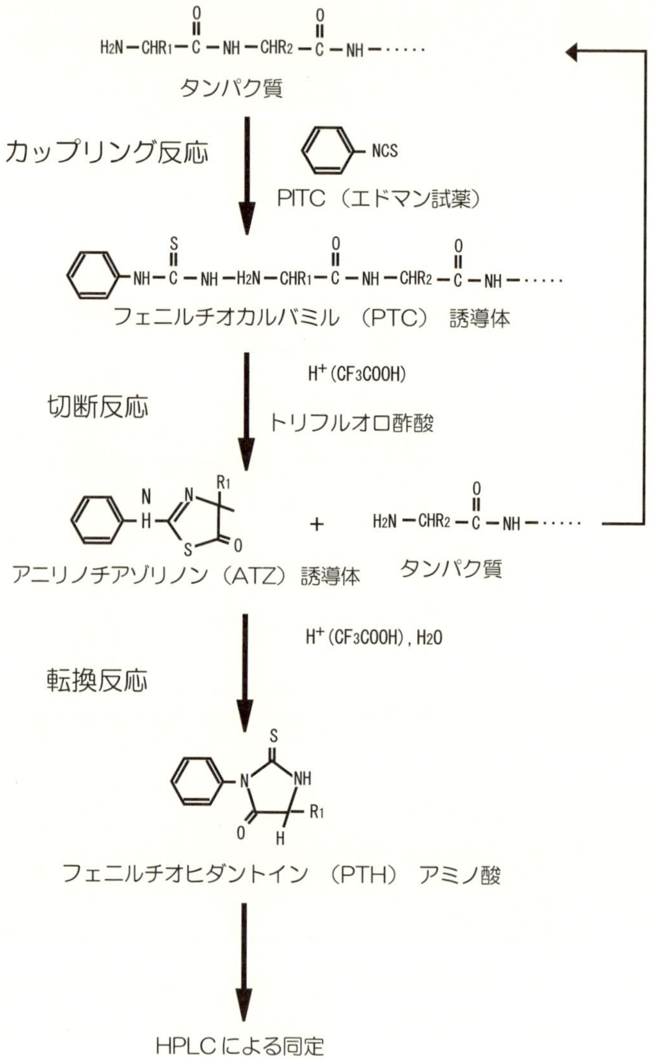

図3-8-1

① アルカリ条件下で，PITC（エドマン試薬ともばれる）をN末端アミノ酸のアミノ基とカップリングさせ，N-フェニルチオカルバミル誘導体を生成する。

② 余分なPITCを洗い流す。

③ 強酸でN末端ペプチド結合を切断し，N末端アミノ酸のアニリノチアゾリノン（ATZ）誘導体を遊離させる。

④ 疎水性の溶媒でATZアミノ酸を抽出し，もとのペプチドと分離する。

⑤ 不安定なATZアミノ酸を安定なフェニルチオヒダントイン（PTH）アミノ酸に転換する。

これらのステップを経て，N末端から１つのアミノ酸がPTHアミノ酸として遊離される。遊離されたPTHアミノ酸は薄層クロマトグラフィーやHPLCによって同定する。また，N末端アミノ酸が切断されたペプチドは，再び，①のステップから反応が進み，この繰り返しにより，N末端アミノ酸配列を分析する。エドマン法は以前は手動で行われていた。しかし，現在ではエドマン分解から，PTHアミノ酸の同定までを自動化したプロテインシーケンサが用いられる。プロテインシーケンサでは，高純度の試薬を用い，不活性ガスの条件下で反応を進めることにより，効率よくエドマン分解が進行する。アプライドバイオシステムズ社のProcise 491，492，494は，リアクションカートリッジ部，コンバージョンフラスコ部，オンライン化されたHPLCそしてシステムの操作およびデータの処理を行うコンピュータから構成されている。液状およびPVDF膜にブロットされたサンプルを分析することができる。液状のサンプルの場合，ポリブレンで処理したガラス繊維ろ紙をカートリッジに取り付け，ろ紙にサンプルを染み込ませる。一方，PVDF膜にブロットしたサンプルは，目的のタンパク質やペプチドに対応するバンドを膜ごと切り取りカートリッジに挿入する。以下に，実際の操作法を記述する。

準備するもの

試薬

・専用の試薬（※印はアプライドバイオシステムズ社から購入したものをそのまま使用する）

R1※	5% PITC
S1	100%メタノール
R2B※	N-メチルピペリジン/メタノール/水
R3※	TFA
R4※	25% TFA
R5	PTHアミノ酸スタンダード
X1	50%メタノール
S2B	酢酸メチル
S3※	塩化n-ブチル
S4※	20%アセトニトリル
X2	100%メタノール
X3	100%メタノール

・HPLC用溶媒

Solvent A：3.5%テトラヒドロフラン

プレミックスバッファーを20 ml添加する。PTHスタンダードの分離が悪くなってきたら（Protocol参照），バッファーの添加を5 ml増やす。

Solvent B：12%イソプロパノール/アセトニトリル

そのまま使用する。

・PTHスタンダード

1箱に4種類のバイアル2本ずつとPMTCのバイアル（使用しない）が1本，合計9本のバイアルが入っている。これを用い以下のように調製する。

ストックソリューションの調製

1）PTHスタンダードキットから，4バイアル（Part1，Part2，PE-Cys，DPU）を取り出し，1 mlずつR5を入れる。
2）20分間，断続的にボルテックスし，完全に溶解させる。
3）－20℃で保存する。

ワーキングソリューションの調製

1）1つのファルコンチューブに各バイアルからストックソリューションを100 μlずつ入れる。
2）9.6 mlのR5を加え，混合する。
3）－20℃で保存する。

ランニングソリューションの調製

1）1 mlのワーキングソリューションと3 mlのR5を混合し，R5のボトルポジションに装着する（ボトルの取替えはProtocol参照）。

・ポリブレン溶液；液状サンプルの時だけ使用する

バイオブレンプラスを750 μlの超純水で溶解し，マイクロチューブに30 μlずつ分注し－20℃で保存する。

機器・器具

・Procise 492
・Prociseカートリッジシール
・マイクロカートリッジフィルター（液状サンプルのときのみ）

Protocol

システムの立ち上げ

1) Procise 492システムのプロテインシーケンサ，PTHアナライシスシステムの電源を入れる。

2) パソコンの電源を入れる。

3)「Procise」と「Model 610A」を起動させる[*1]。

4) シーケンサのCOMランプが点灯していることを確認する（図3-8-2）。

*1 「Procise」はProciseをコントロールするソフトウエアで，「Model610A」は，データを取り込み，解析するソフトである。

図3-8-2

ポリブレン処理（液状サンプルのみ）

1) Procise 492本体からカートリッジアッセンブリを取り外し（図3-8-3），キャップを開けて，2つのカートリッジブロックを取り出す[*2]。

2) 両カートリッジは，液クロ用メタノールをかけて洗浄し，エアスプレーを用いて乾燥させる。

3) アッパーカートリッジブロック（液状サンプル用）にタンパーを使用してマイクロカートリッジフィルターを装着する。

4) フィルターを上にしてアッパーカートリッジブロックをドライングアッセンブリにのせる。

5) フィルターにポリブレン溶液15 μlを染み込ませる。

6) サンプルドライングアームを下ろし，フィルターを乾燥させる（約5分間で乾燥する）。

7) カートリッジアッセンブリを組み立てなおし（図3-8-4），Procise 492本体に取り付ける。

*2 カートリッジA，Bは交替で使い，毎回同じカートリッジばかりを使わないようにする。

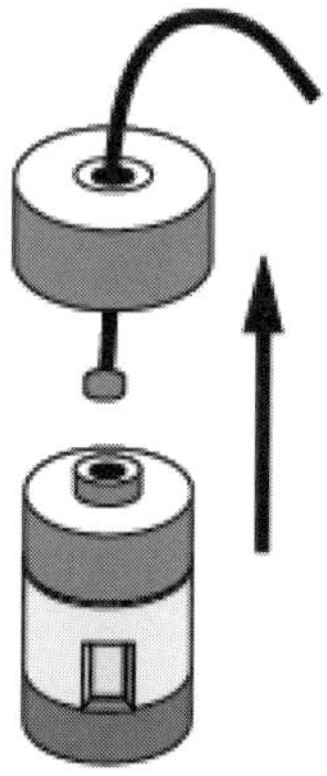

図3-8-3

8) カートリッジリークテストを行う。

i パソコンの「Procise」ウインドウ中のプルダウンメニューをクリックし,「Test」を選択する。
ii 「Select A Test」のラジオボタンから「Leak」を選択する。
iii リストから「Cartridge A (あるいはB) Leak Test*3」を選択する。
iv Start Testをクリックする。
v テスト終了後, プルダウンメニューから「Event Log」を選択する。
vi 2つの結果が,両方Passなら次へ進む。1回目が「Fail」ならリーク大,カートリッジアッセンブリを組み立てなおす。2回目が「Fail」なら微小リーク,カートリッジホルダーを締めなおす。

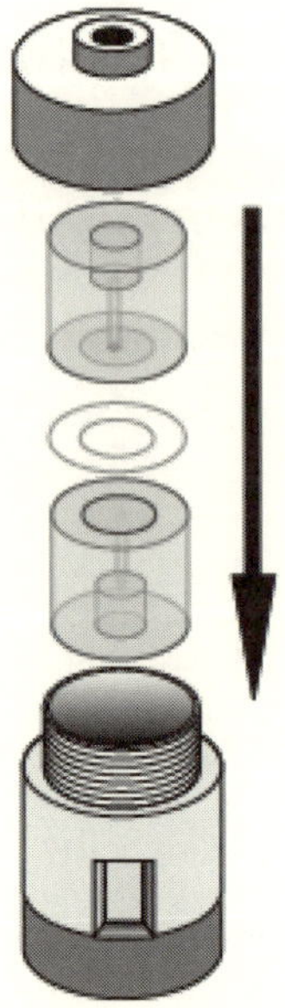

図3-8-4

*3 Procise 494の場合は,さらにCあるいはDを選択することができる。

9) プルダウンメニューから「Start Run」を選択する。

10) 使用するカートリッジの「Run Order」プルダウンメニューを1stに設定する。

11) Cyclesを「4」に設定

12) 「Methods」プルダウンメニューから「Filter Precycle」を選択する。

13) 試薬・ガス・廃液の量を確認しStart Run…をクリックする。シーケンサ本体の「SEQ」ランプが点灯する（図3-8-5）。

図3-8-5

14) パソコンの「Model 610A」ソフトウエアをアクティブにし,「Acquistion」メニューの「Display New Procise Data」にチェックマークが入っているか確認する。入っていない場合は,「Display New Procise Data」を選択しチェックを入れる。

15) パソコンウインドウ内のクロマトグラムが3サイクル（ブランク, PTHアミノ酸スタンダード, ケミストリーブランク）まで表示され, シーケンサ本体の「SEQ」ランプが消えたらポリブレン処理終了。

シーケンス分析（液状サンプル）

1) ポリブレン処理の終了したカートリッジアッセンブリを本体から取り外し，アッパーカートリッジを取り出す。

2) フィルタを上にし，ドライングアッセンブリにのせる。

3) サンプルを15 μl*4，フィルタに染み込ませ，サンプルドライングアームを下ろし，フィルタを乾燥させる（約5分間で乾燥する）。

*4 15 μl以上負荷したい場合は，一旦乾燥させてから，残りを15 μlずつ染み込ませ，これを繰り返す。

4) カートリッジアッセンブリを組み立てなおし，Procise 492本体に取り付ける。

5) カートリッジリークテストを行う。

6) プルダウンメニューから「Start Run」を選択する。

7) 使用するカートリッジの「Run Order」プルダウンメニューを1stに設定する。2つのカートリッジを使う場合は，1番目のほうを1stに，2番目のほうを2ndに設定する。

8) File Nameをつける。

9) Cyclesを「分析したい残基数」＋「3」に設定する。

10)「Methods」プルダウンメニューから「Pulsed-liquid」を選択する。

11)試薬・ガス・廃液の量を確認しStart Run…をクリックする。シーケンサ本体の「SEQ」ランプが点灯する。

12)パソコンの「Model 610A」ソフトウエアをアクティブにし，「Acquistion」メニューの「Display New Procise Data」にチェックマークが入っているか確認する。入っていない場合は，「Display New Procise Data」を選択しチェックを入れる。

13)パソコンウインドウ内のクロマトグラムが分析サイクル数＋3サイクル（ブランク，PTHアミノ酸スタンダード，ケミストリーブランク，サンプル）まで表示され，シーケンサ本体の「SEQ」ランプが消えたら分析終了。

シーケンス分析（PVDF膜サンプル）[*5]

*5 PVDF膜サンプルを分析する際は，ポリブレン処理は行わない。

1) カートリッジアッセンブリを本体から取り外し,2つのカートリッジ（アッパーカートリッジはPVDF膜用を使用する）を取り出す。

2) 両カートリッジは,液クロ用メタノールをかけて洗浄し,エアスプレーを用いて乾燥させる。

3) PVDF膜から目的のバンドを膜ごと切り取り，アッパーカートリッジのスリットに入れる（図3-8-6）。

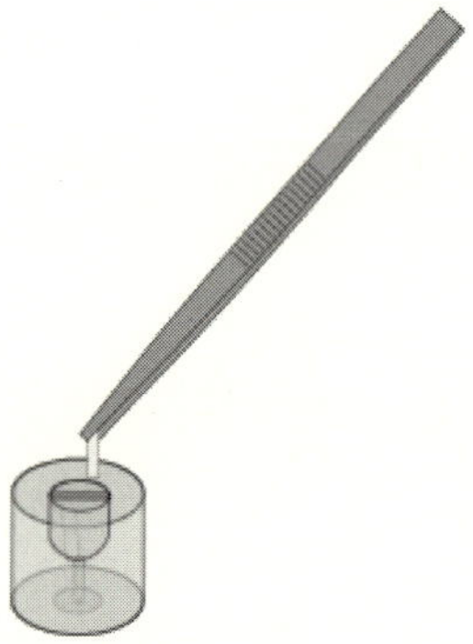

図3-8-6

4) カートリッジアッセンブリを組み立てなおし,Procise 492本体に取り付ける。

5) カートリッジリークテストを行う（p198参照）。

6) プルダウンメニューから「Start Run」を選択する。

7) 使用するカートリッジの「Run Order」プルダウンメニューを1stに設定する。2つのカートリッジを使う場合は，1番目のほうを1stに，2番目のほうを2ndに設定する。

8) File Nameをつける。

9) Cyclesを「分析したい残基数」＋「3」に設定する。

10)「Methods」プルダウンメニューから「PL PVDF Protein」を選択する。

11) 試薬･ガス･廃液の量を確認しStart Run…をクリックする。シーケンサ本体の「SEQ」ランプが点灯する。

12) パソコンの「Model 610A」ソフトウエアをアクティブにし,「Acquistion」メニューの「Display New Procise Data」にチェックマークが入っているか確認する。入っていない場合は「Display New Procise Data」を選択しチェックを入れる。

13)パソコンウインドウ内のクロマトグラムが分析サイクル数＋3サイクル（ブランク，PTHアミノ酸スタンダード，ケミストリーブランク，サンプル）まで表示され，シーケンサ本体の「SEQ」ランプが消えたら分析終了。

データ解析

1) 分析が終了したらデータファイルは全て「Procise*f*」フォルダに収められる。解析するデータのファイル名を探し，開く。

2) PTHアミノ酸スタンダードを表示する。

i キーボードの矢印キーを押すか，クロマトウインドウ内の矢印ボタンを押して探すか，0→Returnを押してPTHアミノ酸スタンダードのクロマトグラムを表示する。

ii マウスのポインターの座標が表示されていることを確認する。表示されていないときは，「Cycle」メニューから「Show Location」を選択する。

3) 表示スケールを設定する。

「Cycle」メニューから「Axes」を選択し，Vertical Scale（縦軸）とHorizontal Scale（横軸）のFixedラジオボタンをチェックし，それぞれの軸を設定する。

4) 解析範囲を確認する（図3-8-7）。

クロマトグラムのリテンションタイムを確認し,Aspの前からLeuの後ろまでの時間を確認する（カーソルの位置がウインドウの下部に表示されるのでそれを参考にする）。

5) 解析範囲を入力する。

「Analysis」メニューの「Integration Options」を開き，「Limit」ボックス内の「Integration:」の数値を前項で確認したAspの前，Leuの後ろの数値に変更する。

6) Calibrateする。

「Analysis」メニューの「Calibrate」を開き，PTHアミノ酸スタンダードをCalibrateする。Calibrate後のクロマトグラムを確認し,ズレが見られたら訂正する。

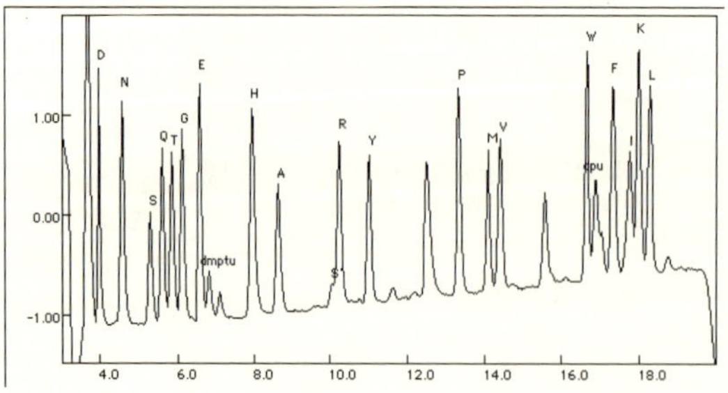

図3-8-7

Calibrationの訂正

i 訂正したいピークのトップにカーソルをあわせ（カーソルにAAがつく），クリックする。

ii Calibrationウインドウが開くので，正しいアミノ酸名を一文字表記で入力する。

iii pmolに 10.0，Typeにc（DPUのピークにはr）を入力する。

iv 保存する。

7) Analyzeする。

「Analysis」メニューの「Analyze」を開き，各アミノ酸残基を同定する。Analyze後のクロマトグラムを確認し，ズレが見られたら訂正する。

Dataの訂正

i 訂正したいピークのトップにカーソルをあわせ（カーソルにAAがつく），クリックする。

ii Dataウインドウが開くので，正しいアミノ酸名を一文字表記で入力する。消すときはDeleteキーで消去する。

iii 保存する。

8) Call Sequenceする。

「Analysis」メニューの「Call Sequence」を選択し，Analyzed Dataを基に配列を推定する(ただし，推定された配列は間違って読まれていることもあるので注意し，もう一度自らの目で読むこと）。

9) 配列データを基に，相同性検索を行い，タンパク質を同定する。

Chapter 4 遺伝子タンパク実験実例編

1. 馬鈴薯からの酸性ホスファターゼの精製

酵素は，生体内で進行する化学反応の生体触媒である。酵素の本体は分子量1万～100万のタンパク質で，その機能はそれぞれのタンパク質の構造に依存している。

酸性ホスファターゼ（Acid phosphatase; EC 3.1.3.2）は，酸性領域においてリン酸モノエステルの加水分解反応を触媒をする酵素で（図4-1-1），動物，植物そして微生物界に広く分布している。しかし，その基質特異性は低く生体内での機能は解明されていない点が多い。また，その起源にかかわらず，精製された酵素標品は，このタンパク質に結合している金属によって紫色を呈する。本実験は，馬鈴薯の塊茎に含まれている酸性ホスファターゼの分離・精製を通じて，酵素に対する知識を深めることを目的としている。

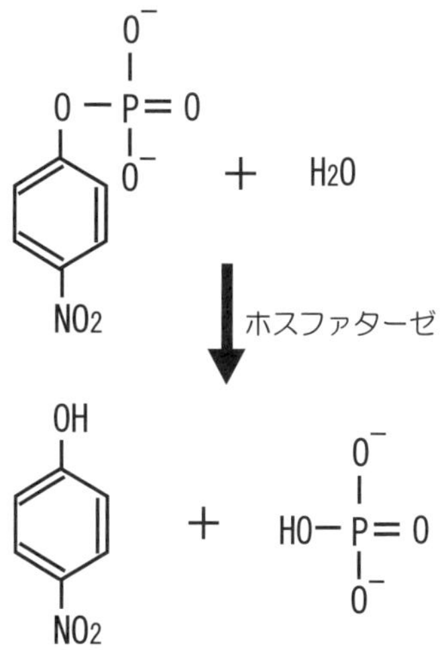

図4-1-1

1.1 酸性ホスファターゼ活性の測定

準備するもの

試薬

・50mM *p*-nitrophenyl phosphate
・200mM Tris-maleate (pH 6.0)
・0.2N NaOH

機器・器具

・インキュベーター
・メスピペット
・ストップウォッチ

Protocol

1) 以下の反応液を含む試験管を30℃のインキュベーターに浸けて温度を平衡化する（25～30分）。

50mM *p*-nitrophenyl phosphate	0.2m*l*
200mM Tris-maleate (pH6.0)	0.2m*l*
純水	0.5m*l*

2) インキュベーター中で1)の試験管に0.1m*l*の酵素液をメスピペットを使って吹き込み，よく混合し反応を開始させる(ストップウォッチスタート)。

3) 一定時間後（2分間）0.2N NaOHを2m*l*，メスピペットを使って吹き込み反応を止める。ブランクは酵素液のかわりに純水を0.1m*l*加える。

4) 20分放置後，それぞれの410nmにおける吸光度を測定し両者の差，すなわち基質が分解されて生じた生成物である，*p*-nitrophenolの量を*p*-nitrophenolの分子吸光度係数$1.7 \times 10^4 M^{-1}cm^{-1}$を使って計算する。その結果，単位時間当たりに加水分解された基質の量，試料液のタンパク量がわかればその試料の比活性（タンパク1mgあたりの活性）が計算できる。

1.2 抽出液・粗酵素液の調製

準備するもの

試薬

・硫酸アンモニウム

粉末の粒は粗く溶解させにくいので,必要に応じて乳鉢等で粒をすりつぶして使用する。タンパク質溶液への硫安の添加量と飽和濃度の関係は巻末の表を参照のこと。

機器・器具

・おろし金
・ロート
・ガーゼ
・クラッシュドアイス

Protocol

抽出液の調製

1) 馬鈴薯を良く洗い，皮をむく。

2) 重量を量る（80 ～ 120g）。

3) おろし金を使って，摩砕した後，馬鈴薯と同重量の純水を加え，ビーカー内で10分間，攪拌する（氷冷下で，ガラス棒を使って攪拌する）。

4) 攪拌後，2枚重ねのガーゼで絞り，20分間静置する（図4-1-2）。澱粉が沈んだら，上澄み液を静かにメスシリンダーに移し，その容量を量る。これを抽出液とする。タンパク濃度，酵素活性の測定用に2mlをサンプル瓶に採り，-20℃で保存する。

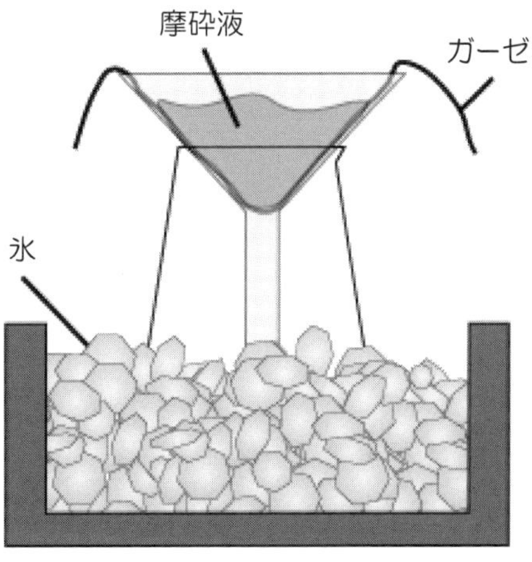

図4-1-2

硫安塩析・透析

1) 馬鈴薯抽出液をコニカルビーカーに移し，スターラーで攪拌しながら*1，40%飽和*2になるように硫酸アンモニウムを少量ずつ加える。完全に溶解したことを確認してから20分間放置する。

*1 攪拌の操作は氷中で行う。

*2 巻末付表5参照。

2) 遠心（4,000rpm，20分間，4℃）する*3。

*3 ここでは沈殿物が不要である。

3) 上澄み液の容量を量り，70%飽和*2になるように硫酸アンモニウムを少量ずつ加える。完全に溶解したことを確認してから20分間放置する。

4) 遠心（4,000rpm，20分間，4℃）する*4。

*4 ここでは，上澄みが不要である。

5) 得られた沈殿を10mM Tris-maleateバッファー（pH 6.0）に溶解し，同じバッファーに対して透析する。

1.3 DEAE-celluloseカラムによる酸性ホスファターゼの精製

準備するもの

試薬

・DEAE-cellulose
・0.5N HCl
・0.5N NaOH
・100mM Tris-maleate（pH 6.8）
・10mM Tris-maleate（pH 6.8）
・10mM Tris-maleate（pH 6.8）+ 40mM KCl
・1M NaCl

機器・器具

・カラム
・シリコンチューブ
・三角フラスコ
・スタンド
・クランプ
・小試験管

Protocol

カラムの調製

1) DEAE-cellulose を水に懸濁した後，上澄み液を捨てる（あまり細かい粒子も捨てる）。

2) あらかじめ用意したカラムへ懸濁液を流し込み，一定の高さになるまで DEAE-cellulose をつめる（図 4-1-3）。

3) カラムに 15 m*l* の 0.5N HCl を上部から流す。

4) 次に，30 m*l* の脱イオン水を上部から流し，HCl を洗い流した後，0.5N NaOH を 15 m*l* 流す。

5) さらに，30 m*l* の脱イオン水を流し，NaOH を除いた後，30 m*l* の 100 mM Tris-maleate（pH 6.8）を，続いて，30 m*l* の 10 mM Tris-maleate（pH 6.8）を順次カラムに流す（カラムの平衡化）。

6) 最後に，DEAE-cellulose の上部にバッファーの層が残っているうちにカラムの出口のクランプを締める。

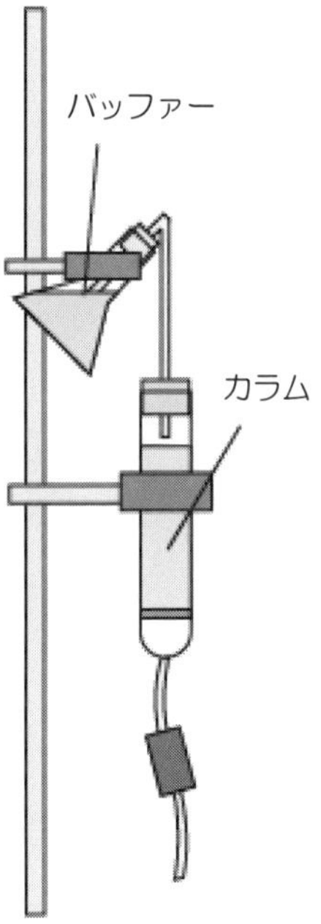

図 4-1-3

カラムクロマトグラフィー

1) 透析チューブ内の酵素液を遠心管に入れ，遠心（4,000 rpm，10 分間，4℃）し，不溶物を除去する。

2) 上澄み液の液量をメスシリンダーを使って測定した後，2 m*l* をサンプル瓶に採り，-20℃で保存する。

3) カラム上部から，10 mM Tris-maleate（pH 6.8）を流して流速を 2 m*l*/min に調整する。あらかじめ 2 m*l* の脱イオン水を小試験管に入れ，水位をマジックで記しておく。ストップウォッチを使って流速をあわせる。流速をあわせた後は，1 分で 2 m*l* = 15 分で 30 m*l* と，時間で流れた量を量ることができる。

4) 遠心後の上澄み液を，駒込ピペットを使って静かにカラムの上部から流す。

5) 上澄み液が，カラムの上部にわずかに残っている状態のとき，10mM Tris-maleate（pH 6.8）30m*l*を徐々に流す。

6) 次に，10mM Tris-maleate（pH 6.8）+ 40mM KCl30m*l*をカラムの上部から流す。

7) 先の小試験管に氷中で，2m*l*ずつ13本に分取し，冷蔵庫で保存する。

8) 1M NaClでカラムを洗浄する。

9) 13本のフラクションのタンパク量（ローリー法）と酵素活性を測定し，グラフを作成する（図4-1-4）。

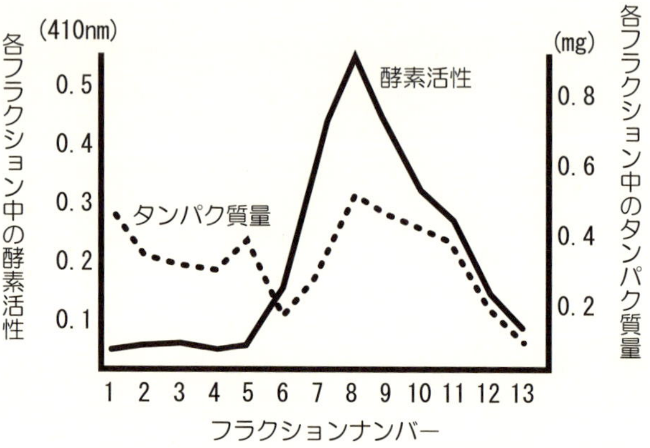

図4-1-4

精製表の作成

抽出液，硫安塩析画分，カラムクロマトグラフィー精製液のタンパク濃度と酵素活性を基に以下のような表を作成する。

表　馬鈴薯塊茎からの酸性ホスファターゼの精製

精製段階	全容量 (m*l*)	全タンパク質 (mg)	全活性 (U)	比活性 (U/mg)	精製度 (倍)	回収率 (%)
抽出液						
硫安塩析画分						
カラム精製液						

● ***全容量***

各ステップにおいて，試料液の容量をメスシリンダーを用いて測定する。

● ***全タンパク質量***

抽出液，硫安分画液はビウレット法，カラム精製液はローリー法により測定したタンパク質濃度（1m*l*中のタンパク質量）を，全容量に含まれるタンパク質量に換算する。

$$\text{全タンパク質量(mg)} = \text{タンパク質濃度(mg/m}l\text{)} \times \text{全容量(m}l\text{)}$$

● 活性および全活性(U)

各精製ステップにおける試料液の酵素活性測定実験で出したデータは，吸光度にすぎないので，*p*-nitrophenolの分子吸光度係数を用いて，活性を算出する。算出した活性の値を全容量に対する値に換算したものが全活性である。また，活性(U)は，1分間に1 μmolの基質を生成物に転換する酵素の量，分子吸光係数は，光路長1 cmのセルを用いたときに1 mol/*l*の濃度の溶質が示すと考えられる理論的吸光度である。

$$\text{活性（U）} = \frac{\text{（吸光度−ブランク）}}{1.7\times10^4} \times \frac{1}{2} \times \frac{3}{0.2} \times \text{希釈倍率} \times 1000 \times 1000 \times \frac{1}{1000}$$

$$\text{全活性（U）} = \frac{\text{（吸光度−ブランク）}}{1.7\times10^4} \times \frac{1}{2} \times \frac{3}{0.2} \times \text{希釈倍率} \times 1000 \times 1000 \times \frac{1}{1000} \times \text{液量（m}l\text{）}$$

● 比活性

比活性とは，単位重量あたりの活性単位であり，本実験では，溶液のタンパク質1 mgあたりの活性とする。酵素精製の途中，純度の指標として一般的に用いられている。精製が進むにつれて比活性は増大し，一定値となる。

$$\text{比活性（U/mg）} = \frac{\text{（吸光度−ブランク）}}{1.7\times10^4} \times \frac{1}{2} \times \frac{3}{0.2} \times \text{希釈倍率} \times 1000 \times 1000 \times \frac{1}{1000} \times \text{液量（m}l\text{）} \times \frac{1}{\text{全タンパク質量（mg）}}$$

● 精製度

ある酵素がどのくらい精製されたかを比べるには，各精製段階における比活性を比較する。本実験では，抽出液の比活性と硫安塩析画分液およびカラム精製液の比活性を比較して，精製度を算出する（溶液中のタンパク質1 mgあたりの活性の比較）。

● 回収率

酵素の各精製段階において，出発原料（抽出液）の時点で含まれていた活性（酵素）がどれくらい残っているかを調べるには，各精製段階における全活性（全タンパク量×比活性）を比較して算出する。本実験では，抽出液の全活性と硫安塩析画分液およびカラム精製液の全活性を比較して回収率を算出する。

1.4 酵素反応速度

通常，酵素反応速度（活性）は，酵素量が反応速度に比例し，分解された基質濃度が時間に対して直線的に増加する範囲で測定可能であり，酵素活性を測定する前に，活性が反応時間に比例すること，酵素量が反応速度に比例することを確認する必要がある（図4-1-5）。また，速度が時間的に減少していく原因は，反応が進むにつれて基質の濃度が減少し，酵素の基質による飽和度が減少するためである。また，生成物によって酵素が阻害されたり，失活してしまう場合もある。

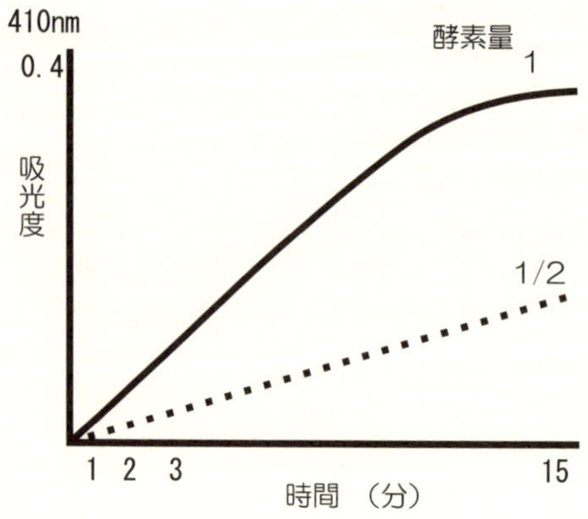

図4-1-5

準備するもの

試薬

- 50mM *p*-nitrophenyl phosphate
- 200mM Tris-maleate (pH6.0)
- 0.2N NaOH

機器・器具

- インキュベーター
- メスピペット
- ストップウォッチ

Protocol

1）下記の反応液を100m*l*コニカルビーカーに取り，30℃のインキュベーターにつけて温度を平衡化する（25～30分）。

50mM *p*-nitrophenyl phosphate	1.6m*l*
200mM Tris-maleate (pH6.0)	1.6m*l*
脱イオン水	4.0m*l*

2）試験管7本に0.2N NaOHを2m*l*ずつ分取しておく。このうち1本にはブランクとして脱イオン水0.1m*l*とコニカルビーカー内の反応液0.9m*l*を入れる。

3）コニカルビーカー内の反応液が温度平衡に達したら，0.7m*l*の酵素液を注入する。このとき，同時にストップウォッチをスタートさせ，時間を計り始める。

4) 1, 2, 3, 4, 10および15分後にコニカルビーカー内の反応液を1m*l*ずつ，先に用意した0.2N NaOH入りの試験管に分注する（図4-1-6）。

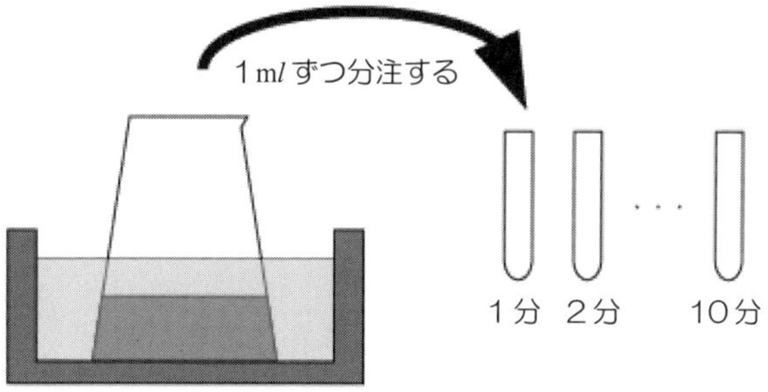

図4-1-6

5) 室温で20分間放置した後，それぞれの反応液について410nmでの吸光度を測定する。

分解された基質の量(吸光度)を時間に対してプロットし,時間の経過に伴う反応(基質分解)の様子,酵素量と反応速度の関係(酵素量が1/2あるいは2倍になると反応速度はどうなるか)を観察する。

1.5 基質濃度と反応速度

基質濃度と反応速度の関係は，アロステリック酵素を除くほとんどの酵素が図のような双曲線型を示す。この図から，基質濃度を増やしていくと，一定の反応速度に近づくこと，すなわち，酵素反応には，飽和現象が見られることがわかる。基質が十分に存在するとき（酵素が基質で飽和されたとき）の反応速度を最大反応速度という。また，最大反応速度の1/2になるときの基質濃度は，ミカエリス定数（Km）と定義される（図4-1-7）。ミカエリス定数は，各酵素に特有の定数で，各酵素の基質への親和性を表す尺度である。すなわち，この定数が小さいほど基質への親和性は大きい。

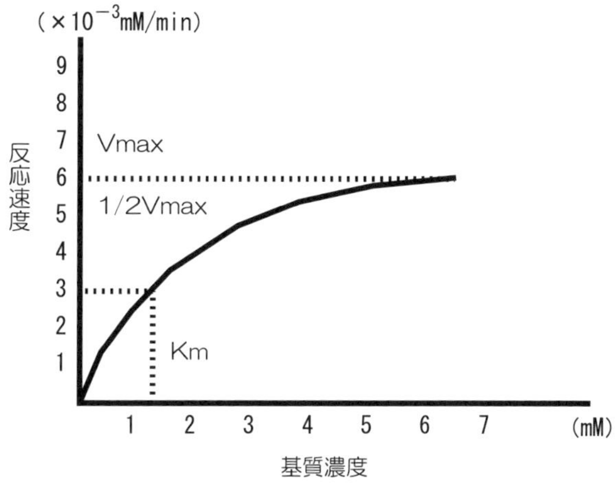

図4-1-7

ミカエリス・メンテンの式

L.Michaelis とM.L.Menten（1913）が提唱した酵素反応速度と基質濃度との関係を示す式。酵素反応は酵素分子（E）と基質分子（S）が結合し，酵素－基質複合体（ES）を生じてから化学反応が進行し，この複合体から反応産物（P）が遊離して酵素は反応初期時の状態に戻ると仮定すれば反応は次のように示すことができる。

$$E+S \underset{k_2}{\overset{k_1}{\rightleftharpoons}} ES \xrightarrow{k_3} E+P$$

k1, k2, k3は反応速度係数。MichaelisとMentenは，次のことを仮定して数式化した。1)反応初期の段階のみを考える。2)基質初期濃度 $[S]_0$ は全酵素濃度 $[E]_0$ より十分大きい。3) k1, k2はk3に対して十分大きく，ES複合体は瞬間的に形成されE, S, ESは常に，平衡状態にある。4) k3を速度定数とする反応が全体の反応の律速となる。これらの仮定から全体の反応速度は，次のように表される。

$$v=k_3[ES]$$

$$[S]_0=[S]+[ES]\fallingdotseq[S]$$

$$(\because [S]_0 \gg [E]_0 > [ES])$$

$$[E]_0=[E]+[ES]$$

$$\frac{[E][S]}{[ES]} = \frac{k_2}{k_1} = K_m$$

以上の式から

$$v=\frac{k_3[E]_0[S]_0}{[S]_0+K_m} = \frac{V_{max}[S]_0}{[S]_0+K_m}$$

(ただし、最大速度 $V_{max}=k_3[E]_0$**)**

この式をミカエリス・メンテンの式と呼び，酵素反応動力学上最も基本的な関係式である。

準備するもの

試薬

- *p*-nitrophenyl phosphate (0.5, 1.0, 2.0, 4.0, 8.0, 16.0, 32.0, 64.0mM)
- 200mM Tris-maleate (pH 6.0)
- 0.2N NaOH

機器・器具

- インキュベーター
- メスピペット
- ストップウォッチ

Protocol

1）以下の反応液を試験管に採り，30℃のインキュベーターに浸けて温度を平衡化する（25～30分）。

各濃度の *p*-nitrophenyl phosphate	0.2m*l*
200mM　Tris-maleate（pH 6.0）	0.2m*l*
純水	0.5m*l*

2）インキュベーター中で0.1m*l*の酵素液をメスピペットを使って吹き込み，よく混合し反応を開始させる（ストップウォッチスタート）。ブランクは酵素液のかわりに純水を0.1m*l*加える。

3）2分後，0.2N NaOHを2m*l*加え，反応を停止させる。

4）室温で20分間放置した後，それぞれの反応液について410nmでの吸光度を測定する。

各基質濃度について反応速度を式から求めてプロットし,Vmaxおよび1/2Vmax(Km)を求める。さらに求めたVmaxおよびKmの値をミカエリス・メンテンの式に当てはめ,理想の値を求める。

1.6　酵素活性に及ぼすpHの影響

酵素の活性はpHに影響を受け，一般に鐘型のpH活性曲線を示す（図4-1-8）。極大値を示すpHを至適pHまたは，最適pHという。pHが変化すると，酵素分子中のカルボキシル基やアミノ基の電離状態が変わり，活性部位の立体構造に変化が起こるか，あるいは立体構造に変化はなくとも活性部位の触媒能に変化が生じ，活性に影響を与えるものと考えられる。また，pHにより基質の電離状態に変化が生じ見かけ上の酵素活性が変わることもある。

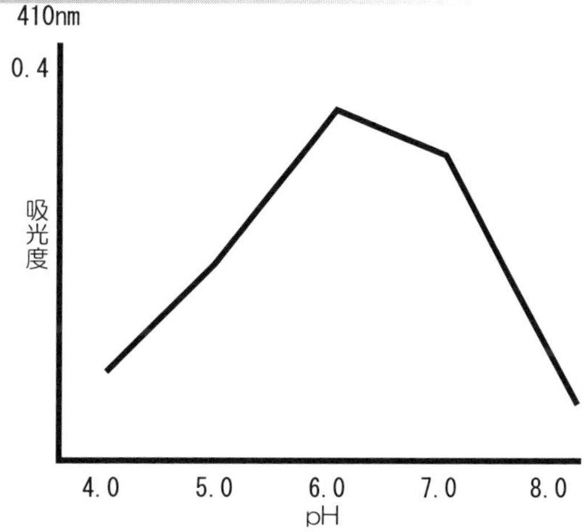

図4-1-8

準備するもの

試薬

- 50mM *p*-nitrophenyl phosphate
- 200mM Tris-maleate（pH 4.0, 5.2, 6.0, 6.8, 8.6）
- 0.2N NaOH

機器・器具

- インキュベーター
- メスピペット
- ストップウォッチ

Protocol

1）以下の反応液を試験管に採り，30℃のインキュベーターに浸けて温度を平衡化する（25～30分）。

50mM *p*-nitrophenyl phosphate	0.2m*l*
各pHのTris-maleate	0.2m*l*
純水	0.5m*l*

2）インキュベーター中で0.1m*l*の酵素液をメスピペットを使って吹き込み，よく混合し反応を開始させる（ストップウォッチスタート）。ブランクは酵素液のかわりに純水を0.1m*l*加える。

3）2分後，0.2N NaOHを2m*l*加え，反応を停止させる。

4）室温で20分間放置した後，それぞれの反応液について410nmでの吸光度を測定する。

Column 9　「バッファーの守備範囲」

pHの変動を抑制する代表的なバッファーの名称とその使用可能範囲を示す。

バッファー名	pKa	使用可能pH範囲（1 2 3 4 5 6 7 8 9 10 11）
グリシン―HCl	2.4	1.9–2.9
酢酸	4.8	4.3–5.3
リン酸	7.2	6.7–7.7
Tris-HCl	8.3	7.8–8.8
グリシルグリシン	8.2	7.7–8.7
ホウ酸	9.2	8.7–9.7

2. ボツリヌスCおよびD型菌が産生する神経毒素の一次構造

ボツリヌス中毒はボツリヌス菌（*Clostridium botulinum*）が産生する毒素タンパク質によって引き起こされる致死率の高い食餌性中毒である。ボツリヌス毒素はボツリヌス菌によって産生される自然界で最も強い毒性を示すタンパク質で，約30gで地球上のすべての人類を殺すことができると言われている。ボツリヌス菌は芽胞を形成する。この芽胞は，土壌・河川・湖沼などに広く分布しているため，肉・魚類や野菜などの食品が芽胞に汚染されることがある。汚染された食品がボツリヌス菌の増殖に適した嫌気状態になると，芽胞が発芽し，菌が増殖して毒素を産生する。ボツリヌス毒素は神経と筋肉の接合部において，神経細胞末端の前膜に侵入し，神経伝達物質（アセチルコリン）の放出に関与するタンパク質（シナプトブレビン/VAMP，シンタキシンおよびSNAP-25）を切断することによって毒性を示し，神経毒素とよばれる。神経毒素は，その抗原性の差異によってA～G型までの7種に分類される。ボツリヌス菌によって汚染された食品や培養液中では，神経毒素は無毒の成分と会合して，分子量約900kDa（LL toxin; A型），500kDa（L toxin; A，B，C，D，G型）および300kDa（M toxin; A，B，C，D，E，F型）のプロジェニター毒素とよばれる複合体を形成する。LLおよびL toxinは，血球凝集活性を示すが，M toxinは示さない。すなわち，M toxinは，神経毒素と毒素活性および血球凝集活性を持たない非毒非血球凝集素成分（nontoxic nonhemagglutinin; NTNHA）からなり，LLおよびL toxinは，M toxinに血球凝集素（hemagglutinin; HA）が会合し形成される。NTNHAは，神経毒素分子を消化管中のプロテアーゼや酸による分解から保護し，また，HA成分はプロジェニター毒素の腸管表皮細胞への効果的な吸着に重要な役割を果たしていると考えられている。

ボツリヌス菌によって産生される神経毒素は約150kDaの一本鎖ポリペプチドとして合成される。神経毒素は菌体由来のプロテアーゼあるいはトリプシン処理によってジスルフィド結合で連結された50kDaの軽鎖（light chain）および100kDaの重鎖（heavy chain）からなる二本鎖構造へと成熟し，毒性発現と密接に関係する。しかしながら，その分子内切断位置については長い間不明のままであった。この項では，ボツリヌスCおよびD型菌の培養液から精製した神経毒素タンパク質の一次構造を解析することによって，その分子内切断位置を同定した論文（Sagane *et al*., J Protein Chem., 1999）を基に，ボツリヌス菌の培養，毒素の精製法等を具体的に述べる。

論文の要旨

ボツリヌス神経毒素は，*Clostridium botulinum*によって約150kDaの一本鎖ポリペプチドとして合成される。その分子内には少なくとも1つのジスルフィド結合が存在し，このジスルフィド結合の内部のアミノ酸残基はループを形成する。合成された一本鎖神経毒素は，その分子内に存在するジスルフィドループの特定の部位が菌体内あるいは培養液中でボツリヌス菌が産生するプロテアーゼにより切断され，約100kDaの重鎖および約50kDaの軽鎖からなる二本鎖構造となる。E型菌およびAとD型の一部の菌は培養液中に一本鎖神経毒素を産生するが，トリプシンなどの処理により，毒性が上昇することが知られており，ボツリヌス神経毒素の毒性発現と分子内切断には密接な関係があると考えられる。本論文では，ボツリヌスC型菌Stockholm株（C-St），D型菌CB16株（D-CB16）およびF型菌Oslo株（F-Oslo）の産生する神経毒素の分子内に形成されるジスルフィドループの切断部位の同定を目的とし，その一次構造の解析をタンパク化学的手法により行った。C-St，D-CB16およびF-Osloは，透析培養法により37℃，5日間培養された。培養上澄み液から60%飽和硫安塩析，SP-Toyopearl 650Sイオン交換クロマトグラフィー，Superdex 200pgゲルろ過クロマトグラフィー，MonoQイオン交換クロマトグラフィーを経てそれぞれの神経毒素を精製した。精製神経毒素は2-メルカプトエタノール存在下でのSDS-PAGEにより軽鎖および重鎖に分離された。ゲル上の両鎖をPVDF膜に転写し，軽鎖のC末端アミノ酸配列および重鎖のN末端アミノ酸配列をそれぞれ分析した。

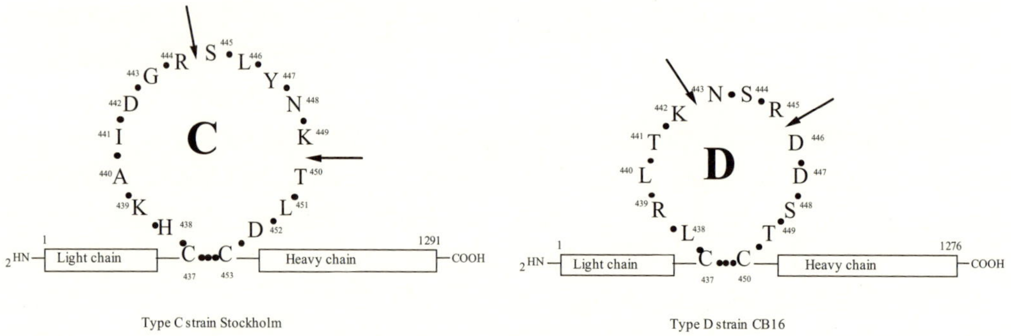

C，D型神経毒素の分子内切断位置

決定されたアミノ酸配列はC-StおよびD-CB16株神経毒素遺伝子の全塩基配列から推定されるアミノ酸配列と比較し，その分子内の切断位置が同定された。その結果，C-St神経毒素分子中の切断はArg444/Ser445あるいはLys449/Thr450，D-CB16神経毒素分子中のそれはLys442/Asn443あるいはArg445/Asp446のうちの1つあるいは両方に生じていた。これらの結果は，C-StおよびD-CB16株の培養液中には少なくとも3種の二本鎖構造神経毒素が存在することを示唆した。また，F-Oslo株の産生する神経毒素の軽鎖のC末端はArg435，重鎖のN末端はAla440と同定され，F-Oslo神経毒素は分子内切断によりジスルフィドループから4残基のアミノ酸（Lys436-Lys439）が欠落していることを明らかにした。

さらに，これらの神経毒素のジスルフィドループのアミノ酸配列からSurface probabilityの予測を行った。Surface probabilityは，アミノ酸配列からそれぞれのアミノ酸残基がタンパク質分子の表面に存在する割合を示す値である。その結果，ジスルフィドループ内のアミノ酸残基の中で神経毒素分子の表面に露出していると予測される残基と同定された切断部位が一致することが明らかとなった。

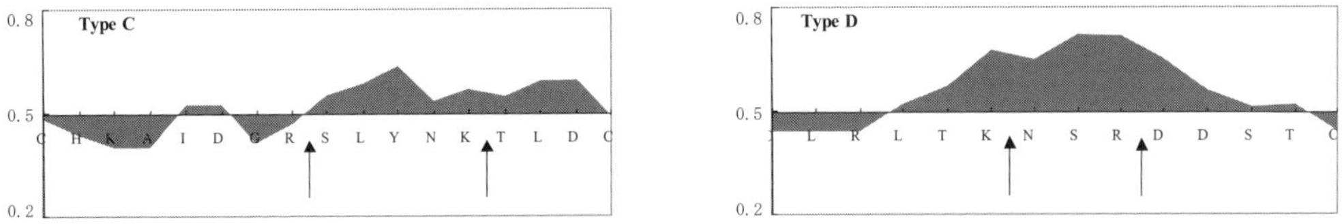

C，D型神経毒素のSurface probability

横軸はアミノ酸残基，縦軸はSurface probabilityを示す。Surface probabilityの値が大きいほど表面に露出している可能性が高いと予測される。グラフ内の矢印はそれぞれの神経毒素の分子内切断位置。

2.1　ボツリヌス菌の培養

ボツリヌス菌は，偏性嫌気性の有芽胞細菌であり，酸素の存在下では，菌は生育できない。そのため，その培養には，嫌気ジャーを用いる，培養液中に還元剤を加えるなどの工夫が必要である。ここでは，菌をストックするための培地（クックドミート培地），新鮮な菌を調製するための培地（TYG培地），毒素を産生させるための培地（透析培養培地）などを使用する。

準備するもの

● *クックドミート培地*

基本的に菌体のストックのために用いる。DIFCO社からCooked Meat Mediumが市販されているが，筆者らは実際に牛挽肉から調製したものを用いている。

試薬（500 m*l*）

・牛挽肉（脂身の少ないもの）	250 g
・Proteose peptone	5 g
・グルコース	1.25 g

・デンプン（溶性）　1g
・セライト　適量
・1N NaOH　適量

調製

1）500ml ビーカーに，proteose peptone，グルコースを入れ，純水 500ml で溶解する。

2）1）をステンレスポットに移し，火にかける。液が温まってきたら，デンプンを少量の液でのばしながら，少量ずつ溶かす。

3）牛挽肉を入れる。火にかけ沸騰する寸前に火を止める。このとき，pH 試験紙で pH をモニターし，酸性にならないように 1N NaOH で pH を調整する。

4）ガーゼでこして，挽肉と煮汁に分ける（挽肉は団子にならないようにばらばらにほぐしておく）（図 4-2-1）。

5）ろ過ビンと桐山ロートを用いて煮汁をろ過する。ロートにはろ紙を敷き，その上にろ過補助剤としてセライトをのせる。

6）ろ過した煮汁を約 37℃まで冷まし，pH を 7.5 に調整する。

7）試験管に挽肉を入れ（約 3cm の高さまで），煮汁を入れる（肉より約 1cm の高さまで）。このとき肉を入れすぎると煮汁を吸ってしまい液がなくなるので注意する。

8）オートクレーブ（121℃，20 分間）する。オートクレーブ終了後，流水ですぐに冷やす。すぐに使用しない場合は，冷蔵庫で保存し，使用前に沸騰浴中に浸け 10 分間脱気する。

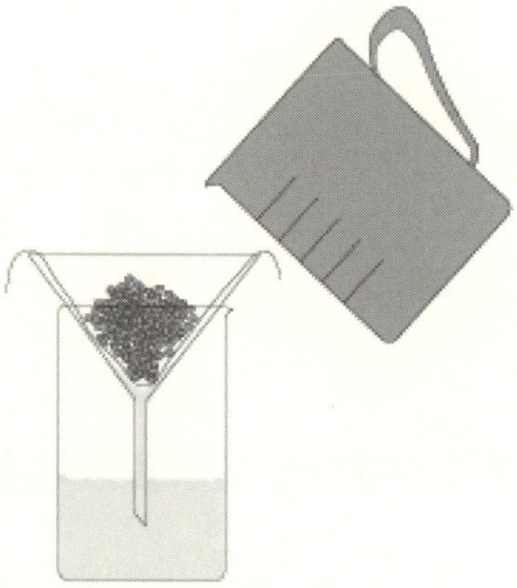

図 4-2-1

● *TYG 培地*

この培地は，対数増殖期の新鮮な菌体を得るためのプレ培養のために用いる。

試薬（100ml）

・Trypticase peptone　3g
・Yeast extract　2g

・グルコース	0.5g
・システイン塩酸塩1水和物	0.1g

調製

1）100mlのコニカルビーカーにtrypticase peptone, yeast extract, グルコース, システイン塩酸塩1水和物を入れ95mlの水で溶解し, pHを7.4に調整する。

2）試験管に10mlずつ分注し, シリコンセンでフタをする。

3）オートクレーブ（121℃, 20分間）する。オートクレーブ終了後, 流水ですぐに冷やす。

● *透析培養培地*

<u>透析培養内液（前日調製）</u>

試薬（400ml）

・グルコース	80g
・塩化ナトリウム	16g
・システイン塩酸塩1水和物	4g

調製

1）500mlビーカーにあらかじめスターラーバーを入れておき, 水400mlを入れ, スターラーを回しながらグルコース, 塩化ナトリウムおよびシステイン塩酸塩1水和物を入れる（グルコースを入れてから水を入れるとグルコースが固まってしまい溶解させるのに時間がかかる）。

2）4℃で保存する。

<u>透析培養外液（当日調製）</u>

試薬（8l；4lずつ2つに分けて調製）

・Polypepton	80g×2	DIFCO
・Lactalbumin	80g×2	和光純薬
・Peptone	40g×2	極東製薬
・Yeast extract	40g×2	DIFCO

調製

1）5lのビーカーに3lの水をあらかじめスターラーバーで攪拌しておきpolypepton, lactalbumin, peptoneおよびyeast extractを入れていく。

2) 試薬皿を共洗いしながら850mlの水を加える。

3) pHを7.6に調整する。

<u>培養管の用意（培養管8本分）</u>

1) 透析チューブ（C-75セルロースチューブ 幅8cm）を長さ80cmに切る。これを8本用意し，沸騰浴中で約20分間煮沸する。煮沸終了後は，水道水でチューブを洗浄し，純水で洗浄後，使用するまで純水中につけておく。

2) 内液の調製，外液に使用する試薬を分取する。分取した試薬は，デシケーター内で保存する。ここまでは，前日の操作である。

3) 培養管に1lの外液を入れる。また，純水に浸けておいた透析チューブを取り出し，2つ折りにする。内液50mlを透析チューブ内に入れ，一方の入り口にゴム栓付きガラス管を通し，もう一方の口にガラス棒を入れる。

4) 培養管に透析チューブを入れ，ゴム栓を閉める（図4-2-2）。

5) 培養管のゴム栓部とガラス管の口の部分をアルミホイルで覆い，オートクレーブ（121℃，20分間）する。

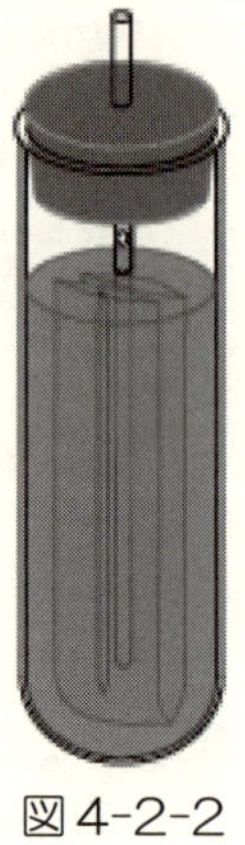

図4-2-2

Protocol

1) TYG培地を調製し，クックドミート培地から肉片を数個移植する。

2) 37℃で一晩培養する（TYG培地内で菌が対数増殖期に達するまで，菌株によって差はあるが，12～17時間かかる）。

3) 透析培養培地を調製する。また，10ml駒込ピペットを新聞紙で包み，滅菌缶に入れ，180℃で2時間乾熱滅菌する。

4) オートクレーブが終わった透析培養培地を流水で冷やし，おおよそ室温まで下がったら，乾熱滅菌したピペットでTYG培地中の菌を約10mlガラス管から透析チューブ内に注入する。

5) インキュベーターで37℃，5日間培養する。

2.2 ボツリヌス毒素複合体の精製

準備するもの

試薬

- 0.2M リン酸バッファー (pH 7.4)
- 硫酸アンモニウム
- 50mM 酢酸バッファー (pH 4.0) + 0.2M NaCl
- 50mM 酢酸バッファー (pH 4.0) + 0.8M NaCl
- SP-Toyopearl 650S カラム
  50mM酢酸バッファー(pH 4.0)+0.2M NaClで平衡化したSP-Toyopearl 650S (東ソー社)をXK 16/40カラム(アマシャムバイオサイエンス社)に充填する。
- 50mM 酢酸バッファー (pH 4.0) + 1.0M NaCl

機器・器具

- 遠心機
- カラムクロマトグラフィーシステム

Protocol

粗毒素液の調製

1) 透析培養終了後，透析チューブを取り出し，内液を500 m*l* コニカルビーカーに入れる。また，チューブに付着している液は，0.2M リン酸バッファー (pH 7.4) で洗い流し，これもコニカルビーカー内に入れる。

2) 遠心 (10,000 × G，20分間) し，菌体と上澄み液に分ける。

3) 菌体は3倍量の0.2M リン酸バッファー (pH 7.4) に懸濁し，20分間攪拌した後，遠心 (10,000 × G，20分間) し，2) で得られた上澄み液とあわせる。菌体はエッペンチューブにとり，－80℃で保存する。

4) 上澄み液へ60%飽和になるように硫酸アンモニウムを溶かし，4℃で一晩静置する。

5) 生じた沈殿を遠心 (10,000 × G，20分間) して回収する。

6) 50mM酢酸バッファー (pH 4.0) ＋0.2M NaClに溶解し，同じバッファーに対して一晩透析する (最低3時間おいて，3回バッファーを交換する)。

7) 透析中に生じた沈殿は遠心（12,000×G，20分間）によって除去する。

8) 上澄み液を粗毒素液とする。

SP-Toyopearl 650Sカラムによる毒素複合体の精製

1) 50mM酢酸バッファー（pH4.0）＋0.2M NaClで平衡化したSP-Toyopearl 650Sカラム（1.6×40cm）に粗毒素液を流速20ml/hrで負荷する。

2) カラムを240mlの平衡化バッファーで洗浄する（12時間）。

3) グラジエントミキサーの出口側に50mM酢酸バッファー（pH4.0）＋0.2M NaCl，もう一方には50mM酢酸バッファー（pH4.0）＋0.8M NaClをそれぞれ250mlずつ入れる。

4) カラムにグラジエントミキサーをつなぎ毒素を溶出させる。ほとんどの場合，この操作により，M toxinとL toxinがこの順番で分離されて溶出される（使用する菌株によっては異なることもある）。

5) 得られたピークのフラクションはSDS-PAGEによってバンドパターンを確認し，それぞれの毒素を分画する。

6) カラムに50mM酢酸バッファー（pH4.0）＋1.0M NaClを500ml流し，洗浄する。

2.3 神経毒素タンパク質の単離

酸性条件下で無毒のタンパク質群と会合している神経毒素は，アルカリ条件下では複合体から遊離し，イオン交換クロマトグラフィーあるいはゲルろ過によって分離することができる。ここでは，アルカリ条件下でのMonoQイオン交換カラムクロマトグラフィーによる神経毒素の単離について述べる。

準備するもの

試薬

- 硫酸アンモニウム
- 20mM Tris-HCl（pH 7.8）
- 20mM Tris-HCl（pH 7.8）+ 0.3M NaCl
- MonoQ HR 5/5（アマシャムバイオサイエンス社）

機器・器具

- FPLC，AKTA（アマシャムバイオサイエンス社）などの液体クロマトグラフィーシステム

Protocol

1) SP-Toyopearl650Sカラムで精製したL toxinに対して80%飽和になるように硫酸アンモニウムを加え，毒素を沈殿させる。

2) 遠心（10,000×G，20分間，4℃）によって回収した沈殿を少量の20mM Tris-HCl(pH 7.8)に溶解し，同様のバッファーに対して，一晩透析する。

3) 20mM Tris-HCl（pH 7.8)で平衡化したMonoQ HR 5/5カラムに透析物を流速1ml/hrで負荷する（MonoQ HR 5/5カラムの結合容量は65mgであるが，実際に負荷する量は15mg程度までにしておく)。

4) 以下のようなプログラムを設定し，クロマトグラフィーを行う。

時間（分）	NaCl濃度
0～5	0M
5～15	0～0.116M
15～25	0.116M
25～35	0.116～0.3M
35～45	0.3M

5) この操作で，ほとんどの場合，神経毒素と無毒タンパク質群の複合体が順次，分離して溶出される。うまくいかない場合,Superdex200pgカラムを用いたアルカリ条件下でのゲルろ過でも同様に分離することができる。

2.4 Surface probabilityの解析

準備するもの

・Macintosh

64K MacintoshまたはPower Macintosh, System 7.0以上, 8MB以上のメモリ, 2MB以上のハードディスク。

・MacVector™

インストールの方法などは，付属の説明書を参照のこと。

・コピープロテクションデバイス

Protocol

MacVector の起動

1) MacVector のアイコンをダブルクリックし起動させる。

2) 分析する塩基配列のファイルを開く。

Surface probabilityの解析

1)「Analyze」メニューから「Protein Analysis Toolbox」を選択する（図4-2-3)。

2)「Protocol」から,「Surface Probability」を探し,「Plot」チェックボックスをマークし，OKをクリックする（図4-2-4)。

3) Surface probabilityを示すグラフが現れる。カーソルをドラッグしながら範囲を選択すると必要な範囲を拡大することができる（図4-2-5)。

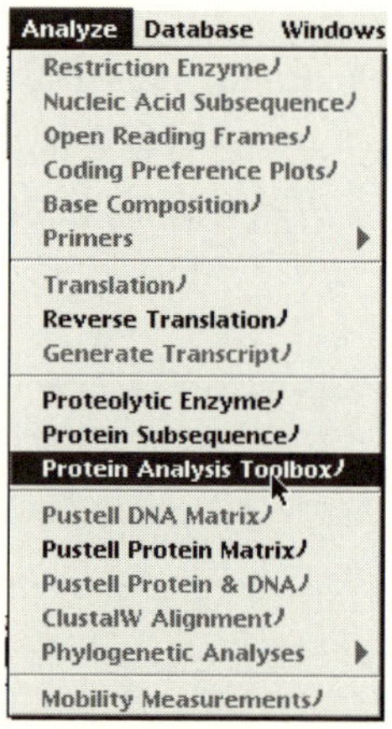

図4-2-3

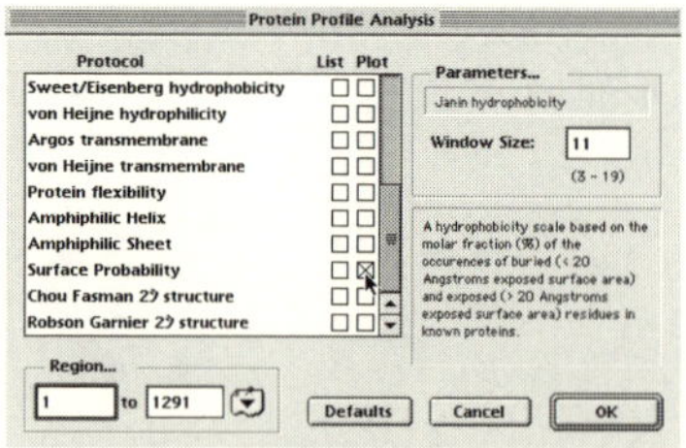

図4-2-4

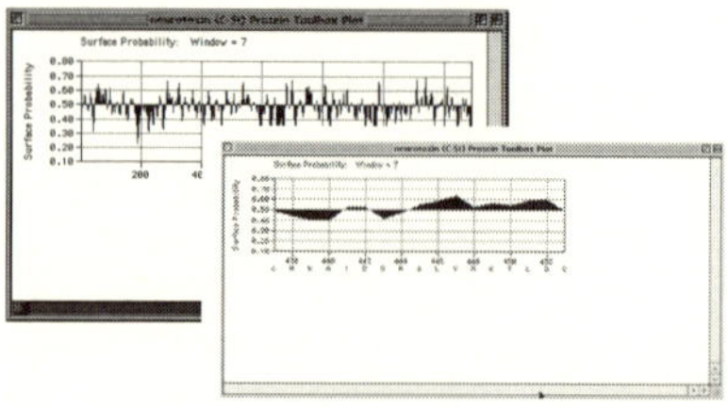

図4-2-5

3. ボツリヌスC型菌6814株が産生する毒素複合体構成成分の単離

前項でも述べたとおり，ボツリヌス神経毒素は，いくつかの無毒のタンパク質が会合し複合体を形成している。神経毒素と無毒タンパク複合体はアルカリ条件下で容易に解離するが，無毒タンパク質同士は，非共有結合によって強固に会合している。そのため，各々の無毒成分タンパク質を単離するには，タンパク質変性剤によって複合体を解離した後，クロマトグラフィーを行わなければならない。ここでは，C型菌6814株が産生する毒素複合体の各構成成分を単離し，その諸性質の解析および再構成実験を行った論文（Kouguchi *et al*., 2000, Eur. J. Biochem.）を基に無毒成分タンパク質，特にHAタンパク質を分離し，その活性を分析する方法を紹介する。

論文の要旨

ボツリヌスC型菌は培養液中あるいは食品中で，分子量約150kDaの神経毒素にいくつかの無毒のタンパク質が会合した複合体毒素を産生する。M toxinは，神経毒素に分子量約130kDaのNTNHAが会合し，L toxinは，M toxinにHA-70，HA-33およびHA-17が会合している。本論文では，毒素複合体の構成成分であるHAに注目し，その性質を調べた。

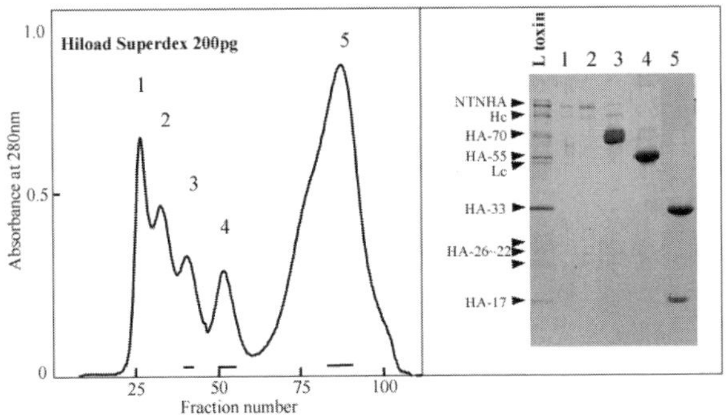

4M塩酸グアニジン共存下でのHiload SuperdexによるHA-70、-55およびHA-33/17複合体の分離

ボツリヌスC型菌6814株の培養上澄み液から60%飽和硫安塩析，SP-Toyopearl650Sイオン交換カラムを経て，LおよびM toxinを分離した。L toxinを4M塩酸グアニジン共存下でゲルろ過し，HA-70，-55およびHA-33/17複合体を分離した。さらに，HA-33/17を6M尿素-2M塩化リチウム共存下においてゲルろ過し，HA-33を単離した。一方，本菌株

の培養上澄み液からは，毒素複合体に結合していない遊離の状態で存在するHA-33およびHA-33/17が見いだされ，それらをクロマトグラフィーにより分離・精製した。L toxinから分離されたものを*i*-HA，培養上澄み液を分離・精製したものを*f*-HAと区別した。それぞれ単離した各HA成分の血球凝集活性は2^3以下であったが，*f*-HA-33/17のみ2^5とやや高い値を示した。N末端アミノ酸配列分析およびSDS-PAGE解析により，この*f*-HA-33/17の分子構造を調べたところ，HA-33および17以外に分子量約35～38kDaのHA-70のC末端領域の断片が会合していることが明らかになった。また，*i*-HA-70あるいは-55と*i*-HA-33/17を混合すると，血球凝集活性が2^{10}まで回復した。これらのHA成分はゲルろ過法により，HA-70（あるいはHA-55）/33/17の複合体に再構成していることが確認された。これらの結果から，血球凝集活性には，HA-33，-17そしてHA-70（おそらくC末端領域）が必要であると推定された。

それぞれ単離したHA成分の糖鎖結合能を検討するため，ウマ赤血球を用いた糖鎖結合試験およびその阻害糖を検索した。その結果，すべてのHA成分は赤血球に結合し，HA-33およびHA-33/17はシアル酸によってその結合が阻害された。さらにHA-33は，トリプシン消化に対する強い抵抗性を示し，毒素の消化管通過に対する重要な役割が示唆された。*i*および*f*-HA-33をTOF-MSおよび円二色性分析により比較したところ両者とも無傷な分子であり，両者ともβ構造を約70%含んでおり，これらの結果からは両者は区別することができなかった。

3.1 無毒成分複合体からの血球凝集成分の分離

準備するもの

試薬

・4M塩酸グアニジンを含む20mM Tris-HCl（pH 7.8） 500m*l*

塩酸グアニジンを溶解すると，吸熱反応により溶液の温度が下がるので，ホットスターラーを用いて加熱しながら溶解する。溶液の温度を22-23℃にした後pHを調整する。

・20mM Tris-HCl（pH 7.8） 2*l*

・Hiload Superdex 200pg16/60カラム（アマシャムバイオサイエンス社）

機器・器具

・遠心機

・カラムクロマトグラフィーシステム

Protocol

1) MonoQカラムで精製した無毒成分複合体（前項の「神経毒素の精製」を参照）に対して80％飽和になるように硫酸アンモニウムを加え，タンパク質を沈殿させる。

2) 沈殿を遠心（18,000 × G，5分間）により回収し，この沈殿物をエッペンチューブに0.25mg取る。このとき上清はきれいに除く。

3) 沈殿物を700 μlの4M塩酸グアニジンを含む20mM Tris-HCl（pH 7.8）を用いて手早く，完全に溶解し，21℃で4時間インキュベートする。

4) 処理した液を同様のバッファーで平衡化したHiload Superdex 200pg16/60カラムに負荷し，室温でクロマトグラフィーを行う。流速は0.35ml/minに調節する。

5) 溶出した各々のピーク画分には，目的とするタンパク質以外の構成タンパクが含まれている場合が多い。その場合，目的の構成タンパク質を含む画分（3ml以下にする）を同様に再クロマトグラフィーし，純度を上げる（HA-33/17は一回目でも充分な純度が得られる）。

6) ピーク画分の$O.D._{280}$を測定し，溶出バッファーを用いて，HA-70および-55に対しては0.05まで，HA-33/17に対しては0.1まで希釈する。

7) 希釈したそれぞれの画分は，20mM Tris-HCl（pH 7.8）2lに対して，4℃で一晩，透析する。

8) 透析物をVIVAPORE10/20濃縮ユニットを用いて，氷中で1.5ml程度まで濃縮する。これら標品は，使用まで氷中で保存し，5日以内に使用することが望ましい。

***** 注意 *****

神経毒素とNTNHA（血球凝集活性を持たない無毒成分）は，この方法では，不可逆的に変性してしまう。また，HA-70あるいはHA-55の標品は，すぐにポリメライズしてしまうので，低温で扱うことが必要である。

3.2 血球凝集活性の測定

準備するもの

試薬

・新鮮なウマ血液あるいは脱繊血　約20 m*l*
　コージンバイオなどにより市販されている。

・150 mM リン酸バッファー(pH 7.0)　　500 m*l*

機器・器具

・100 m*l* 容遠心管

・遠心機

・96穴丸底マイクロウェルプレート

・マルチチャンネルピペット（8～12チャンネル）

Protocol

血球浮遊液の調製

1）100 m*l* 容遠心管に血液を約20 m*l* 取り 50 m*l* 程度の 150 mM リン酸バッファー（pH7.0）を加え混合する。

2）遠心（2,000 rpm，5分間）し，上澄み液を捨てる（3回繰り返し行い，血球を洗う。3回目の遠心は2,500 rpm，10分間行う）。

3）沈降した血球を1%になるように150 mM リン酸バッファー(pH7.0)に懸濁させる（血球が余った場合は，50%になるように懸濁し，4℃で保存する）。

血球凝集活性の測定

1）35 μ*l* の150 mM リン酸バッファー(pH7.0)を1サンプルにつき1行分（12穴）のウェルに入れていく。

2）35 μ*l* の試料を1番目のウェルに入れ混合する。そこから35 μ*l* を2番目のウェルに移し，以降，同様に希釈していく（図4-3-1）。

図4-3-1

3）等量の1％ウマ血球浮遊液を12番目のウェルから順番に加えていき，室温で2時間静置する。

4）凝集を起こし得た最大希釈倍率をHA価とする（この実験は2連で3回行うことが望ましい）（図4-3-2）。

図4-3-2

3.3　赤血球に対する結合試験

準備するもの

試薬

・1％ウマ血球浮遊液
　調製法は血球凝集活性測定と同じ。
・150mM リン酸バッファー（pH 7.0）　Aバッファー
・4％BSAを含む150mM リン酸バッファー（pH 7.0）　Bバッファー
・400mMの糖[1]を含む150mM リン酸バッファー（pH 7.0）　Cバッファー
　ボツリヌス毒素複合体の場合,AおよびB型はガラクトースで,CおよびD型はシアル酸で阻害される。
・SDS-PAGEおよびウエスタンブロッティングに必要な試薬類

機器・器具

・遠心機
・SDS-PAGEおよびウエスタンブロッティングに必要な器具

Protocol

1）試料20 μlにBバッファー20 μlを加える。

2）Aバッファー（結合実験）あるいはCバッファー（阻害実

験）を 20 μl 加え室温で 1 時間インキュベートする。

3) 40 μl の 1% ウマ血球浮遊液を加え室温で 30 分間インキュベートする。

4) 遠心(10,000rpm, 5 分間)し，上澄み液を捨てる。

5) 沈殿した血球を 150 μl の A バッファーに懸濁する。

6) 4)から 5)を 2 回繰り返し，血球を洗浄する。

7) 沈殿物を 10 μl の SDS-PAGE 処理液を用いて溶解し，100℃，5分間加熱する(沈殿はなかなか溶けないのでマイクロチューブミキサーがあると便利である)。

8) SDS-PAGE を行う（サンプルは全てアプライする)。

9) PVDF 膜にブロットする。

10) ボツリヌス毒素複合体の無毒成分に対する抗体を用いて，ウエスタンブロッティングする。

Column 10 「学術論文とは」

現在，学術雑誌は世界中で約数千誌あり，そのほとんどが定期的に発行されている。これらの雑誌に掲載された論文を学術論文というわけであるが，どのような論文でも投稿すれば掲載されるというものではない。例えば何らかの研究で新しい発見をしたとしても，学術論文という形で発表しなければ，世界に認知されない。すなわち，その発見を論文にし，適当な学術雑誌に投稿する。この際，学術雑誌には投稿規定というものがあり，その決まりどおりに論文を書かなければならない。投稿規程を満たしていない論文は，学術雑誌の編集者から送り返されてしまう。さらに，投稿された論文は専門家（reviewer）によって審査される。Reviewerによって，論文の掲載に適当と審査されたものだけが雑誌に掲載されることになる。学術論文とはこのような手続きを経て雑誌に掲載されるものなのである。

付　表

付表1　SDS-PAGE用分離，濃縮ゲルの組成（163，164ページ参照）

ストック溶液 (ml)	ゲル濃度							
	5%	7.5%	10%	12.5%	13.6%	15%	20%	濃縮
水	10.5	9.0	7.5	6.0	5.3	4.5	1.5	3.6
A液	3.0	4.5	6.0	7.5	8.2	9.0	12.0	0.9
B液	4.5	4.5	4.5	4.5	4.5	4.5	4.5	－
C液		－	－	－	－	－	－	1.5
D液	0.07	0.07	0.07	0.07	0.07	0.07	0.07	0.018
TEMED	0.01	0.01	0.01	0.01	0.01	0.01	0.01	0.01

付表2　Native-PAGE用分離ゲルの組成（170ページ参照）

高濃度ゲル

ストック溶液 (ml)	ゲル濃度				
	5%	7.5%	10%	12.5%	15%
水	16.2	13.2	10.2	7.2	1.2
A液	9	12	15	18	24
B液	9	9	9	9	9
グリセリン	1.8	1.8	1.8	1.8	1.8
F液	0.27	0.27	0.27	0.27	0.27

低濃度ゲル

ストック溶液 (ml)	ゲル濃度				
	5%	7.5%	10%	12.5%	15%
水	21	18	15	12	9
A液	6	9	12	15	18
B液	9	9	9	9	9
F液	0.27	0.27	0.27	0.27	0.27
TEMED	0.105	0.105	0.105	0.105	0.105

付表3　Native-PAGE用濃縮ゲルの組成（171ページ参照）

ストック溶液	水	C液	D液	E液
ml	12	3	6	3

付表4　DNA用泳動マーカーの泳動パターン

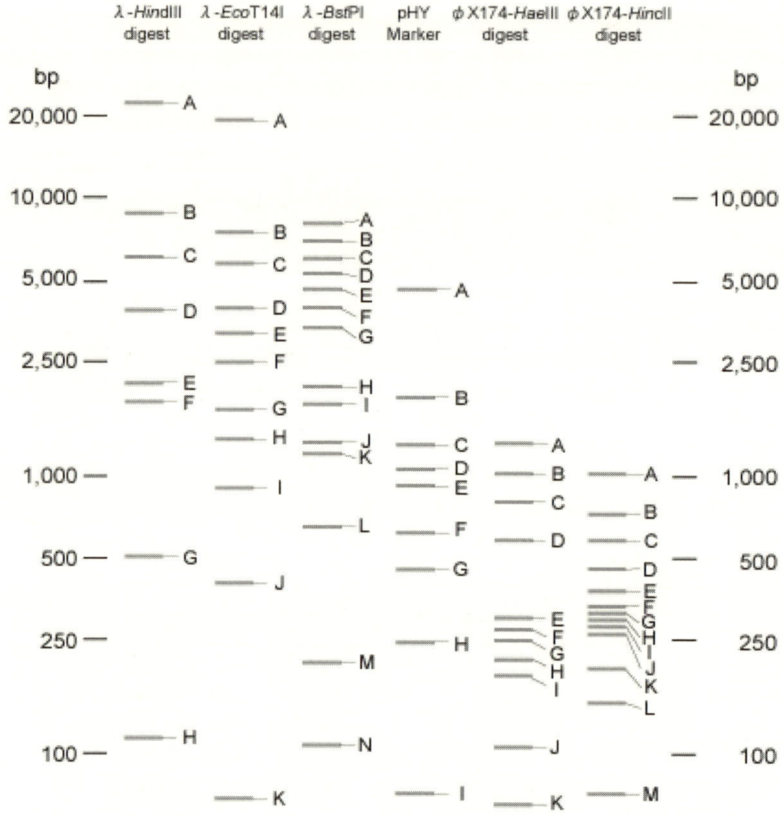

λ-*Hind* Ⅲ digest

A	23,130 bp
B	9,416 bp
C	6,557 bp
D	4,361 bp
E	2,322 bp
F	2,027 bp
G	564 bp
H	125 bp

λ-*Eco*T14 Ⅰ digest

A	19,329 bp
B	7,743 bp
C	6,223 bp
D	4,254 bp
E	3,472 bp
F	2,690 bp
G	1,882 bp
H	1,489 bp
I	925 bp
J	421 bp
K	74 bp

λ-*Bst*P Ⅰ digest

A	8,453 bp
B	7,242 bp
C	6,369 bp
D	5,687 bp
E	4,822 bp
F	4,324 bp
G	3,675 bp
H	2,323 bp
I	1,929 bp
J	1,371 bp
K	1,264 bp
L	702 bp
M	224 bp
N	117 bp

λ-pHY Marker

A	4,870 bp
B	2,016 bp
C	1,360 bp
D	1,107 bp
E	926 bp
F	658 bp
G	489 bp
H	267 bp
I	80 bp

φ×174-*Hae* Ⅲ digest

A	1,353 bp
B	1,078 bp
C	872 bp
D	603 bp
E	310 bp
F	281 bp
G	271 bp
H	234 bp
I	194 bp
J	118 bp
K	72 bp

φ×174-*Hind* Ⅲ digest

A	1,057 bp
B	770 bp
C	612 bp
D	495 bp
E	392 bp
F	345 bp
G	341 bp
H	335 bp
I	297 bp
J	291 bp
K	210 bp
L	162 bp
M	79 bp

付表 5　硫安沈殿に要する硫安の量

試料液の硫安の初濃度(%飽和)	硫安の最終濃度(%飽和)																
	10	20	25	30	33	35	40	45	50	55	60	65	70	75	80	90	100
	試料液1 l に加える硫安の量（g）																
0	56	114	144	176	196	209	243	277	313	351	390	430	472	516	561	662	767
10		57	86	118	137	150	183	216	251	288	326	365	406	449	494	592	694
20			29	59	78	91	123	155	189	225	262	300	340	382	424	520	619
25				30	49	61	93	125	158	193	230	267	307	348	390	485	583
30					19	30	62	94	127	162	198	235	273	314	356	449	546
33						12	43	74	107	142	177	214	252	292	333	426	522
35							31	63	94	129	164	200	238	278	319	411	506
40								31	63	97	132	168	205	245	285	375	469
45									32	65	99	134	171	210	250	339	431
50										33	66	101	137	176	214	302	392
55											33	67	103	141	179	264	353
60												34	69	105	143	227	314
65													34	70	107	190	275
70														35	72	153	237
75															36	115	198
80																77	157
90																	79

付表6　DNA実験に用いる試薬・バッファー等の調製法

● 中性フェノール

試薬（1ℓ調製する場合）	
・結晶フェノール	約40g
・8-ヒドロキシキノリン	0.04g
・2-メルカプトエタノール	約80μℓ
・0.5M EDTA（pH8.0）	約80μℓ
・0.5M Tris-HCl（pH 8.0）	60mℓ以上
・0.1M Tris-HCl（pH 8.0）	60mℓ以上
機器・器具	
・インキュベーター	

1）結晶フェノール約40gを50mℓファルコンチューブに直接取り分ける。

2）0.04gの8 - ヒドロキシキノリンをチューブのフタにとる（正確でなくても良い）。

3）0.5M Tris-HCl（pH 8.0）をチューブいっぱいまで入れる。

4）8-ヒドロキシキノリンをこぼさないようにフタをして，65℃のインキュベーターに入れてフェノールを溶かす。

5）5～10分間激しく振る。

6）2,000rpmで5分間遠心分離し，上層の水層をアスピレーターで除く。

7）再び，0.5M Tris-HCl（pH 8.0）をチューブいっぱいまで入れて，15分間振盪した後，遠心（2,000rpm，5分間）し，水層を除去する。

8）0.1M Tris-HCl（pH 8.0）をチューブいっぱいまで入れ，15分間振盪後，水層を除去する。フェノール層のpHが7.8になるまで繰り返す。

9）約10mℓの0.1M Tris-HCl（pH 8.0）を加え，さらに，80μℓの2-メルカプトエタノール，80μℓの0.5M EDTA（pH 8.0）を加える。

10）チューブをアルミホイルで覆い，4℃または-20℃で保存する。

● クロロホルム／イソアミルアルコール（24:1）（CIA）

試薬	
・クロロホルム	500mℓ
・イソアミルアルコール	20.8mℓ

1）試薬をそれぞれ混ぜ，褐色ビンに入れ，暗所で保存する。

● フェノール／クロロホルム／イソアミルアルコール（25:24:1）（PCI）

試薬	
・フェノール（平衡化済み）	50mℓ
・CIA（24:1）	50mℓ
・0.1M Tris-HCl（pH 8.0）	約10mℓ

1）フェノールとCIAを等量ずつ混ぜる。フェノールにCIAを混ぜると平衡化したフェノールから水層が追い出されてくる。適当な量の0.1M Tris-HCl（pH 8.0）を加え，容器をアルミホイルで覆い，4℃で保存する。

● （20×）TAE

試薬（1ℓ調製する場合）	
・Tris base	96.9g
・酢酸ナトリウム3水和物	54.4g
・EDTA・2Na（$2H_2O$）	3.7g
・酢酸	pH調整用

1）試薬をビーカーに計り入れ，約800mℓの超純水で溶解する。

2）pHメーターでpHを計測しながら，酢酸でpHを7.8に調整する。

3）最終液量までメスアップする。

4）オートクレーブ（121℃，20分間）する。

● （10×）TBE

試薬（1ℓ調製する場合）	
・Tris base	108g
・ホウ酸	55g
・EDTA・2Na（$2H_2O$）	18.6g

1）試薬をビーカーに計り入れ，約800mℓの超純水で溶解する。

2）最終液量までメスアップする。

3）オートクレーブ（121℃，20分間）する。

● (20×) SSC

試薬(1/調製する場合)	
・NaCl	173.5g
・クエン酸ナトリウム2水和物	88.2g
・濃塩酸	pH調整用

1) 試薬をビーカーに計り入れ，約800m/の超純水で溶解する。
2) pHメーターでpHを計測しながら，HClでpHを7.0に調整する。
3) 最終液量までメスアップする。
4) オートクレーブ(121℃，20分間)する。

● (10×) MOPS

試薬(1/調製する場合)	
・MOPS[3-(N-morpholino) propanesulfonic acid]	41.9g
・酢酸ナトリウム3水和物	4.1g
・EDTA・2Na($2H_2O$)	3.7g
・2N NaOH	56m/

1) 試薬をビーカーに計り入れ，約800m/の超純水で溶解する。
2) 最終液量までメスアップする。
3) オートクレーブ(121℃，20分間)する。

付表7 タンパク質実験に用いる試薬等の調製法

● 0.2M PMSF

試薬	
・PMSF	69.7m/
・DMSO	2m/

1) PMSFをDMSOに溶解する(PMSFの中性溶液中での半減期は約100分間なので，用事調製すること)。

● 0.2M EDTA

試薬	
・EDTA・2Na($2H_2O$)	74.45g
・NaOH	pH調整用

1) 純水で1/にする。
2) pHをNaOHで7付近に調整する(EDTAはpHを上げないと溶解しない)。

● 0.5M DTT

試薬	
・1,4-dithiothreitol	0.771g

1) 純水で100m/にし，冷凍保存する。

● 10% CHAPS

試薬	
・CHAPS	10g

1) 純水で100m/にする。

参考文献

Chapter 1 実験を始めるにあたって

- 高野克己, 渡部俊弘編著「図・フローチャート方式で理解する食品理化学実験書」, 三共出版, 2000.
- 鈴木隆雄監修「バイオテクノロジーへの基礎実験」, 三共出版, 1992.
- 佐々木博己編「無敵のバイオテクニカルシリーズ特別編バイオ実験の進めかた」, 羊土社, 1997.
- 野地澄晴「無敵のバイオテクニカルシリーズ特別編バイオ研究はじめの一歩」, 羊土社, 2000.
- 中山広樹, 西方敬人「細胞工学別冊目で見る実験ノートシリーズバイオ実験イラストレイテッド①分子生物学実験の基礎」秀潤社, 1995.
- 小坂貴志「理系のための英語文献の探し方・読み方」, 講談社ブルーバックス, 2000.
- 綱澤進, 平野久編「プロテオミクスの基礎」, 講談社サイエンティフィク, 2001.
- 大藤道衛「意外に知らない、いまさら聞けない　バイオ実験超基本Q&A」, 羊土社, 2001.

Chapter 2 遺伝子構造解析編

- 中山広樹, 西方敬人「細胞工学別冊目で見る実験ノートシリーズバイオ実験 イラストレイテッド①分子生物学実験の基礎」, 秀潤社, 1995.
- 中山広樹, 西方敬人「細胞工学別冊目で見る実験ノートシリーズバイオ実験イラストレイテッド②遺伝子解析の基礎」, 秀潤社, 1995.
- 中山広樹「細胞工学別冊目で見る実験ノートシリーズバイオ実験イラストレイテッド③本当にふえるPCR」, 秀潤社, 1995.
- 真壁和裕「細胞工学別冊目で見る実験ノートシリーズバイオ実験イラストレイテッド④苦労なしのクローニング」, 秀潤社, 1995.
- 田村隆明編「無敵のバイオテクニカルシリーズ 改訂遺伝子工学実験ノート上下」, 羊土社, 2001.
- 谷口武利編「無敵のバイオテクニカルシリーズ PCR実験ノート」, 羊土社, 1997.
- 真木寿治監修「細胞工学別冊Tipsシリーズ 改訂PCR Tips」, 秀潤社, 2001.
- ABI PRISM™ 310 Genetic Analyzer操作ガイド, 1999年9月版.
- 和光純薬 Plasmid Mini Prep Kit取扱説明書.
- Princeton Separations. Inc., Centri-Sep Columns Protocol.
- 和光純薬 ISOPLANT取扱説明書.
- 和光純薬 ISOGEN取扱説明書.
- アマシャムバイオサイエンス SureClone Ligation Kit取扱説明書.
- Novagen pT7Blue Vector取扱説明書.
- 宝酒造 Easy Trap Ver. 2取扱説明書.
- 宝酒造 LA PCR™ in vitro Cloning Kit取扱説明書.
- 株式会社帝人システムテクノロジー MacVectorクイックリファレンス.
- 高木利久編「実験医学増刊 ゲノム医科学と基礎からのバイオインフォマティクス」, 羊土社, 2001.
- 金久實「ポストゲノム情報への招待」, 共立出版, 2001.
- 野村慎太郎, 稲澤譲治,「細胞工学別冊9 脱アイソトープ実験プロトコール ①DIGハイブリダイゼーション」, 秀潤社, 1994.

Chapter 3　タンパク質構造解析編

- Carl Branden, John Tooze「タンパク質の構造入門」, 教育社, 1992.
- Robert K. Scopes「新・タンパク質精製法 理論と実際」, シュプリンガー・フェアラーク東京, 1995.
- 岡田雅人, 宮崎香「無敵のバイオテクニカルシリーズ 改訂タンパク質実験ノート上下」, 羊土社, 1999.
- 西方敬人「細胞工学別冊目で見る実験ノートシリーズバイオ実験イラストレイテッド⑤タンパクなんてこわくない」, 秀潤社, 1997.
- 日本生化学会編「新生化学実験講座1タンパク質I. 分離・精製・性質」, 東京化学同人, 1990.
- 大野茂男, 西村善文「細胞工学別冊実験プロトコールシリーズ①機能解析編」, 秀潤社, 1997.
- 大野茂男, 西村善文「細胞工学別冊実験プロトコールシリーズ②構造解析編」, 秀潤社, 1997.
- 礒辺俊明, 高橋信弘編「実験医学別冊ポストゲノム時代の実験講座2プロテオーム解析法」, 羊土社, 2000.
- ファルマシアバイオテク「Handbook Gel Filtration Principles and Methods」
- ファルマシアバイオテク「Handbook Ion Exchange Chromatography Principles and Methods」
- ファルマシアバイオテク「Handbook Affinity Chromatography Principles and Methods」
- 寺田弘編「電気泳動法一基礎と実験」, 廣川書店, 1989.
- 電気泳動学会編「新版電気泳動実験法」, 文光堂, 1989.
- 高木俊夫編著「ポリアクリルアミドゲル電気泳動法」, 廣川書店, 1990.
- 菅野純夫, 平野久監修「別冊実験医学ザ・プロトコールシリーズ 電気泳動最新プロトコール」, 羊土社, 2000.
- 平野久「遺伝子クローニングのためのタンパク質構造解析」, 東京化学同人, 1993.
- Applied Biosystems「Procise™ HT Protein Sequencing System日本語簡易オペレーションマニュアル」

Chapter 4　遺伝子タンパク実験実例編

- 大西正健「生物化学実験法21酵素反応速度論実験入門」, 学会出版センター, 1987.
- 井上勝弘「毒素・薬毒物と中毒3ボツリヌス毒素」, 化学と生物, Vol.39, No.9, pp612-616, 2001.
- 小熊惠二, 杉本央「神経情報伝達を障害する破傷風毒素とボツリヌス毒素」, 蛋白質核酸酵素増刊 生物間の攻撃と防御の蛋白質 (内山竹彦, 中嶋暉躬, 名取俊二, 正木春彦 編, 共立出版) pp484-490
- Sagane, Y., Watanabe, T., Kouguchi, H., Sunagawa, H., Inoue, K., Fujinaga, Y., Oguma, K., Ohyama, T.,「Dichain structure of botulinum neurotoxin: identification of cleavage sites in types C, D, and F neurotoxin molecule」, J. Protein Chem., Vol. 18, pp885-592
- 株式会社帝人システムテクノロジー MacVectorクイックリファレンス
- Kouguchi, H., Watanabe, T., Sagane, Y., Ohyama, T.,「Characterization and recon stitution of functional hemagglutinin of the *Clostridium botulinum* type C progeni tor toxin」, Eur. J. Biochem., Vol. 268, pp4019-4026

索　引

●た行

●な行

●は行

●ま行

●ら行

初歩(しょほ)からのバイオ実験(じっけん)—ゲノムからプロテオームへ

2002年5月20日　初版第1刷発行
2016年9月10日　初版第4刷発行

© 編著者　大山　徹
　　　　　渡部俊弘
発行者　秀島　功
印刷者　荒木浩一

発行所　三共出版株式会社　東京都千代田区神田神保町3の2
郵便番号101-0051　振替00110-9-1065
電話03(3264)5711　FAX03(3265)5149
ホームページ http://www.sankyoshuppan.co.jp
一般社団法人日本書籍出版協会・一般社団法人自然科学書協会・工学書協会 会員

Printed in Japan　組版・アイ・ピー・エス　印刷製本・倉敷

ISBN　4-7827-0452-6